JN313304

図解 よくわかる機械加工

KAZUO MUTO
武藤一夫
［著］

共立出版

はじめに

　自動車メーカをはじめとして，種々のメーカが，日本国内から海外に転出してから久しいが，明日のモノ造りの原点は機械加工学にあるといっても過言ではない。というのも機械加工学は，単独で成り立つものではなく，数学や物理学をはじめとして4力（工業力学，材料力学，熱力学，流体力学）を基礎として，加工は勿論，機械や治具・工具の種類などから，材料，熱処理などを含めて，種々の技術を体系した学問であるからである。

　本書は，モノ造りの基本・根本である機械加工学（切削，研削，放電加工，CAD/CAM）の基礎を勉強しようとする人，特に大学，専門学校，高等訓練校などの機械系の学生，そして民間企業の機械系関連の営業の人のための入門書である。

　本書では機械加工法における種々の加工方法や生産・製造に関する技術を系統的に学習する。そして，読者自身が機械加工法の全容を把握し，合理的な加工法を企画し，実施する能力を養う。

　本書の最大の特徴は，図および表の数が250点以上と非常に多いことである。これは，読者の内容の理解に大いに役立つことを確信する。さらに，図のあちらこちらに「正太郎君」というキャラクターが登場し，各章および各節における学習のポイントをわかりやすく解説したところにある。つまり，正太郎君の説明を読んでから，詳細な内容を読めば，早くしかも理解しやすいと思われる。是非，正太郎君と仲良くなってもらいたい。

　本書は，トヨタ自動車㈱をはじめ日進工具㈱，三菱マテリアル㈱，住友電工ハードメタル㈱，岡本工作機械製作所㈱，日本キスラー㈱，伊藤忠テクノサイエンス㈱，協同油脂㈱などから資料をご提供頂きました。また，12.1.4項の「放電加工の熱解析シミュレーション」は，当時，職業能力開発総合大学大学院生の風間　豊氏（現，北海道立北見高等技術専門学院電子機械科教員）の修士論文の研究結果によるところが大きいので，ここに記して感謝を致します。

　本書が読者の皆様にとってお役に立つようであれば，著者冥利です。

2012年4月

　　　　　　　　　　　　　　　　　　　　　　　　　　　　　　　　　　　　武藤　一夫

目　　次

第 1 章　加工方法の概要

1.1 機械加工法とその目的 ……………………………………………………… 1
1.2 種々の加工法の分類 …………………………………………………………… 2
　1.2.1 加工法の分類について …………………………………………………… 2
　1.2.2 除去加工法 ………………………………………………………………… 2
　1.2.3 付加加工法 ………………………………………………………………… 5
　1.2.4 変形加工法（成形加工） ………………………………………………… 5
1.3 工作機械とその種類 …………………………………………………………… 7
　1.3.1 工作機械について ………………………………………………………… 7
　1.3.2 工作機械の種類について ………………………………………………… 7
　1.3.3 工作機械の運動機能について …………………………………………… 11
1.4 工具について …………………………………………………………………… 12
　1.4.1 切削工具 …………………………………………………………………… 12
　1.4.2 研削工具 …………………………………………………………………… 16
　1.4.3 測定・検査工具 …………………………………………………………… 16
　1.4.4 ジグ・取付け具 …………………………………………………………… 16
　1.4.5 作業用器具 ………………………………………………………………… 16
1.5 切削材料（工作物材料）の被削性 …………………………………………… 17
　1.5.1 鋼 …………………………………………………………………………… 17
　1.5.2 鋳鋼と鋳鉄 ………………………………………………………………… 18
　1.5.3 非鉄金属 …………………………………………………………………… 19
1.6 切削油剤 ………………………………………………………………………… 19
　1.6.1 切削油剤の作用 …………………………………………………………… 19
　1.6.2 不水溶性切削油剤 ………………………………………………………… 20
　1.6.3 水溶性切削油剤 …………………………………………………………… 20

第 2 章　切削理論の基本

2.1 切削加工とは …………………………………………………………………… 22
　2.1.1 切削加工とその特徴 ……………………………………………………… 22
　2.1.2 切削機構 …………………………………………………………………… 23
　2.1.3 切れ味と切削比 …………………………………………………………… 23

iv　目　次

　　2.1.4　2次元切削と3次元切削 …………………………………………… 25
2.2　切削理論の基本 …………………………………………………………… 27
　　2.2.1　切削機構上のせん断変形 …………………………………………… 27
　　2.2.2　切屑の生成 …………………………………………………………… 29
　　2.2.3　せん断角と切削速度について ……………………………………… 31
　　2.2.4　せん断ひずみ・せん断角とすくい角について …………………… 32
2.3　切屑形態 …………………………………………………………………… 35
　　2.3.1　流れ型切屑 …………………………………………………………… 35
　　2.3.2　せん断型切屑 ………………………………………………………… 36
　　2.3.3　き裂型切屑 …………………………………………………………… 36
　　2.3.4　むしり型切屑 ………………………………………………………… 37
【演習問題】……………………………………………………………………… 38

第3章　切削抵抗

3.1　切削抵抗 …………………………………………………………………… 40
　　3.1.1　切削抵抗とは ………………………………………………………… 40
　　3.1.2　バイトのすくい面の摩擦係数 ……………………………………… 41
　　3.1.3　工作物内部のせん断面におけるせん断応力と圧縮応力 ………… 42
　　3.1.4　せん断面のせん断応力について …………………………………… 43
3.2　切削抵抗の測定法 ………………………………………………………… 44
　　3.2.1　水晶圧電式力センサによる切削動力測定方法の特徴 …………… 45
3.3　切削抵抗と諸関係 ………………………………………………………… 45
　　3.3.1　切削速度と切削抵抗との関係 ……………………………………… 45
　　3.3.2　切削抵抗とノーズ半径との関係 …………………………………… 47
　　3.3.3　切削面積と切削抵抗との関係 ……………………………………… 47
3.4　切削動力 …………………………………………………………………… 49
【演習問題】……………………………………………………………………… 50

第4章　構成刃先，切削条件，加工精度

4.1　構成刃先 …………………………………………………………………… 51
　　4.1.1　構成刃先とは ………………………………………………………… 51
　　4.1.2　構成刃先の生成 ……………………………………………………… 52
　　4.1.3　構成刃先の発生防止方法 …………………………………………… 52
4.2　切削条件の基本 …………………………………………………………… 53
　　4.2.1　切削速度 ……………………………………………………………… 53
　　4.2.2　回転数 ………………………………………………………………… 54
　　4.2.3　切込量 ………………………………………………………………… 54
　　4.2.4　1回転あたりの送り量 ……………………………………………… 54

4.3 加工精度 ·· 57
　4.3.1 加工精度とは ·· 57
　4.3.2 図面と仕上面粗さ（JIS における加工の表示について）············· 57
　4.3.3 表面性状の JIS 記号について ·· 58
　4.3.4 切削加工後の仕上面粗さ ·· 58
4.4 加工後の加工変質層と工作物表面粗さ ·· 61
　4.4.1 加工変質層とその対策 ··· 61
　4.4.2 切削速度と面粗さ ··· 62

第 5 章　切削熱と切削シミュレーション

5.1 切削熱 ·· 63
　5.1.1 切削熱の発生 ·· 63
5.2 切削温度の測定法 ·· 66
　5.2.1 切削温度の測定 ··· 66
　5.2.2 切屑の色で判定する方法 ·· 66
　5.2.3 熱放射計による測定 ··· 67
5.3 切削熱と切削抵抗 ·· 68
5.4 切削シミュレーション ·· 69
【演習問題】·· 70

第 6 章　工具損傷・摩耗と工具寿命

6.1 切削工具の損傷・摩耗 ·· 72
6.2 工具損傷（摩耗）の発生機構 ·· 73
　6.2.1 機械的作用による摩耗の機構·· 73
　6.2.2 物理，化学的作用による摩耗の機構 ··································· 73
6.3 工具損傷（摩耗）の形態 ·· 75
　6.3.1 すくい面（クレータ）摩耗 ··· 75
　6.3.2 逃げ面（フランク）摩耗 ·· 75
　6.3.3 チッピング ·· 76
　6.3.4 溶着，付着 ·· 77
　6.3.5 境界摩耗 ··· 77
　6.3.6 熱き裂 ··· 77
6.4 工具寿命 ··· 78
　6.4.1 工具寿命の判定基準 ·· 78
　6.4.2 工具の寿命曲線 ·· 79

第7章 旋　削

- 7.1 旋盤とは ……………………………………………………………………… 82
- 7.2 旋盤の種類 …………………………………………………………………… 83
- 7.3 バイト ………………………………………………………………………… 83
  - 7.3.1 バイトとその分類 …………………………………………………… 83
  - 7.3.2 バイト刃先各部の名称と形状 ……………………………………… 85
  - 7.3.3 バイトと材質と形状 ………………………………………………… 88

第8章　ボール盤加工

- 8.1 ボール盤とその作業 ………………………………………………………… 98
  - 8.1.1 ボール盤とは ………………………………………………………… 98
  - 8.1.2 ボール盤作業の種類と特徴 ………………………………………… 98
- 8.2 ボール盤の種類と特徴 ……………………………………………………… 99
  - 8.2.1 直立ボール盤 ………………………………………………………… 99
  - 8.2.2 卓上ボール盤 ………………………………………………………… 100
  - 8.2.3 ラジアルボール盤 …………………………………………………… 100
  - 8.2.4 多軸ボール盤 ………………………………………………………… 100
  - 8.2.5 多頭ボール盤 ………………………………………………………… 101
  - 8.2.6 深穴ボール盤 ………………………………………………………… 101

第9章　フライス加工

- 9.1 フライス加工とは …………………………………………………………… 102
- 9.2 フライス盤の種類と構造 …………………………………………………… 103
  - 9.2.1 フライス盤の種類 …………………………………………………… 103
  - 9.2.2 横フライス盤 ………………………………………………………… 103
  - 9.2.3 立てフライス盤 ……………………………………………………… 104
- 9.3 フライス加工の工具 ………………………………………………………… 105
  - 9.3.1 正面フライス（使用機械：フライス盤，マシニングセンタ，プラノミラー）… 105
  - 9.3.2 エンドミル（使用機械：フライス盤，マシニングセンタ）…………… 105
  - 9.3.3 ドリル（使用機械：ボール盤，旋盤，フライス盤，マシニングセンタ）… 109
  - 9.3.4 リーマ（手廻し作業，ボール盤，旋盤，フライス盤，マシニングセンタ）… 109
  - 9.3.5 ガンドリル，ガンリーマ（使用機械：ガンドリルマシン）……………… 109

第10章　研削加工

- 10.1 研削加工の基礎と機械部品・金型製作 ………………………………… 112
- 10.2 研削盤とは ………………………………………………………………… 112

10.3　研削盤の種類と構造 ··· 113
   10.3.1　平面研削盤 ··· 113
   10.3.2　円筒研削盤 ··· 114
   10.3.3　内面研削盤 ··· 115
   10.3.4　心なし研削盤 ·· 115
10.4　研削砥石の選択基準 ··· 116
   10.4.1　砥粒の選び方 ·· 116
   10.4.2　粒度の選び方 ·· 117
   10.4.3　結合剤の選び方 ·· 117
   10.4.4　結合度の選び方 ·· 118
   10.4.5　組織の選び方 ·· 119
10.5　ダイアモンド砥石とcBN砥石 ·· 120
10.6　光学式ならい研削加工（プロファイル研削加工） ···························· 120
10.7　クリープフィード研削 ·· 120

第11章　歯切り盤とそのほかの工作機械

11.1　歯切り盤の種類 ·· 123
11.2　歯切りの形式と原理 ·· 123
11.3　主な歯切り盤の種類と特徴 ·· 124
   11.3.1　ホブ盤 ··· 124
   11.3.2　歯車形削り盤（ギヤシェーパ） ···································· 125
11.4　彫刻機 ·· 126
11.5　心立て盤 ·· 127
11.6　転造機 ·· 127

第12章　放電加工

12.1　放電加工とは ·· 129
   12.1.1　はじめに ··· 129
   12.1.2　放電の種類 ··· 129
   12.1.3　放電加工の加工原理 ··· 131
   12.1.4　放電加工の熱解析シミュレーション ································ 132
   12.1.5　機械工作法の分類と放電加工 ······································ 136
12.2　形彫り放電加工の基本知識 ·· 136
   12.2.1　形彫り放電加工機の基本構成 ······································ 136
   12.2.2　放電加工機の種類（Z軸の電極の駆動方式） ······················· 137
12.3　形彫り放電加工の加工電源方式 ·· 138
   12.3.1　RC（抵抗・コンデンサ）充放電回路 ······························ 138
   12.3.2　トランジスタ充放電回路 ·· 138

12.4 形彫り放電加工の電気条件 ………………………………………………… 140
12.5 形彫り放電加工の加工液 …………………………………………………… 140
12.6 形彫り放電加工の加工特性の基本知識 …………………………………… 142
   12.6.1 加工速度 ……………………………………………………………… 142
   12.6.2 加工精度 ……………………………………………………………… 142
   12.6.3 電極消耗比 …………………………………………………………… 143
   12.6.4 加工特性の選定の目安 ……………………………………………… 144

第13章 NC工作機械

13.1 NC（数値制御）とは ………………………………………………………… 145
   13.1.1 NCとは ……………………………………………………………… 145
   13.1.2 NC工作機械 ………………………………………………………… 146
   13.1.3 NC工作機械とその構成 …………………………………………… 146
   13.1.4 NC工作機械の制御方式 …………………………………………… 148
   13.1.5 サーボ機構の仕組み ………………………………………………… 149
   13.1.6 NC工作機械の特徴と種類 ………………………………………… 150
13.2 プログラミング ……………………………………………………………… 156
13.3 座標系の指令方式 …………………………………………………………… 158

第14章 3DソリッドCAD/CAE/CAM/CAT/Networkシステム

14.1 3D4CNシステムの必要性 …………………………………………………… 159
   14.1.1 技術的な背景（コンピュータ技術，メカトロニクス技術）……… 159
   14.1.2 社会的な背景におけるダウンサイジング化 ……………………… 163
   14.1.3 社会的な背景におけるネットワークによる分散化 ……………… 163
14.2 従来の部品，金型設計・製作の流れ ……………………………………… 167
14.3 3D4CNシステムによる部品，金型設計・製作の流れ …………………… 168
   14.3.1 CAD（設計）………………………………………………………… 168
   14.3.2 CAE（部品，金型設計の解析）…………………………………… 171
   14.3.3 CAM（部品，金型加工）…………………………………………… 172
   14.3.4 CAT（製品検査）…………………………………………………… 173
14.4 3D4CNシステムのハードウェアと情報の流れ …………………………… 175
   14.4.1 ハードウェアの基本構成 …………………………………………… 176
   14.4.2 ハードウェア上の情報の流れ ……………………………………… 177
14.5 現状と今後の展望課題 ……………………………………………………… 178

参考文献 …………………………………………………………………………… 181
索　引 ……………………………………………………………………………… 183

1 加工方法の概要

ここでは，本書の総説として，機械加工法とその目的，種々の加工法の分類などについて学習する。

1.1 機械加工法とその目的

21世紀になり，我々の生活はますます利便性が増し，快適になってきている。我々の生活の利便性や快適さを支えるものとして，冷蔵庫，エアコン，テレビ，ビデオ，デジタルカメラ，パソコン，ゲームなどの家電製品，家の外には自転車，バイク，自動車，公共の場にはバス，電車，飛行機などのさまざまな**工業製品**（industrial product）がある。

これらの工業製品を作るための種々の部品や金型のほとんどは，それぞれの目的にあった**素形材**（material：材料，工作物）や**形状**（shape），**精度**（accuracy）に従って種々の加工法で造られる。モノ造りが工作機械で行われる様子を**図1.1**に示す。このように**機械加工法**（mechanical machining method）とは，文字どおり**工作機械**（machine tool）を用いて機械部品や製品，そして金型を製作，加工する方法である。そして，実際にモノ造りを行うときは目

図1.1 モノ造りが工作機械で行われる様子

的にあった種々の工作機械が用いられる。

機械加工法の目的は，目的の機械部品や金型を得るために，合理的で適切な加工方法によって，工作物（材料）を目的形状に加工し，仕上げることである。

本章では**機械加工法**における種々の加工方法や生産・製造に関する技術を系統的に学習する。そして，機械加工法の全容を把握し，合理的な加工法を企画し，実施する能力を養う。また，機械加工法は，実際に機械部品を加工することから，その学習においては実習がともなってはじめて完全なものとなる。

さて，従来の機械加工のプロセス（工程）では，工程指示書なるものがなく，いきなり実加工を行うことが普通であった。この場合，合理的で計画的でないため，製品を製作するうえで時間，材料，人件費，コストなどに無駄，むら，無理（3 M）が多く，効率の面で種々の問題があった。しかしながら，近年，コンピュータの発達によって種々の加工プロセスや加工自体のシミュレーション技術が確立されつつある。加工関係でも第14章で後述する**3D ソリッド CAD/CAE/CAM/CAT/Network システム**が重要視され，このシステムを利活用することで，加工工程や加工シミュレーションを行うことが可能となる。また，上記の問題点の対策や解決が可能となり，機械加工法を科学的に，数理的に解析し，合理的な加工方法を実行できる状況になっている。以下，機械加工方法について学習する。

1.2 種々の加工法の分類

1.2.1 加工法の分類について

加工法の分類には，エネルギーなどいろいろな視点での分け方がある。本書では，加工される工作物の重量に着目して大別した。**表1.1**に示すように種々の加工法から構成される。大きく**除去加工法，付加加工法，変形加工法**の3つに分類される。以下，これらについてみていく。

1.2.2 除去加工法（removal machining）

除去加工法は，**図1.2**に示すように工作物（**work pieces, work**：素材，素形材，被削材，加工物，本書では工作物と称する）の余分な部分を取り除いて目的の形状（製品）にする加工法である。製品形状以外の除去された部分は加工屑となる。切削で除去された部分を**切屑**（**cutting chips**；きりくず，あるいは切粉（きりこ））という。このように，除去加工の短所は無駄な切屑が出ることである。この方法には**表1.1**の中分類として主に**機械的除去，熱的除去，化学的・電気化学的除去**の3方式がある。熱的除去および化学的・電気化学的除去方式は，**特殊加工**と呼ばれたり，高エネルギー密度加工と呼ばれたりする。

（a）機械的除去法（機械加工法）

機械的除去法は一般に機械加工法と呼ばれる。これには**表1.1**の小分類として，後述する切削加工，砥粒（研削）加工に分類される。その小分類としての機械加工法などほかの加工方法を詳しく分類したのが**表1.2**である。機械加工法では，切削加工と砥粒（研削）加工を示すが，その用途目的によって表1.2に示すように種々の加工法があることが理解できよう。切削加工は，除去される切屑の流出形態から**連続切削加工**と**断続切削加工**に分けられる。連続切削加工とは切れ刃が常に被削材と接触して，連続的に切屑を生成している切削状態のことで，これには旋削，ドリル（穴あけ）加工，中ぐり，平削り，形削り，立削り，ブローチ削り，ノコ引き，ねじ切りなどがある。これに対し，断続切削加工とは切れ刃もしくは被削材が1回転する間に，

1.2 種々の加工法の分類

表1.1 工作機械による加工法の分類

大分類	中分類	小分類（加工法）		
除去加工	機械的除去（機械加工）	切削	連続加工	バイト（旋削，平削り，形削り，立削り，中ぐり，ねじ切り），ドリル，リーマ，タップ，ダイス，ブローチ，
			断続加工	フライス，ホブ
		砥粒	固定砥粒加工	研削（円筒，内面，平面，心なし，総形，ねじ，歯車，センタ穴，ベルトサンディング，ホーニング，超仕上げ，バフ仕上げ
			遊離砥粒加工	ラッピング，バレル加工，超音波加工，噴射加工
	熱的除去	ガス切断，放電加工（形彫り，ワイヤ），レーザ加工（ガス，YAG，エキシマ），プラズマ加工，電子ビーム加工，イオンビーム加工など		
	化学的・電気化学的除去	ケミカルミーリング（腐食加工），フォトエッチング，電解加工，電解研磨，電鋳，化学研磨など		
付加加工	接合	溶接（ガス，アーク，サブマージアーク，不活性ガスアーク〔TIG，MIG〕，エレクトロスラグ，電子ビーム，融接，電気抵抗〔突合わせ，点，シーム〕），圧接，ろう付け，接着，焼きばめ，圧入，締結（リベット締結，ねじ締結）など		
	被覆	肉盛り，金属溶射，めっき，蒸着，塗装，プラスチック・ライニング，セラミック・コーティングなど		
変形加工（成形加工）	個体以外の素形材	鋳造（砂型，金型，ダイカスト，精密，遠心，低圧），焼結，射出成形（プラスチック，金属），圧縮成形，ラピッド・プロトタイプ		
	個体の素形材（プレス加工）	鍛造（冷間，温間，熱間），圧延，引抜き，押出し，曲げ，絞り，せん断，転造（ねじ，歯車），フォーミング，製缶，スタンピング，板金，ローラ，バニッシ仕上げ		

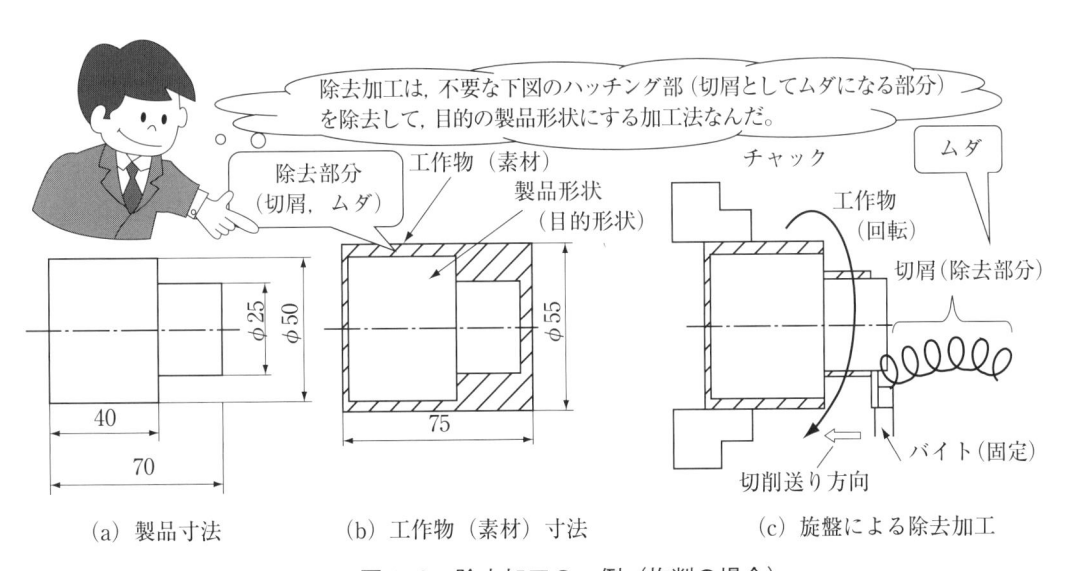

図1.2 除去加工の一例（旋削の場合）

(a) 製品寸法　(b) 工作物（素材）寸法　(c) 旋盤による除去加工

表 1.2 加工方法の分類

加工方法	塑性加工	機械加工	加熱・加圧形成	高エネルギー密度加工	電気・化学加工
種類	1. プレス加工 (Press working) 　1.1 せん断加工 (Shearing) 　1.2 曲げ加工 (Bending) 　1.3 打抜き (Punching) 　1.4 絞り (Drawing) 　1.5 フォーミング (Forming) 　1.6 製カン (Canning) 　1.7 スタンピング (Stamping) 2. 熱間鍛造加工 (Forging) 3. 圧延加工 (Rolling) 4. 引抜き加工 (Drawing) 5. 押出し加工 (Extrusion) 6. 冷間鍛造加工 (Cold forging) 7. 温間鍛造加工 (Warm forging) 8. 転造 (Form rolling)	1. 切削加工 (Cutting) 　1.1 旋削 (Lathe, Turning) 　1.2 穴あけ (Drilling) 　1.3 中ぐり (Boring) 　1.4 フライス削り (Milling) 　1.5 平削り (Planing) 　1.6 形削り (Shaping) 　1.7 立削り (Slotting) 　1.8 ブローチ削り (Broaching) 　1.9 ノコ引き (Sawing) 　1.10 ねじ切り (Thread cutting) 2. 研削加工 (Grinding) 　2.1 円筒 (Cylindrical G) 　2.2 内面 (Internal G) 　2.3 平面 (Surface G) 　2.4 心なし (Centerless G) 　2.5 総形 (Form G) 　2.6 ねじ (Thread G) 　2.7 歯車 (Gear G) 　2.8 センター穴 (Center G) 　2.9 ベルトサンディング (Belt sanding) 　2.10 プランジカット (Plunge cutting) 3. ホーニング (Honing) 4. 超仕上げ (Superfinishing) 5. ラッピング (Lapping) 6. バフ仕上げ (Buffing) 7. バレル仕上げ (Barrel finishing) 8. 超音波加工 (Supersonic machining) 9. 噴射加工 (Blasting)	1. 鋳造 (Casting) 　1.1 砂型 (Sand mold C) 　1.2 金型 (Metal mold C) 　1.3 ダイカスト (Die C) 　1.4 精密 (Precision investment C) 　1.5 遠心 (Centrifugal C) 　1.6 低圧 (Low pressure C) 2. 射出成形 (Injection moulding) 3. 溶接 (Welding) 　3.1 アーク (Arc W) 　3.2 抵抗 (Resistance W) 　3.3 ガス (Gas W) 　3.4 ロウ付け (Brozing) 　3.5 はんだ付け (Soldering) 4. 盛金 (Metallizing) 5. 粉末冶金 (Powder metallurgy) 6. 接合 (Junction)	1. 溶断 (Flame cutting) 2. 放電加工 (Electrical Discharge Machining) 　2.1 ワイヤ (Wire EDM) 　2.2 形彫り (EDM) 3. プラズマ加工 (Plasma Machining) 4. レーザ加工 (Laser Machining) 　4.1 YAG (Yttrium Aluminum Garnet) 　4.2 エキシマ (Excima) 　4.3 炭酸ガス (Carbon dioxide；CO_2) 5. 電子ビーム加工 (Electron Beam Machining) 6. イオンビーム加工 (Ion Beam Machining)	1. 電解加工 (Electrochemical machining) 2. 電解研磨 (Electrolytic polishing) 3. めっき (Plating) 4. 電鋳 (Electroforming) 5. 化学加工 (Chemical machining) 6. 化学研磨 (Chemical polishing)

切屑を生成しない箇所がある切削状態のことで，これにはフライス削り，ホブ削りが挙げられる。

一方，砥粒（研削）加工は工具である砥粒の保持形態から**固定砥粒加工**と**遊離砥粒加工**に大別される。固定砥粒加工の代表として**研削加工**がある。これには，円筒，内面，心なし，総形，ねじ，歯車，センタ穴，ベルトサンディング，プランジカット，ホーニング加工，超仕上げ加工，ラッピング，バフ仕上げ，バレル加工，超音波加工，噴射加工などの加工法がある。

また，作業形態から分類すると，切削加工には**手作業**と**機械作業**に分けられる。
（ⅰ）手 作 業…はつり，やすりがけ，きさげなど
（ⅱ）機械作業…切削，研削，ラップ仕上げなど
一般的に機械加工という場合，手作業は除外される。

（b）**熱的除去法**（高エネルギー密度加工：high energy density machining）

熱的除去法とは，工作物を溶融・気化して除去するために主に熱（エネルギーを高密度化して作った熱，たとえば電子ビーム，レーザビーム，放電，プラズマ）を用いた加工法である。よって，熱的除去法は，**高エネルギー密度加工**あるいは**特殊加工**（non-traditional machining）とも呼ばれる。**熱的除去加工法**には溶断，**放電加工**（形彫り放電加工，ワイヤ放電加工），プラズマ加工，レーザ加工（CO_2ガス，YAG，エキシマ），電子ビーム加工，イオンビーム加工などがある。

（c）**化学的・電気化学的除去法**

化学的除去法は工作物の不要部分を液状の化学物質を使って化学的に除去する方法であり，たとえばケミカルミーリング（ケミカルマシン；chemical machining, CHM）などNaOH，HCLなどの液体中で腐食加工したり，工作物の表面を平滑および光沢状に研磨する**化学研磨**（chemical polishing, CHP）したりする方法などがある。電気化学的除去法は電気と化学を原理的に用いて，たとえば電解液の中などで陽極の工作物に電気を流して電気化学的に除去する方法で，これにはフォトエッチング（photochemical machining, PCM），**電解加工**（electrochemical machining, ECM），**電解研磨**（electropolishing, ELP）などがある。

1.2.3　付加加工法（additional machining）

目的の形状（製品）を得るために複数の工作物（材料）を足し合わせて作る加工法で，加工前よりも重量が増えることから付加加工法（別名，**付着加工**など）といわれる。具体的には**溶接**，圧接やろう付けなどの**接合**，そして**肉盛り**，**溶射**（spraying），めっきなどの**被覆**（coating）がある。

図1.3は金属アーク溶接法によるV形溶接継ぎ手によって2枚の板を接合する。溶接された部分が付加加工された部分である。溶接には，種々の加工法がある。それ以外の溶接法として，最近は上記の除去加工で紹介したYAGレーザや電子ビーム加工，さらに摩擦を積極的に利用した**摩擦溶接法**や新しい**摩擦撹拌接合**（FSW：Friction Stir Welding）による溶接なども行われるようになってきている。

1.2.4　変形加工法（成形加工，deformation machining）

工作物（材料）を変形して目的の形状にする加工法である。図1.4には金属プレス成型機で薄板を金型を用いて成形し，製品（灰皿）を作る様子を示す。加工前後の重量の変化はほとん

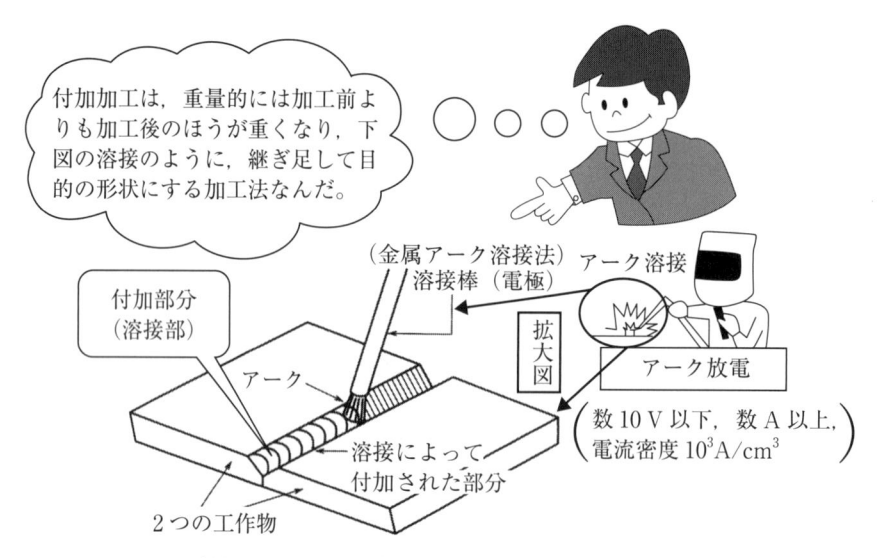

図1.3 付加加工の一例（金属アーク溶接法によるV形溶接継ぎ手）

どない。そのため，資源が効率よく，つまり無駄なく使えるため，除去加工法はこの変形加工に置き換えられつつある。変形加工には工作物を一旦溶かしたもの（非固体）と溶かさないもの（固体）に分けられる。前者には**プラスチック成形加工（射出成形，圧縮成形など）**，**鋳造法**などがある。射出成形の中でも**MIM（メタル射出成形）**は素形材を粉末の金属を主成分とした新しい射出成形加工技術である。また，鋳造法には**重力鋳造法**や**ダイカスト法**などがある。後者には**鍛造，転造，圧延，引抜き，押出し**などの**塑性加工**などがある。鍛造には温度によって常温で行う**冷間鍛造**，200～600℃で行う**温間鍛造**，1,000℃付近で行う**熱間鍛造**のほかに，手作業で刀などを作る**自由鍛造**などがある。鍛造技術では材料の100％近くまでを製品にする**ニア・ネット・シェイプ技術**から材料100％を無駄なく製品にする高度な**ネット・シェイプ技術**へ技術革命が展開されている。

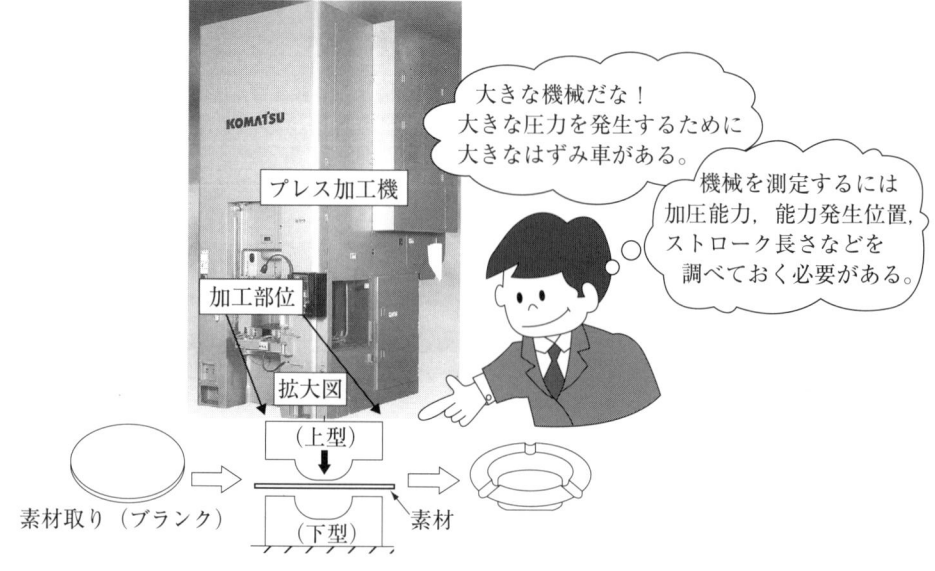

図1.4 変形加工の一例（金属プレス成形加工法による薄板曲げ加工の場合）

1.3 工作機械とその種類

1.3.1 工作機械について

　工作機械は，飛行機，船舶，電車，自動車，自転車，テレビや冷蔵庫など家電製品，CD，DVD，パソコンなど電子機器，釣り具，ゴルフ用具などのレジャー用品などすべての工業製品を構成している部品を作っている。

　さて，工作機械とは，工作物（材料）を目的の製品である形状，寸法，面粗さに成形・加工する機械のことである。日本工業規格（JIS）では，「主に金属の工作物を切削，研削などによって，または電気，そのほかのエネルギーを利用して不要部分を取り除き，所要の形状に作り上げる機械」と定義している。しかし，工作物は金属ばかりではなくプラスチックなど非金属の加工なども行われる。したがって，工作機械は広い意味で工作物の材質によって，主に次の3つに区別される。

　① 金属加工機（工作物が金属の場合）
　② 木材加工機（工作物が木材の場合）
　③ そのほか（工作物がプラスチック，石，紙などの場合）

　ここで，工作機械を学習する意義について触れる。工作機械とは，単に目的の製品を作る機械だけではなく，モノ造りの原点，基準，すなわち「**マザーマシン**」であるということである。工作機械は，きわめて高精度な「変位基準の設計」がなされているため，要求される所要の幾何形状，寸法，精度表面品位をもつ製品（部品）を生み出すことができる。したがって，その製品（部品）は世界のどこでも通用することになる。

　工作機械は，英語で machine tool という。つまり，tool とは，モノ造りの道具ということである。したがって，種々の目的の製品に対する machine tool，工作機械が必要となり，数多くの種類がある。製品の精度は工作機械自体の精度に制限される原理がある。この原理を**母性の原理（copying principle）**という。したがって，製品（子）の精度は工作機械（母）の精度を超えられない。つまり，工作機械の精度以上の製品精度は作ることができないのである。

1.3.2 工作機械の種類について

　工作機械は，**表1.3**に示すようにその作業の利用形態，加工原理，制御方式（操作性），構造形態，作業内容，工作物形状，加工面形状，運動形態などから分類される。それぞれについて簡単にみておく。

（a）作業の利用形態

　作業の利用形態には，主に汎用工作機械，単能工作機械，専用工作機械，複合工作機械，特注工作機械がある。

　汎用工作機械は，種々の目的の製品を得るために，形状や寸法など広い範囲の工作物を加工するもので，用途に応じて適当な付属装置を用いて，各種の作業内容に対応できるものである。

　単能工作機械は，作業内容が汎用工作機械に比べて限定されているものである。

　専用工作機械は，作業内容が特定されているもので，特に特定された工作物の加工を行うものである。

　複合工作機械は，表1.3の工作機械の種類（作業内容）で多機能機械に相当し，専用工作機

械，ターニングセンタ，マシニングセンタのような機械である。

特注工作機械は，ある目的の製品を早く，精度よく，低コストで作るため，特別な仕様で作られたもので，上述の汎用形から複合形を必要に応じて組み合わせたものである。

（b）加工機構原理

加工機構原理は，加工方法に使われている加工メカニズム（機構）や加工原理を意味する。加工機構原理には切削，研削，研磨，複合，電気，化学，射出，塑性，焼結などが挙げられる。

（c）制御方式（操作性）

制御方式（操作性）には，次のような方式がある。

- **手動方式**…すべての機械の操作を人間が行う。
- **半自動方式**…人間は機械への工作物の段取り（取付け，取りはずし）を行い，加工開始から終了までを機械が自動的に行う。主に，次の制御方式が，半自動方式にあたる。
- **機械制御方式**…機械要素である歯車，リンク機構，そしてカム機構などによって所要の動作を時間的に制御して，目的の製品を作る方式である。
- **油圧制御方式**…油圧ポンプ，シリンダ，モータなど油圧機器等を駆動源（アクチュエータ）とし，制御弁，バルブ，フィルタなどで油圧回路を構成し，流量調節弁に電気信号を加えて，所要の動作を時間的に制御して，目的の製品を作る方式である
- **ならい制御**…型板や模型（マスタモデル）の輪郭形状にならって，工具台に取り付けられた工具で工作物を型板と相似形に制御して作る方式である。
- **自動方式**…一般に加工工程の一部を自動的に行うものを自動方式という。さらに，工作機械への工作物の供給，段取り，加工，工具交換，工作物の着脱のすべてを行うものを全自動方式という。
- **プログラム制御**…時間軸に沿って所要の動作を行うピンボードやシーケンス制御のプログ

表1.3 工作機械の分類

分類	利用形態	加工機構原理	制御方式（操作性）	構造形態	工作機械の種類（作業内容）		工作物形状	加工面形状	運動形態
内容	1. 汎用 2. 単能 3. 専用 4. 複合 5. 特注	1. 切削 2. 研削 3. 研磨 4. 複合 5. 電気 6. 化学 7. 射出 8. 塑性 9. 焼結	1. 手動 2. 半自動 ・機械制御 ・油圧制御 ・ならい制御 3. 自動 ・プログラム制御 ・数値制御	1. 主軸方向 ・立て形 ・横形 2. ベッド形態 ・水平形 ・スラント形 3. コラム形態 ・シングル形 ・門形	1. 旋盤 2. ボール盤 3. 中ぐり盤 4. フライス盤 5. 平削り盤 6. 形削り盤 7. 立削り盤 8. ねじ切り盤 9. 心立て盤 10. 彫刻機 11. ブローチ盤 12. 研削盤 13. ホーニング盤 14. ラップ盤 15. ポリシング盤	16. 金ノコ盤 17. 歯切り盤 18. 歯車仕上げ盤 19. 多機能機械 ・専用工作機械 ・ターニングセンタ ・マシニングセンタ 20. 放電加工機 21. 電解加工機 22. 超音波加工機 23. レーザ加工機 24. 射出成形機 25. 塑性加工機 （プレス加工機） 26. 圧縮焼結機	1. 円筒物 2. 角物 3. 板物 4. 鋳物 5. 粉体	1. 円筒面 2. 平面 3. テーパ面 4. 複合形状面 5. 自由曲面	1. 直線 2. 回転 3. 連続 4. 間欠 5. 単動 6. 複動

ラムであるラダーダイアグラム，さらにプログラマブルコントローラ (PC) あるいはプログラマブル・ロジック・コントローラ (PLC) への命令書であるシーケンスプログラムによって，機械を制御して目的の製品を作る方式である

・**数値制御**…基本的には「1」と「0」の2進数であるデジタル信号を**数値情報**という。この数値を用いて，機械を制御して目的の製品を作る方式である。詳細は第14章で述べる。

(d) 構造形態

工作機械の構造形態の分類には，主に主軸の向き，ベッド形態，コラム形態がある。

・**主軸の向き**…主軸の向きが地面に対して垂直の立て形と水平の横形がある。その選定に関しては工作物の大きさ，配置，切屑の排出の仕方，重力の影響などを考慮する必要がある。
・**ベッド形態**…これには，主に水平形とスラント形がある。
・**コラム形態**…これには，主にシングル形と門形がある。

(e) 工作機械とその加工法

作業内容を示した工作機械の分類については表1.3に示したが，その中で主要な工作機械について図1.5にその特徴を合わせて示す。工作機械とその加工法については次のようになる。

1. 旋盤（Lathe）→旋削
2. ボール盤（Drilling machine）→穴あけ
3. 中ぐり盤（Boring machine）→中ぐり
4. フライス盤（Milling machine）→フライス加工，エンドミル加工
5. 平削り盤（Planing machine, Planer）→平削り加工
6. 形削り盤（Shaping machine, Shaper）→シェーパ（形削り）加工
7. 立削り盤（Slotting machine, Slotter, Vertical shaper）→立削り加工
8. ねじ切り盤（Screwing machine）→ねじ切り加工（タッピング）
9. 心立て盤（Centering machine）→心立て加工
10. 彫刻機（Milling machine）→彫刻加工
11. 研削盤（Grinding machine, Grinder）→研削加工
12. ホーニング盤（Honing machine）→ホーニング加工
13. ラップ盤（Lapping machine）→ラップ加工
14. ポリシング（Polishing machine）→ポリシング加工
15. ブローチ盤（Broaching machine）→ブローチ加工
16. 金ノコ盤（Sawing machine）→素材切断加工
17. 歯切り盤（Gear cutting machine）→ギアシェーパ，歯切り加工
18. 歯車仕上げ盤（Gear finishing machine）→歯車仕上げ加工
19. 多機能機械（Multi functional machine）
    ・専用工作機械（Special machine）
    ・ターニングセンタ（Turning center）→ターニング加工
    ・マシニングセンタ（Machining center）→マシニング(MC)加工
20. 放電加工機（Electric Discharge Machining）→放電加工，ワイヤ放電加工
21. 電解加工機（Electrolysis Machining）→電解加工
22. 超音波加工機（Ultrasonic Machining）→超音波加工
23. レーザ加工機（Laser Machining）→レーザ加工（YAG，CO_2，エキシマ，フェムト）

工作機械	ワンポイント
旋盤 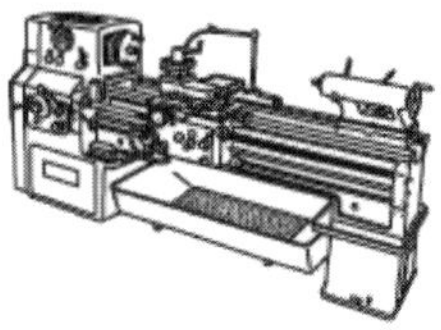	被削材を回転させ，切削工具で削る工作機械を旋盤という。被削材質より硬い切削工具で切り込み，被削材を削る。外径加工用切削工具のことをバイト，内径加工用切削工具のことをボーリングバーという。
フライス盤 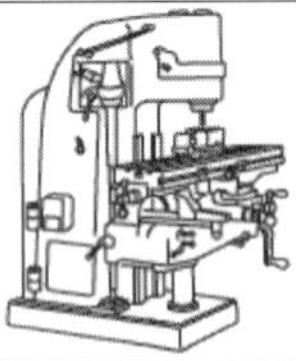	円筒の外周または端面に切れ刃を付けた，円形の切削工具を回転させて被削材を削る切削工具をミーリングカッタといい，このミーリングカッタを主軸に取り付けて回転させ被削材を切削する工作機械をフライス盤という。
卓上ボール盤 	被削材に穴あけ，穴仕上げ（リーマ通し）およびタップ立てを行う工作機械である。13 mm ぐらいまでのドリルを取り付け，穴をあけるものを卓上ボール盤という。
ラジアルボール盤 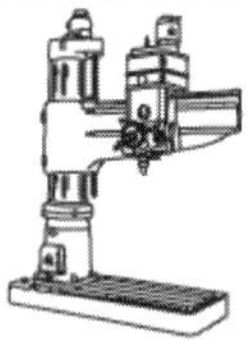	卓上ボール盤と同様の加工を行う工作機械である。大きな被削材に対して，主軸を移動させて加工することができる。
マシニングセンタ 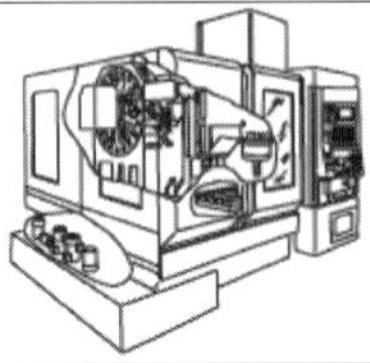	万能立てフライス盤に自動工具交換機能をもたせたもので，プログラムにより制御され，ミーリング，中ぐり，穴あけ，ねじ立て，リーマ仕上げなどの作業が高能率，高精度で行える。旋削はできない。
複合加工機 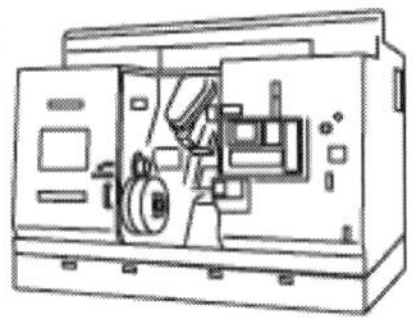	多くの機能を併せもつ工作機械である。旋削，転削はもちろんのこと，斜め穴あけやスロッタ，ホブの機能ももつ。
自動盤 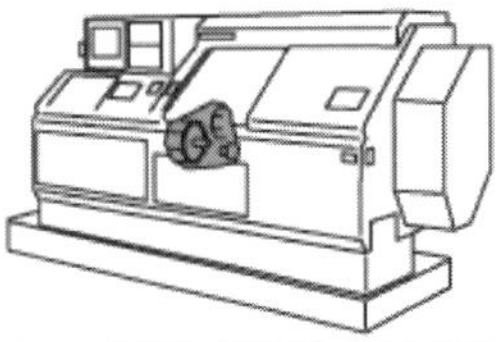	大量生産に使用される旋盤で，チャック作業用，バー作業用および，バー・チャック作業用があり，いずれも対応可能なものがある。切込量，送り量などカム式のものと，油圧式のものがあり，油圧式のものは，多種少量生産にも適し，高精度，高能率である。

図 1.5　主要な工作機械（三菱マテリアル㈱提供）

24. 射出成形機（Injection Machining）→射出成形加工
25. 塑性加工機（Plastic Machining）→塑性加工
　　（プレス加工機：Press Machining）→プレス（冷間，温間，熱間プレス）加工
26. 圧縮焼結機（Compressive sintering machine）→圧縮焼結加工

（f）工作物形状

工作物形状には，円筒物（丸棒），角物（角棒，角材），板物，鋳物，粉体などがある。

（g）加工面形状

加工面形状は，円筒面，平面，テーパ面，複合形状面，自由曲面がある。円筒面は，円筒外面と内面がある。旋削，中ぐり，円筒研削，内面研削などの加工法で作業が行われる。平面やテーパ面は，フライス，平面削りなどの加工法で作られる。複合形状面は，放電加工，超音波加工，ターニングセンタやマシニングセンタなどによる複合加工で作られる。自由曲面はマシンニングセンタや同時5軸制御加工機などによる複合加工で作られる。

（h）運動形態

運動形態は，直線，回転，連続，間欠，単動，複動などがある。詳細は後述するが，主軸運動や主（切削）運動などの関係で運動形態の見方が変わるので注意を要する。

1.3.3 工作機械の運動機能について

工作機械における工作物と工具との間の運動機能として，主に主（切削）運動，送り運動，位置決め運動の3つがある。

(a) **主（切削）運動**…工作物の不要部分を除去するための切削を行う運動
(b) **送り運動**…工作物の未加工部分を除去するために，工作物または工具を移動させる運動。
(c) **位置決め運動**…工作物を目的の形状，寸法，表面品位にするため，工作物や工具の位置を決める運動。

以下，後述するが各種工作機械によって，主運動，送り運動，位置決め運動が異なる。図1.6に示すようにたとえば，旋削の場合，連続運動で，工作物が回転運動で，工具側で位置決

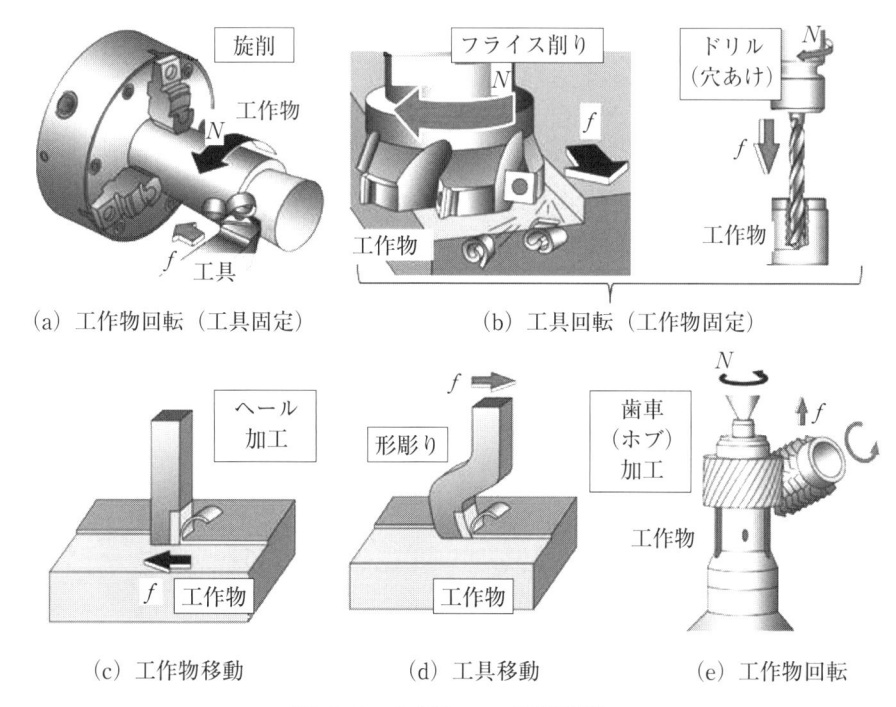

(a) 工作物回転（工具固定） (b) 工具回転（工作物固定）

(c) 工作物移動　　(d) 工具移動　　(e) 工作物回転

図1.6　各種加工の運動形態

め運動で，切り込みされ，工具は直線運動で1方向の送り運動が行われて切削される。図1.6のNは回転数（min^{-1}），fは送り速度（mm/rev）を示す。

また，工作機械の運動方向や形態によって，次のように区別される。
（1）回転運動と直線運動
（2）1方向運動と往復運動
（3）連続運動と断続（間欠）運動

1.4　工具について

工具には，主に切削工具，研削工具，測定・検査工具，ジグ，保持具，作業用器具などがある。

1.4.1　切削工具

切削工具とは，旋盤，ボール盤，中ぐり盤，フライス盤，平削り盤，形削り盤などの工作機械に取り付けられ，切削加工に使用される工具のことである。切削工具には**図1.7**に示すようにバイト，ドリル，フライス，ブローチ，ピットゲージ，ホブ，ピニオンカッタ，スリッタナイフ，ワークロールのほか，リーマ，タップ，ダイスなどがある。

（a）切削工具材料

切削工具は，種々の材料からできている。これを**切削工具材料（cutting tool material）**と称する。切削工具材料の基本的な条件は，主に次のような要件を満たすことが望ましい。
① 切削温度が上昇しても，硬さが低下しない。
② 耐摩耗性が大きい。
③ 靱性（ねばさ）が大きい。

しかし，現実的に上記の3つを満足する材料はない。現在用いられている工具材料について，

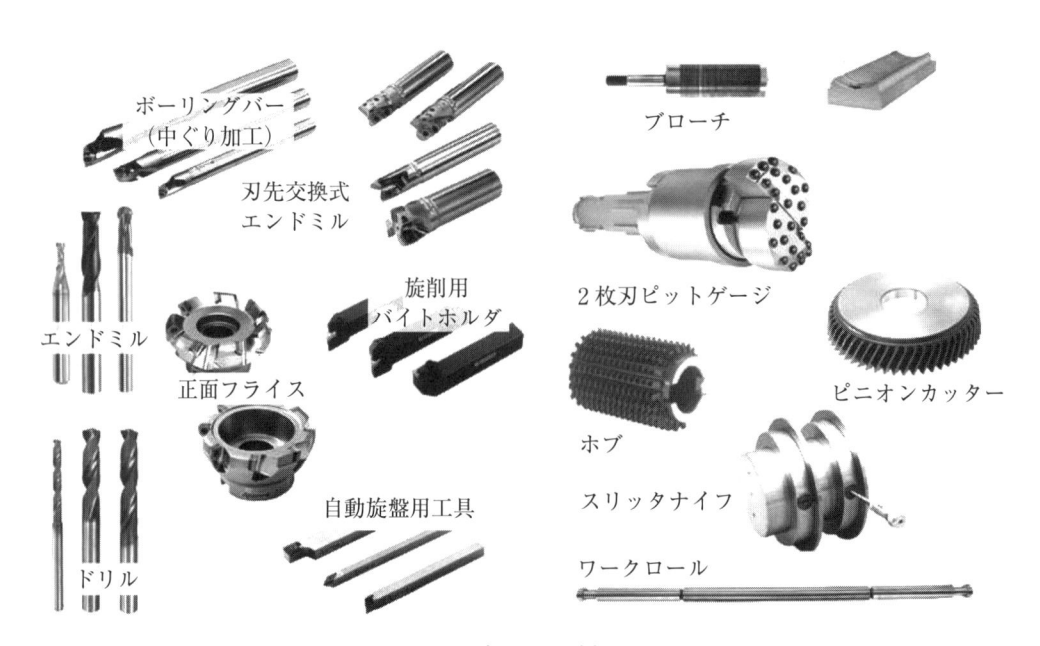

図1.7　各種の切削工具

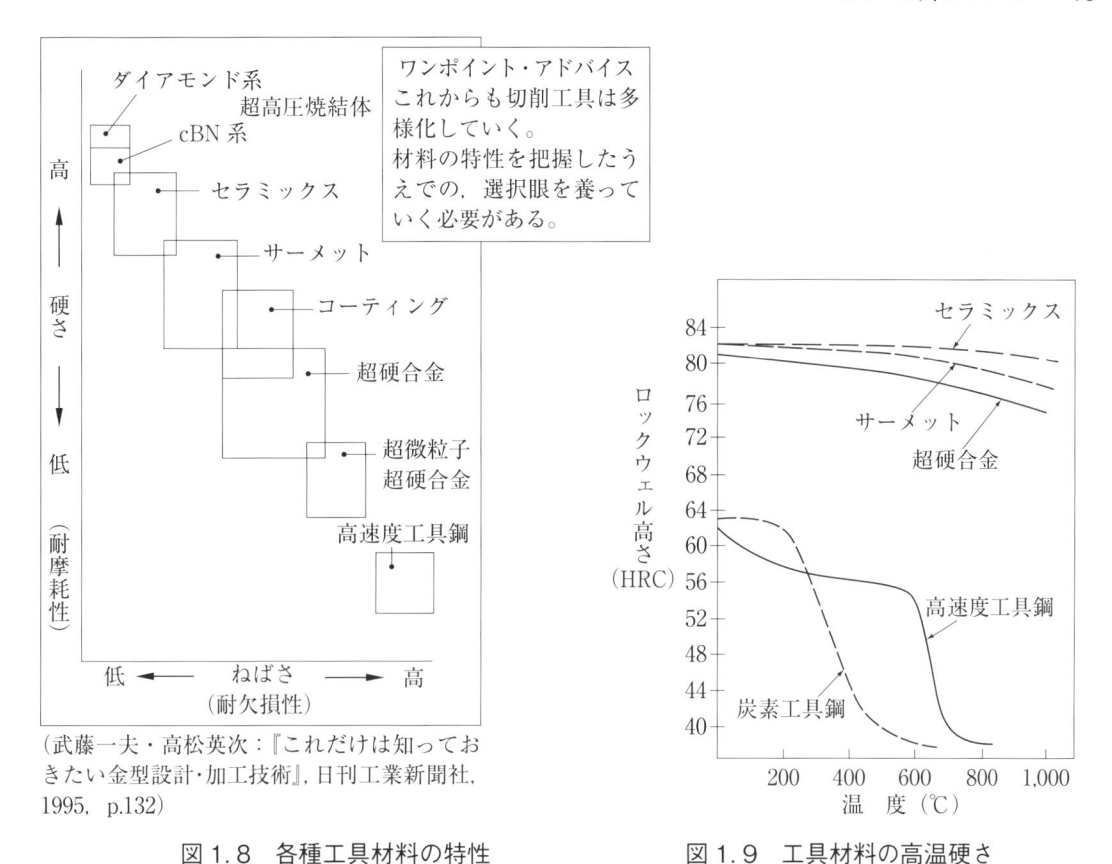

図1.8　各種工具材料の特性　　　　図1.9　工具材料の高温硬さ

硬さと靱性（ねばさ）の関係で整理したのが**図1.8**である。実際の作業に最適な工具材種を選択する必要がある。

（b）各種切削工具材料の種類

切削加工で用いられる工具材料には，代表的なものとして炭素工具鋼，高速度工具鋼，超硬合金，サーメット，セラミックス，ダイアモンド，cBN（立方晶窒化ホウ素）がある。**図1.9**は，各工具材料の硬さと温度特性を示す。材料の硬度は，炭素工具鋼は250℃で，高速度工具鋼は600℃で急激に低下する。すなわち，後述する工具寿命が極端に短くなる。これに対し，超硬合金，サーメット，セラミックスは1,000℃まで硬度が落ちない。このような現象から，工具寿命の長い工具が用いられるようになるのである。

1）炭素工具鋼（Carbon tool steels，JIS G4401）

小刀，包丁，鉋（カンナ），鑿（ノミ），そして剃刀など，昔から大工や家庭で使用される鋼（はがね）のこと。炭素工具鋼の中でも刃物用は1.0～1.5%の炭素を含むものである。ドリルやタップ等に使用されているが，近年あまり用いられない。

2）高速度工具鋼（High speed tool steels，JIS G4403）

現場では**ハイス**と呼ばれる。高速度鋼の材質には大別してタングステン（W）系とモリブデン（Mo）系がある。前者の基本的な成分として，炭素（C）0.8%，W 18%，クロム（Cr）4%，バナジウム（V）1%を母体とするため，よく18-4-1で表される。JISではSKH2と表記される。モリブデン系は，Wの代わりにMoを適用したもので，Mo 1%がW 2%に相当する。しかも，

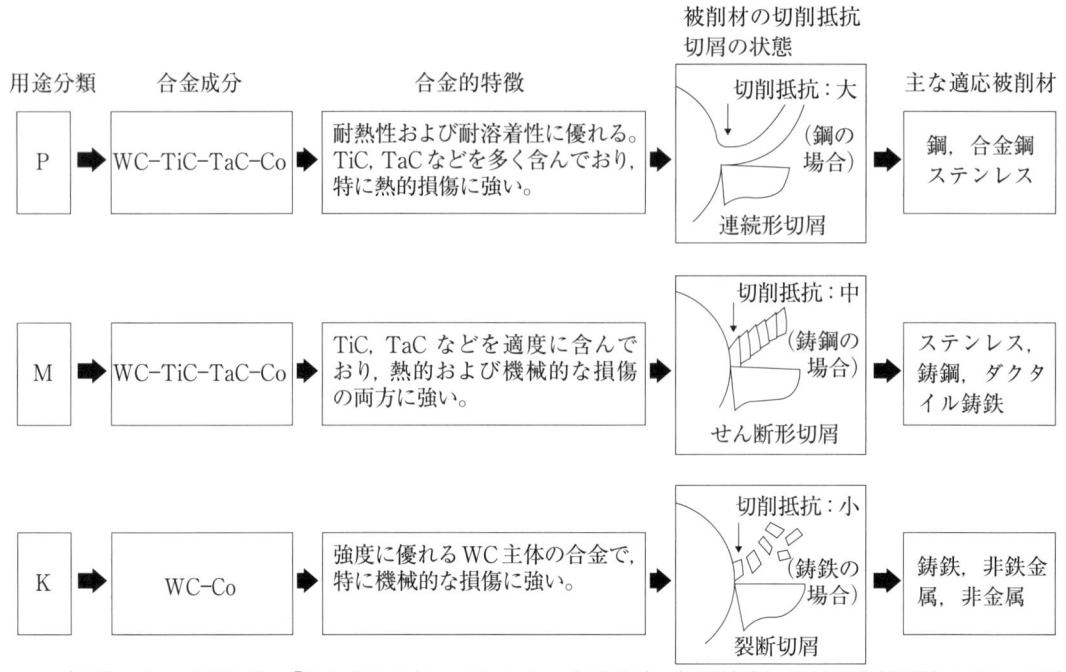

用途分類	合金成分	合金的特徴	被削材の切削抵抗 切屑の状態	主な適応被削材
P	WC-TiC-TaC-Co	耐熱性および耐溶着性に優れる。TiC, TaCなどを多く含んでおり，特に熱的損傷に強い。	切削抵抗：大（鋼の場合）連続形切屑	鋼，合金鋼ステンレス
M	WC-TiC-TaC-Co	TiC, TaCなどを適度に含んでおり，熱的および機械的な損傷の両方に強い。	切削抵抗：中（鋳鋼の場合）せん断形切屑	ステンレス，鋳鋼，ダクタイル鋳鉄
K	WC-Co	強度に優れるWC主体の合金で，特に機械的な損傷に強い。	切削抵抗：小（鋳鉄の場合）裂断切屑	鋳鉄，非鉄金属，非金属

（武藤一夫・高松英次：『これだけは知っておきたい金型設計・加工技術』，日刊工業新聞社，1995, p.132）

図1.10 超硬合金の材種の特徴と用途

耐衝撃性が増すので，断続切削用工具に適する．一般的に，高速度鋼は高温硬度が炭素工具鋼よりも高く，耐切削温度は図1.9に示したように600℃くらいまであり，靱性も高いので，小物の機械加工では工具として使用されている．近年，靱性を損なわず，さらに耐久性を向上させたものに粉末ハイスとコーティングハイスがある．

粉末ハイスは，粉末焼結法によって，微細炭化物を均一に分布させ，Vを多く添加できるため，耐摩耗性を向上させられる．

コーティングハイスは，TiN（窒化チタン），TiC（炭化チタン）の硬質膜を主にPVD（物理気相蒸着）で被覆（コーティング）し，耐摩耗性，耐熱性を向上させたものである．

3）超硬合金（Cemented carbids, JIS G4404）

W，チタン（Ti），タンタル（Ta），V，Mo等を粉末にし，1種または数種を組み合わせてコバルト（Co），ニッケル（Ni）を結合剤として焼結した焼結炭化物である．硬度はHRC90くらいあり，高温硬度は図1.9に示したように1,000℃で約20％低下する程度で，高速度工具鋼の3倍程度の高速切削ができるため，今や切削工具材料の主流となっている．使用区分としてはJIS B 4053で，**図1.10**に示すように用途によって鋼切削用をP種，鋳鉄切削用をK種，その中間はM種に大別される．目安として，P種は連続した切屑の出る工作物の切削に適し，K種は断続した切屑が出る工作物に適する．

4）サーメット（Cermets）

炭化チタン（TiC）を主成分（80％）とし，Mo，Niなどを結合剤として焼結した炭化物系超硬合金の一種である．TiCはWCに比べ硬さや融点がともに高く，化学的に安定であるが，機械的強度が低く，熱伝導がよくないためチッピングが起こりやすい欠点があり，使用制限が

あった。その後，チタンナイトライド（TiN）系のサーメットの出現により TiC 系の欠点が改善され，熱伝導や耐酸性も向上し，耐チッピング性，耐クレータ摩耗性に優れ，断続切削も可能となり，仕上面に品位も良好であることから，急速に普及している。

5）セラミックス（Ceramics）

アルミナ（Al_2O_3）を主成分とし，ホットプレスや **HIP**（Hot Isostatic Press：熱間等方プレス）法で焼結して作った工具である。1,500℃までの高温硬度が高く，熱的・化学的耐摩耗性に優れた高速切削用工具材料である。しかし，機械的強度，耐熱衝撃性は超硬，サーメットより劣る。その後，脆さを改善した Al_2O_3-TiC 系のセラミックスが開発され，鋼材，焼入れ部品の切削，断続切削も可能となった。

6）ダイアモンド（Diamond）

ダイアモンドには天然ダイアモンドと焼結ダイアモンドとがある。**天然ダイアモンド**は，すべての物質の中でも最も硬く，熱伝導性が良く，耐摩耗性に優れ，ほかの材料との親和性が低いなどの長所がある。しかし，非常に脆く，鉄系材料に反応しやすく，非常に高価であるなどの短所もある。高速切削で微小送り加工では，精密で表面品位のよい仕上面が得られる。よって，銅，アルミ，真鍮など非金属の加工に使用され，さらに超精密切削工具として普及している。

人造ダイアモンドは，図 1.11 に示すように超高圧高温技術によって，超硬合金の基台の上に緻密に焼き固めたものである。高硬度で熱伝導性がよく，ほかの材料と親和性が低いなどの長所がある。しかし，鉄系材料に反応しやすく，大気中で高温になると炭化してしまうため，非鉄金属を中心に利用される。

7）cBN（cubic Boron Nitrid）

cBN の粉末を高温で超高圧のもとに圧縮結合して作った工具である。ボラゾンとも呼ばれる（米国の GE 社の商標）。ダイアモンドの次に硬いもので，主に HRC50 以上の焼入れ鋼，耐熱合金などの切削に用いられる。むしろ硬さが低いときには刃先の摩耗が大きくなり問題となる。近年は，高速切削の工具として，高価であるが広く用いられている。

8）コーティング工具（Coating Tool）

耐摩耗性，耐熱性を目的に主に高速度工具鋼を母材とした **CVD**（chemical vaporized deposition；化学気相蒸着）と **PVD**（physical vaporized deposition；物理気相蒸着）によるコーティングが行われる。前者は TiC，TiN やアルミナなどを 1,000℃ に近い高温で比較的厚い拡散層（2～15μm 程度被覆したもの）が得られ，その被覆層は硬く，高能率切削加工が可能である。後者は TiN を 600℃ 以下で 1～数μm 程度被膜したもので，処理温度が低く母材精度が

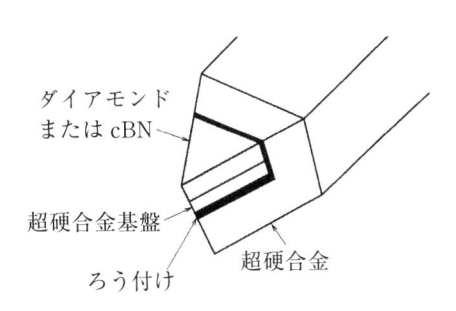

図 1.11 ダイアモンドあるいは cBN 焼結体工具の構造

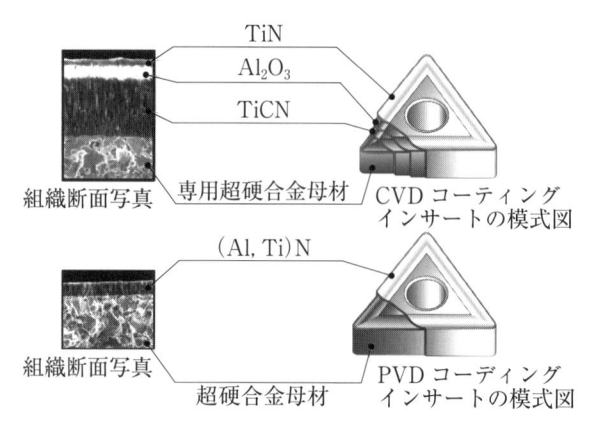

図1.12 コーティド超硬

よいので複雑な形状の工具にも適用でき，またシャープな切れ味が得られるので難削材の切削にも適する。**図1.12**はCVDおよびPVDでコーティングされたコーティド超硬のスローアウェイチップ（近年は，インサートという）を示す。

1.4.2 研削工具

研削工具（grinding tool）は，研削盤，ホーニング盤，ラップ盤，ポリシング盤などの工作機械に用いられ，砥粒によって加工する工具で，砥粒，研削砥石，研磨布，研磨ベルトなどのことである。

1.4.3 測定・検査工具

測定・検査工具は，工作物や工作機械で加工した部品，あるいはそれらを組み立てた製品の寸法，形状，表面品位などを調べる場合に使用する道具や機器のことである。**図1.13**に示すようにノギス（vernier calipers），マイクロメータ（micrometer calipers），デプスマイクロメータ（depth micrometer calipers）ダイアルゲージ（dial gauge），ブロックゲージ（block gauge）などの小さいものから，**図1.14**に示すように表面粗さ計，レーザ測長器，3次元測定器などの比較的大きいものまで種々ある。

1.4.4 ジグ・取付け具

ジグ・取付け具は，工作物を工作機械で加工したり組み立てたりする場合，正確な位置に固定するのに必要な道具のことである。特に，特定の工作物を取り付けたりする場合，その作業の**無駄**，むら，**無理**なく迅速に，正確に行える。よって，効率性に優れる。

ジグは切削工具を案内する部分をもつものをいう。ドリル穴あけ加工時に使用するブッシュなどはこの代表例である。これを持たないものを**取付け具**という。

1.4.5 作業用器具

作業用器具は，機械類の仕上げや組立，あるいは分解したりするのに必要な道具のことである。スパナ，ドライバ，ハンマなどから，電気グラインダ，電気ドリルなどの手動工具類も，これに含まれる。

(a) ノギス　　　　　(b) デプスゲージ

(c) マイクロメータ　　　(d) デプスマイクロメータ

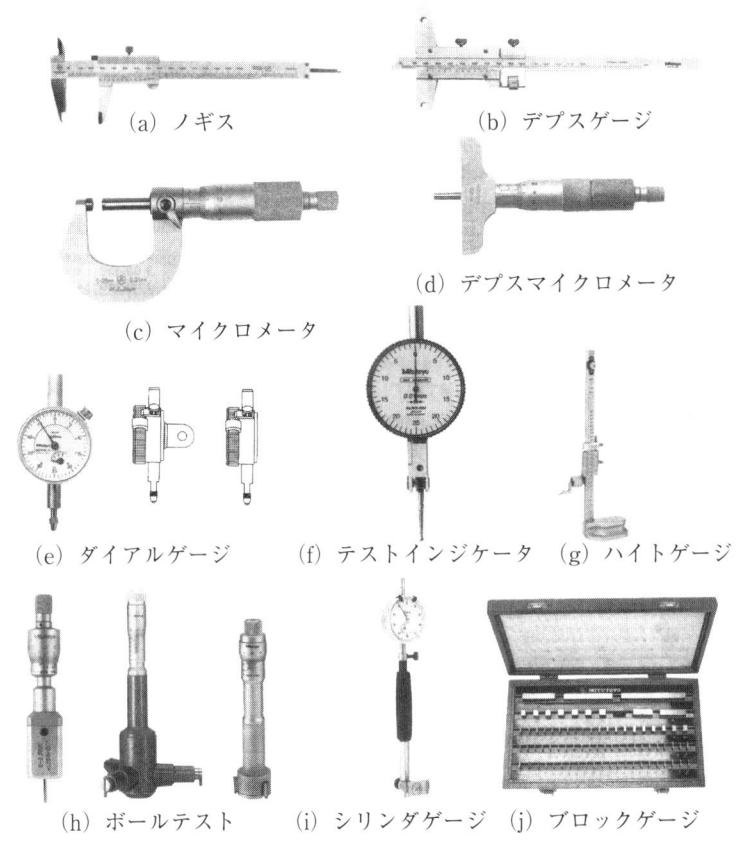

(e) ダイアルゲージ　(f) テストインジケータ　(g) ハイトゲージ

(h) ボールテスト　(i) シリンダゲージ　(j) ブロックゲージ

図1.13　各種測定工具

1.5　切削材料（工作物材料）の被削性

　材料の**被削性**（machinability，削られやすさ）は，切削加工の能率，精度に直接大きな影響を与える。一般に，切削抵抗が小さく，切削効率が高く，仕上げ面がよく，また工具寿命を長く保つことができる材料は「**被削性がよい**」という。また，切屑処理の良否などによっても判断される。

　図1.15は主な金属材料の種類を示す。鉄は炭素が0.04％以下のもの，鋼は炭素が0.04～2.1％のもの，鋳鉄は炭素が2.1～6.7％以下のものをいう。

1.5.1　鋼
（a）炭素鋼

　フェライト[1]は，切削抵抗が小さく柔軟であるが，構成刃先ができやすいために削りにくい。**パーライト**[2]地が増すにつれて，切削抵抗が増大する。0.3％C鋼（S30C）は最も被削性がよいが，

---
[1] フェライト（ferrite）は，酸化鉄を主成分とするセラミックスの総称である。
[2] パーライト（pearlite）とは，鋼の組織の一種であり，Fe-C状態図において，C=0.77[質%]におけるオーステナイト領域から温度727℃以下へと徐冷した時に生ずる共析組織である。光沢が真珠（パール）に似ているため，パーライトと称される。

(a) 表面粗さ計　　(b) 真円度計

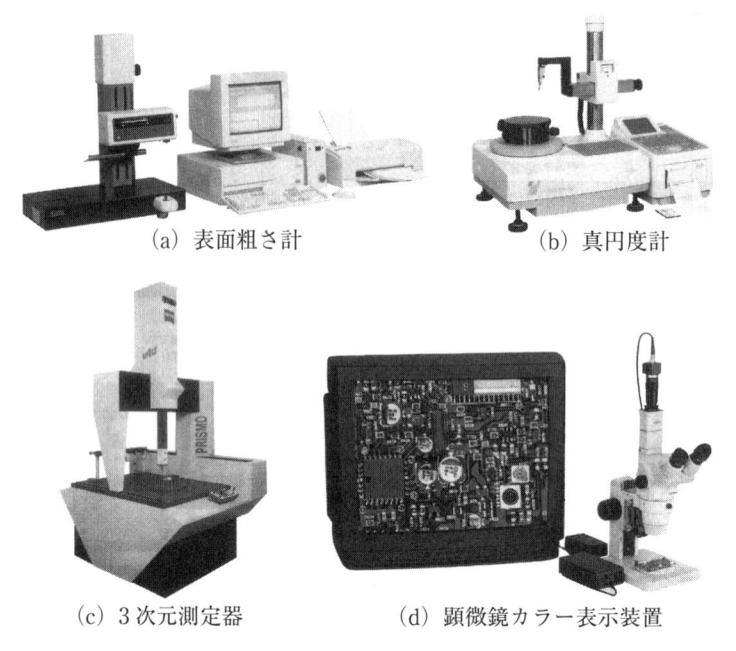

(c) 3次元測定器　　(d) 顕微鏡カラー表示装置

図1.14　精密測定機器

構成刃先ができやすいので，すくい角を多少，多めに取り，切込量を少なくして高速切削すれば，きれいな仕上げ面が得られる。

（b）快削鋼

普通の鋼に比べ，S（イオウ），P（リン）などを多く含有させた材料で，硫黄快削鋼というように呼ばれる。構成刃先ができにくいので仕上げ面がよい。これらは，高速切削において，工具寿命が長く，加工能率を向上できるので，自動盤による，ねじ類などの切削に多く用いられる。

（c）合金鋼

合金鋼は炭素鋼よりも被削性は劣る。Cr（クロム），Mo（モリブデン）などのように炭化物を作る成分も含むものは，一般的に削りやすい傾向をもつが，Ni（ニッケル），Moのようにフェライトに固溶する成分を含むものは削りにくい。後述する加工硬化しやすく，粘りのあるステンレス鋼は被削性の悪い材料であるが，S，Moなどを添加することによって被削性が改善される。

1.5.2　鋳鋼と鋳鉄

（a）鋳鋼

0.2％Cぐらいのものは，ねばくて削りにくいが，0.3～0.4％Cのものは，切削抵抗はやや大きいが，被削性はよく，よい仕上げ面が得られる。

（b）鋳鉄

一般に，材料の引張り強さ230 N/mm^{2}以下では削りやすいが，280 N/mm^{2}以上になると被削性が悪くなる。鋳鉄中の黒鉛炭素は，強度が小さくて切屑を細かくし，潤滑性があって構成刃先の発生をさまたげ，被削性をよくする。鋳鉄の切削に切削油剤を使わないのはこのためで

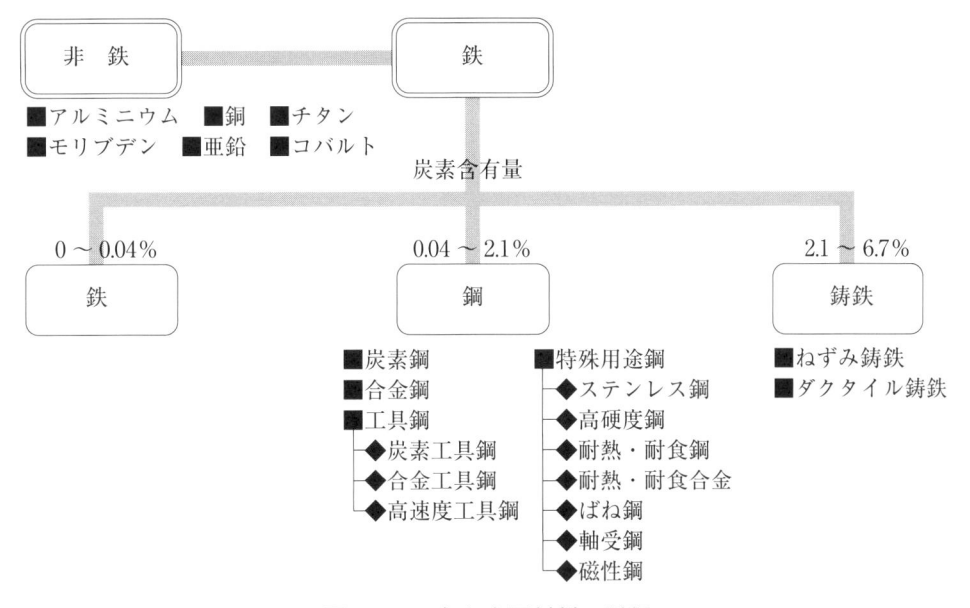

図 1.15 主な金属材料の種類

ある。鋳鉄は，引張り強さが小さいわりに切削工具が摩耗しやすいので，切削速度は鋼よりも遅くし，鋳肌（いはだ）には砂の焼付きがあって硬いので切込量は深くしなければならない。

1.5.3 非鉄金属

アルミニウム合金の切削抵抗は，鋼や鉄に比べてきわめて小さいが，純度の高いアルミニウムや合金元素の少ないアルミニウム合金は構成刃先ができやすいために，よい仕上げが得にくい。そのために，すくい角を 30～40° に取ったり，高速切削したりするとよい仕上げ面が得られる。

銅はねばりがあって被削性が悪いために，アルミニウムと同様に切削する。銅合金に 0.5～3% Pb（鉛）を添加すると，切削抵抗は半減し，構成刃先ができにくくなって被削性が改善され，よい仕上げ面が得られるようになる。

1.6 切削油剤

1.6.1 切削油剤の作用

切削加工に使用する切削油剤の効果には工具・砥石寿命の延長，工作物仕上げ面粗さの向上，工作物寸法精度の維持などがある。さらに，生産性や生産能率の向上，加工コストの低減などにも寄与する。

さて，切削油剤の作用としては，主に次の 3 つが考えられる。

① 潤滑作用…工具刃先のすくい面と切屑および工具刃先の逃げ面と工作物との間で発生する摩擦を低減する。これによって，切削熱と工具刃面の摩耗が少なくなる。

② 冷却作用…工具刃先のすくい面と切屑および工具刃先の逃げ面と工作物との間の摩擦によって発生する熱を低減する。図 1.9 の工具材料の高温硬さで示したように，工具材料の耐切削温度は炭素工具鋼の場合 400℃，高速度鋼は 600℃，超硬合金は 1,000℃ になると高温硬度が一気に下がり，工具寿命（工具の持ち）がより悪くなるので，切削油剤による冷

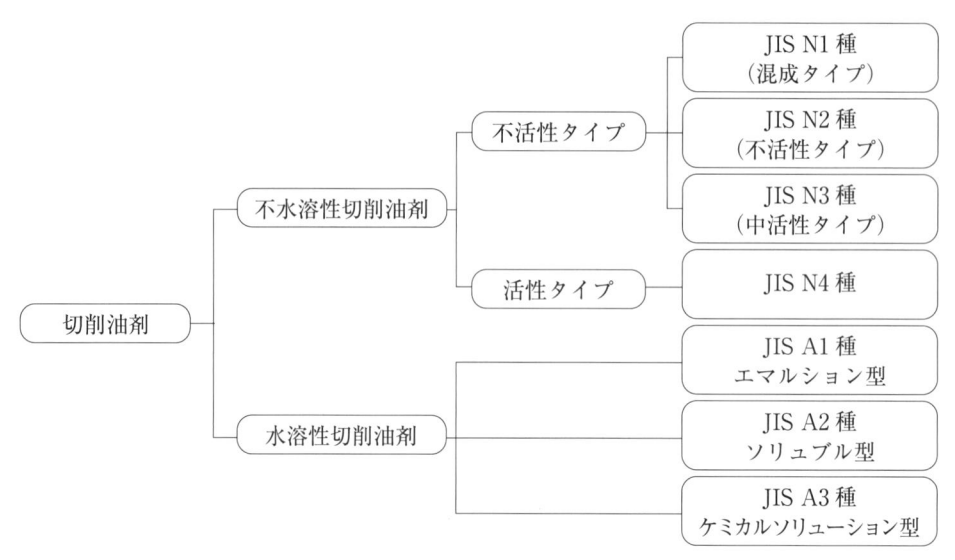

```
切削油剤 ─┬─ 不水溶性切削油剤 ─┬─ 不活性タイプ ─┬─ JIS N1種（混成タイプ）
          │                    │              ├─ JIS N2種（不活性タイプ）
          │                    │              └─ JIS N3種（中活性タイプ）
          │                    └─ 活性タイプ ─── JIS N4種
          └─ 水溶性切削油剤 ─┬─ JIS A1種 エマルション型
                            ├─ JIS A2種 ソリュブル型
                            └─ JIS A3種 ケミカルソリューション型
```

図1.16 切削油剤の種類（協同油脂㈱提供）

却が重要となることが理解できる。

③ **洗浄作用**…切屑の微粒粉末が工具刃先面に溶着するのを低減し、切れ味を保つよう流れ落とす作用をする。また、構成刃先に起因する仕上げ面粗さの悪化や工作物の寸法精度のバラツキを防ぐ。研削加工では目づまりを低減する役割がある。

上記以外に、実作業するうえで切削油剤には防錆性、消泡性、浸透性などが必要である。

このほか、フライス作業や研削作業では、切屑を洗い流す性質をもつことも望まれ、また、人間や機械に無害でなくてはならない。

切削油剤には、図1.16に示すように大きく2つの種類がある。工具の寿命や仕上げ面に重点を置く場合には、潤滑性のよい**不水溶性切削油剤**を、また、温度上昇を防ぐことを重点にする場合には、冷却性のよい**水溶性切削油剤**を選ぶようにする。

JISでは不水溶性は成分と銅に対する腐食性から4種に、水溶性は成分と希釈したときの外観から3種に分類され、改正JISでは環境を考慮し、塩素系添加剤を含む切削油剤が分類から除外されている。

1.6.2 不水溶性切削油剤

不水溶性切削油剤は、JIS K2241によれば鉱油と動植物油、または鉱油とエステルからなるものを1種、これに**極圧添加剤**（extreme pressure additives）を加えたものを2種としている。極圧添加剤は硫黄、リンなどを含む化合物で、それが摩擦面で反応し、その反応生成物が潤滑作用をもつために、切屑の溶着を防止し摩擦を減少させる作用をする。**表1.4**は不水溶性切削油剤の種類と推奨用途を示す。極圧添加剤の有無と銅板腐食によって**N1種**から**N4種**に分類され、さらに動粘度、脂肪油分、全硫黄分によって細分されている。

1.6.3 水溶性切削油剤

水溶性切削油剤は、水で20～80倍に希釈して使用するもので、JISでは**表1.5**に示すように、鉱油と界面活性剤の割合で希釈液が白濁するものを**A1種**、半透明または透明になるものを

表1.4 不水溶性切削油剤の分類と推奨用途例

JIS による分類				推奨用途例
種類		極圧添加剤	銅板腐食	
			100℃, 1h / 150℃, 1h	
N1種	1号～4号	含まない	－　　　1以下	非鉄金属（銅および銅合金）の加工 鋳鉄の切削加工
N2種	1号～4号	含む	－　　　2未満	汎用油剤，一般切削加工に幅広く使用
N3種	1号～8号	含む	2以下　　2以上	難削材の低速加工
N4種	1号～8号	含む	3以下　　－	仕上げ面精度の厳しい ブローチ，タップ，深穴加工等

A2種，水に溶ける成分からなり，水に加えて希釈すると外観が透明になるものを**A3種**に分類している。**表1.5**に示したようにA1種を**エマルション型**，A2種を**ソリュブル型**，A3種を**ソリューション型**と呼んでいる。A1種は，A2種とA3種に比べれば潤滑作用が高く，逆にA3種は冷却作用が高い。A2種は中間の性質を示す。A3種は腐らないので研削加工で使われている。**表1.6**は水溶性切削油剤タイプ別の特性を示す。

表1.5 水溶性切削油剤の分類と推奨用途例

JIS による分類		特徴	推奨用途例
種類	外観		
A1種	乳白色（エマルション）	水溶性切削油剤の中で最も潤滑性が高い。	鋳鉄，非鉄金属（アルミニウム，銅，およびその合金），鋼の切削加工
			硫黄系極圧添加剤を含有するものは，鋼の低速加工などの重切削加工
A2種	半透明ないし透明（ソリュブル）	エマルションに比べると洗浄性，冷却性が高い。	鋳鉄，非鉄金属（アルミニウム，銅，およびその合金），鋼の切削加工や研削加工
A3種	透明（ソリューション）	消泡性に優れる。冷却性が高い。	鋳鉄の切削加工 鋳鉄，鋼の研削加工

表1.6 水溶性切削油剤タイプ別の特性（協同油脂㈱提供）

	エマルション	ソリュブル	ソリューション
潤滑性	◎	○	△
冷却性	○	◎	◎
浸透性・洗浄性	○	◎	△
耐腐敗性	△	○	◎
消泡性	○	△	◎
他油分離性	△	△	◎
耐汚れ付着性	△	◎	◎

（◎:優, ○:良, △:可）

2 切削理論の基本

2.1 切削加工とは

2.1.1 切削加工とその特徴

切削加工法は,切削工具,工作物の運動の仕方や切削工具と工作物との相互の運動の仕方などによって以下のように分けて考えることができる。

(a) 旋削(丸削り)
(b) フライス削り(平削り)
(c) 穴あけ

旋削は切削加工によって成形される主な形状と使用工具の関係によって,**図2.1**のようになる。それぞれの切削加工については後述するが,ここでは切削理論について考えてみる。

りんごの皮をナイフでむいた場合を考えてみよう。このとき,むいた皮(部分)は**図2.2**に示すようにおおよそもとの形に戻る。しかし,金属を削ったときは,図に示すように元に戻らないのである。このように元に戻らないことが**金属の切削加工の最大の特徴**である。もう少し

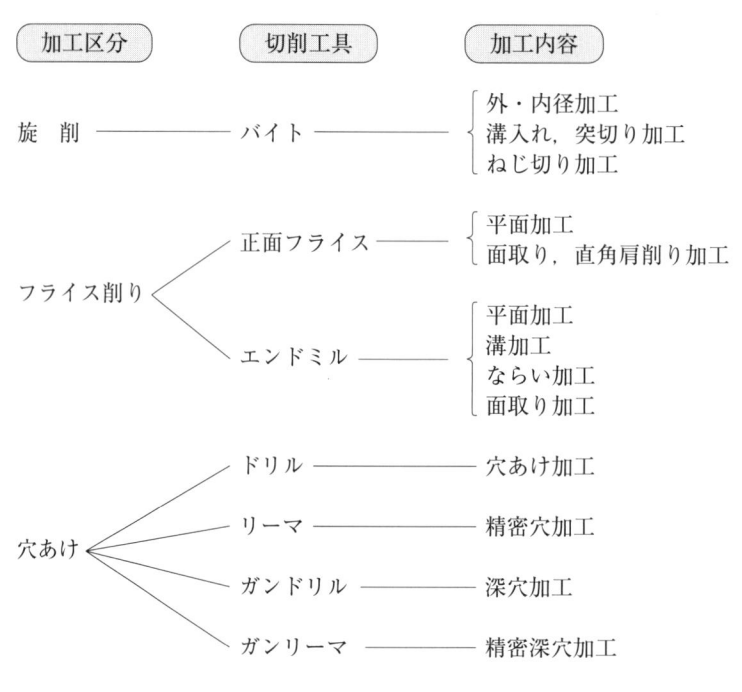

加工区分	切削工具	加工内容
旋削	バイト	外・内径加工 / 溝入れ,突切り加工 / ねじ切り加工
フライス削り	正面フライス	平面加工 / 面取り,直角肩削り加工
フライス削り	エンドミル	平面加工 / 溝加工 / ならい加工 / 面取り加工
穴あけ	ドリル	穴あけ加工
穴あけ	リーマ	精密穴加工
穴あけ	ガンドリル	深穴加工
穴あけ	ガンリーマ	精密深穴加工

図2.1 切削加工法と工具と加工内容

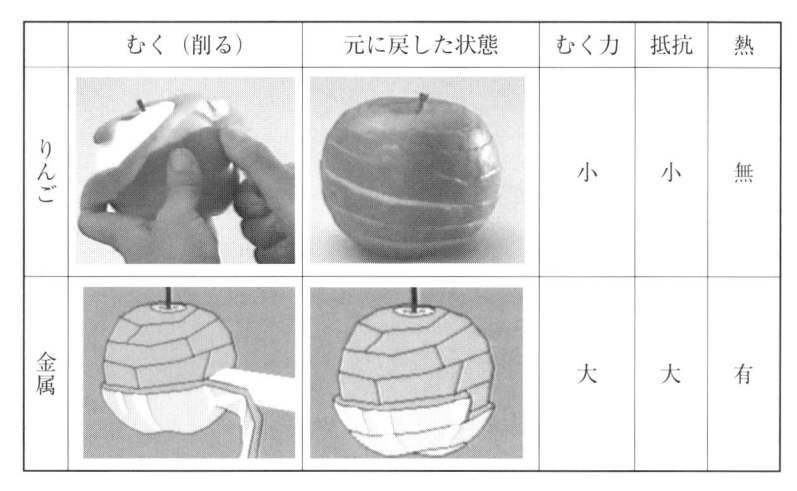

	むく（削る）	元に戻した状態	むく力	抵抗	熱
りんご			小	小	無
金属			大	大	有

図2.2　りんごと比べた金属の切削加工の特徴

詳しくみてみよう。

　りんごの場合，むいた皮はむかれたままで，何も変形はしていない。これに反して，金属を切削加工すると，金属は大きく変形し，むいた金属の皮は3倍ほど厚くなり，長さはその分だけ短くなる。摩訶不思議な現象が切削加工では起こっているのである。いわゆる柔らかい鉄を硬さの硬い鉄で削り取るのが金属の切削加工である。その原理を解き明かすのが本章の目的である。

2.1.2　切削機構

　工作物を切削加工するとき，どのような状態で変形し，また切断されるのか，そのときの切屑はどのような形状になるのかということをここでは**切削機構**（cutting mechanisim）という。これが切削理論の基礎となる最も重要な事項である。さて，**図2.2**で見たようにりんごをむくときの力は小さい力ですみ，抵抗もなく，熱も発生することはない。しかし，金属を切削するときは削る力や抵抗は非常に大きく，熱も発生する。その削る力を**切削力**（cutting force），その抵抗を**切削抵抗**（cutting resistance），発生する熱を**切削熱**（cutting heat）という。そのほか，**切削油剤の作用，仕上げ面の状態**などの理論について，以下，学習する。

　「金属を切削加工すると，金属は大きく変形し，むいた金属の皮は3倍ほど厚くなり，長さはその分だけ短くなる」と上述したことを模式図にすると**図2.3**のようになる。つまり，切削の幅を1とし，tを**切込（きりこみ）量**，長さlとしたとき，加工前後の体積は$t \times l$であるから，加工後の切屑の厚さは$3t$，長さは$(1/3)l$となる。このように金属を塑性変形させるには，大きなエネルギーが必要となり，切削抵抗や切削時の摩擦による熱など発生することが理解できよう。削る速度を切削速度といい，切屑が生成されていく速度を切屑流出速度という。さて，上述したように，金属を切削加工すると，金属は大きく変形し，むいた金属の皮は3倍ほど厚くなり，長さはその分だけ短くなることから，切屑が流出する速度は切削速度の1/3になることも理解できよう。

2.1.3　切れ味と切削比

　理想的な切削でバイトの切れ味がよいときというのは，**図2.4**に示すように悪いときよりも

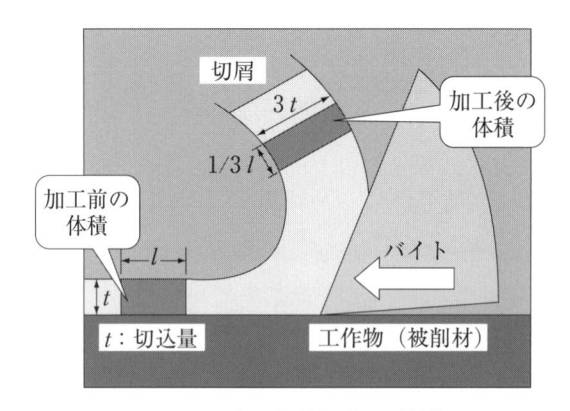

図2.3 金属切削の加工機構

切屑は長くなり，切屑の厚さが薄くなる。このことは金属の切削だけでなく，鉋（かんな）で木材を削る場合においても同様である。このように，切屑の厚さと，バイトの工作物への切込量の比を考えることは工作物が切削しやすいか否か，またはバイトの切れ味の良否という判断の目安となる。図2.3は後述の2次元切削における切削面の断面を示したもので，ここで t_1 = 切込量（mm），t_2 = 切屑の厚さ（mm）とすれば，両者の比は次のようになる。

$$r_c = \frac{t_1}{t_2} \tag{2.1}$$

この r_c を**切削比**（cutting ratio あるいは chip-thickness ratio）という。ここで**図2.3**の場合，$t_1 = t$，$t_2 = 3t$ であるから $r_c = 0.333$ となる。t_1 については，管端面切削のような2次元切削や切込量に対し送りの小さい一般の後述する3次元切削では，主軸1回転に対するバイトの送りに相当することになる。ゆえに，この測定は送りを計算するだけで正確な測定値が得られる。切屑の厚さ t_2 については切屑の表面に凹凸があるので正確な測定はむずかしいが，おおよその検討はできる。一般に t_2 の測定の方法としては次の3つがある。

1）測定器による方法
マイクロメータ，または工具顕微鏡で測定する。この場合，できるだけ多く測定して，平均値を取るようにする。

2）重量による方法
ある長さの切屑 l (mm) の重量 W (mg) を求め，切削幅 b (mm)，工作物密度 ρ (mg/mm^3) によって計算する。すなわち，$W = t_2 \cdot l \cdot b \cdot \rho$ であるから，

$$t_2 = \frac{W}{l \cdot b \cdot \rho} \tag{2.2}$$

となる。ただし切屑は一般に曲がっているから，切屑の長さ l は細い針金を切屑と同じように曲げ，切屑の形を取ってから引き伸ばして測定する。

3）体積による方法
溶接管などの端面切削（2次元切削）するときなどでは，その溶接継目から主軸1回転の切

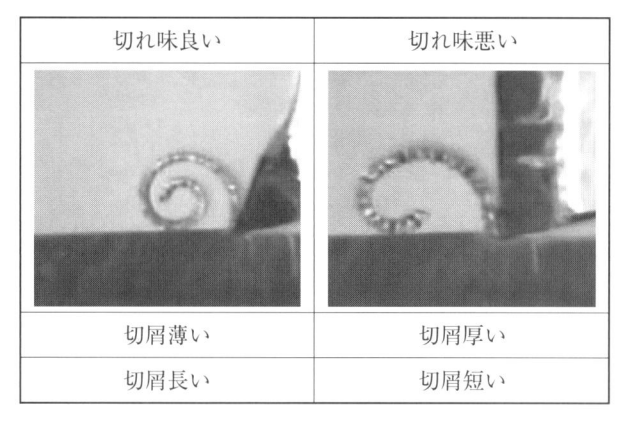

切れ味良い	切れ味悪い
切屑薄い	切屑厚い
切屑長い	切屑短い

図2.4　金属切削の切れ味の比較

屑の長さ l_2 がわかり，切削の前後での切屑の体積は変わらないことと，切削幅と切屑幅は等しいものとして，l_1＝切削長さ(mm)，l_2＝切屑の長さ(mm)，b＝切削幅(mm) とおけば次のようになる。すなわち，$l_1 \cdot t_1 \cdot b = l_2 \cdot t_2 \cdot b$ であるから，

$$r_c = \frac{t_1}{t_2} = \frac{l_2}{l_1} \tag{2.3}$$

2.1.4　2次元切削と3次元切削

以上みてきたように，切削機構はせん断面における工作物材料内部のすべりによって発生したせん断変形である。以下，2次元切削と3次元切削についてみてみる。ここで，図2.5に示す平削りにおいて，切込量と送りを与える場合，**3次元切削**（cubical cutting, three-dimensional cutting）とは図2.5に示すようにバイトの切刃は直線 AB, BC の2辺（曲線ABC）からなる3次元的形状であり，切屑の変形は前方，側方，上方の立体的な切削状態をいう。これは切削実験などで解析することはむずかしいが，真ん中に3次元切削シミュレーション解析の拡大図を示した。その右はドリルで切削しているシミュレーション解析図である。また，図2.5の下に示すように，1つの直線の切刃をもったバイトをその切刃と直角方向に動かして切削すると，流出する切屑は横方向に全然変形せずに，切削幅と等しい幅の長方形断面となる。このような切削が **2次元切削**（orthogonal cutting, two-dimensional cutting）である。真ん中の図はそれを横から見た図で，切屑がカール状になっている。右の図は，図2.3で示したバイトと切屑の状態を2次元の平面上に表した2次元切削の模式図である。この模式図を見れば，切削の機構などの原理が簡略してあるので考えやすくなる。図2.6に示すように，パイプの端面削りやつばの外周削りなどのような場合も2次元切削に相当する。切屑処理については，旋削のところで後述してあるので，参照されたい。

図2.7は2次元切削における各部の重要な名称を示す。切削工具（バイト）の工具**刃先**（cutting edge）は**すくい面**（rake face）と**逃げ面**（flank face, clearance face）とから構成される。すくい面は工作物をすくい上げて切屑を生成させる面で最も重要な面である。このすくい面と垂線とのなす角 α を**すくい角**（rake angle）という。すくい角が大きいほうが切れ味は良くなる。後述するが，逃げ角は切れ味に関係しないが正の値になっていればよい。

26　第2章　切削理論の基本

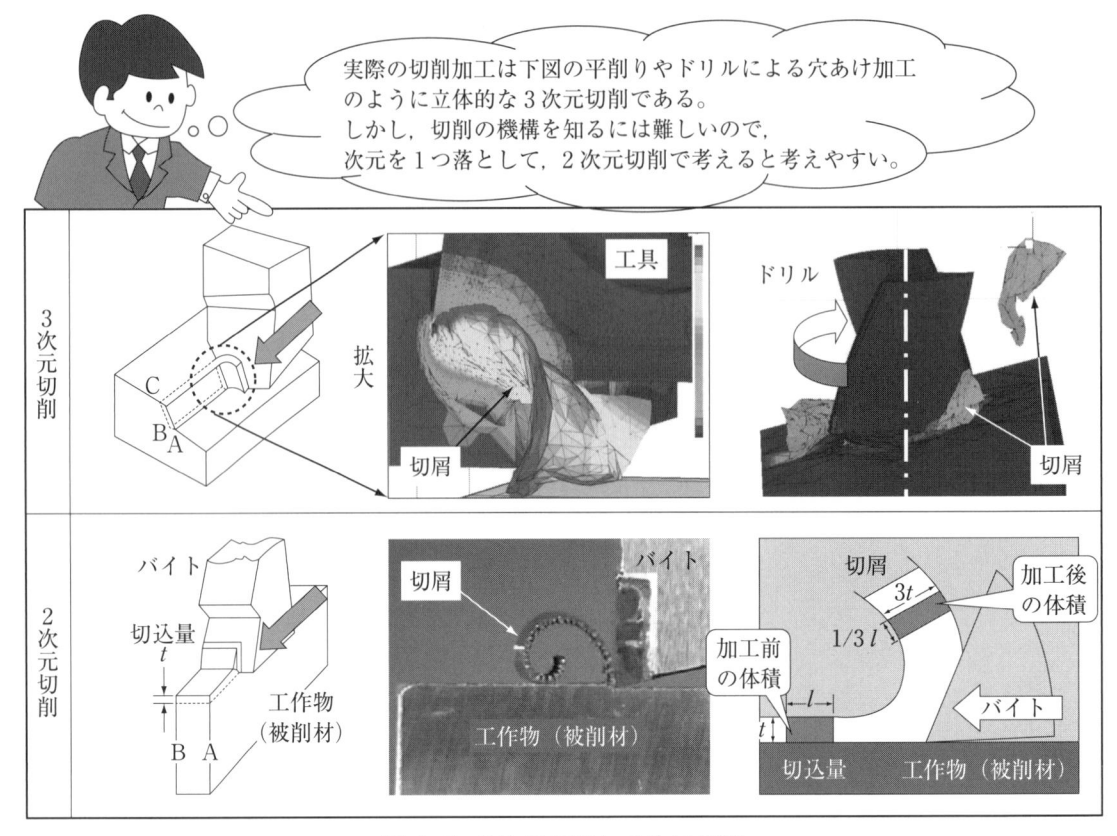

実際の切削加工は下図の平削りやドリルによる穴あけ加工のように立体的な3次元切削である。しかし，切削の機構を知るには難しいので，次元を1つ落として，2次元切削で考えると考えやすい。

図2.5　3次元切削と2次元切削

　一方，逃げ面は工作物と工具との摩擦を小さくする目的でつけた面である。この面と**仕上げ面**（finished surface：切削された面，製品の仕上げ面）とのなす角度 ψ を**逃げ角**（clearance angle, relief angle）という。刃先先端からの工作物表面にまたぐ線を**せん断面**（shear plane, shear surface）という。そのせん断面付近を**塑性領域**（plastic zone）という。この領域は，次節で述べるが，バイト刃先からの外力によって工作物材料が塑性変形する領域で，図2.7ではせん断面を中心とした楕円の領域で表している。そのせん断面と水平線とのなす角 ϕ を**せん**

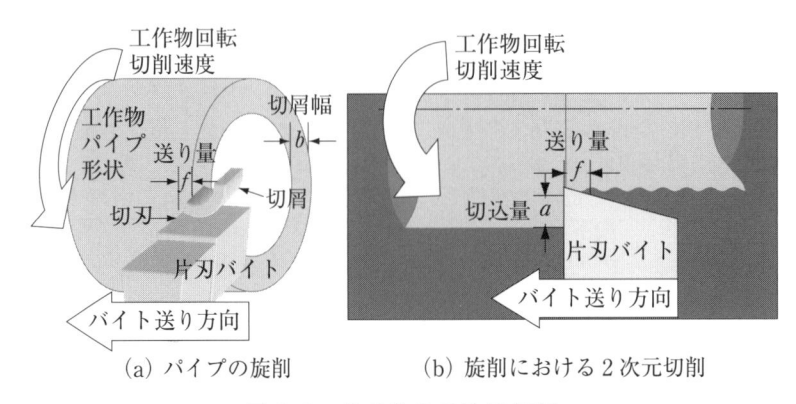

（a）パイプの旋削　　　　（b）旋削における2次元切削

図2.6　その他の2次元切削

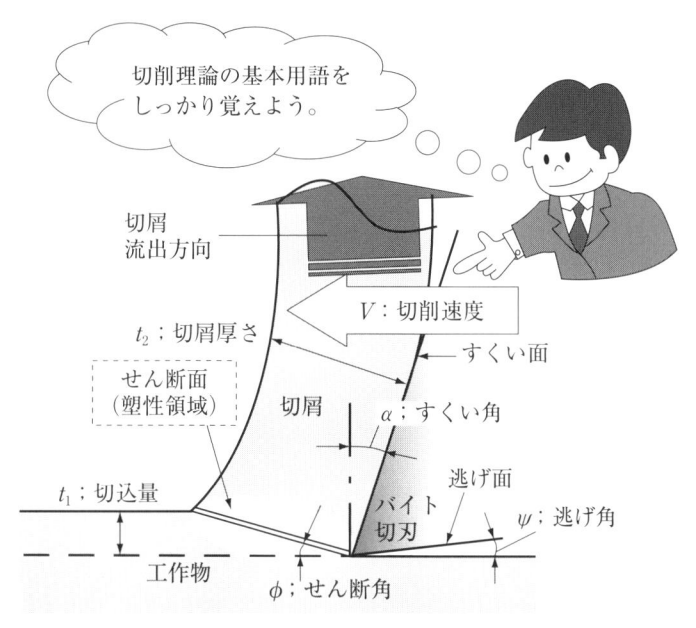

図2.7 2次元切削の各部の名称

断角（shear angle）という。工作物表面と工具刃先先端との垂直方向の距離 t を**切込量（研削加工の場合：grinding depth，切削加工の場合：cutting depth or cut depth）**という。図中には表示していないが，すくい面と逃げ面とのなす角 δ を**切削角**（cutting angle $\delta = 90° - \alpha$）という。ここで，工作物への切込量を t_1 としたとき，図2.3で上述したようにせん断面長さはだいたい $3 \cdot t_1$（3倍）になっていることが確認できよう。

2次元切削における切削条件として重要なのは，**切削速度**（cutting speed）V，**切込量**（depth of cut）t_1，そしてフライス加工では**切削幅**（width of cut）あるいは旋削加工では図2.6に示した**送り量**（feed）f である。

2.2 切削理論の基本

2.2.1 切削機構上のせん断変形

さて，図2.7に示したように，工作物材料のせん断領域における塑性変形は**せん断変形**（shearing deformation）と呼ばれる。

図2.8は，工作物がせん断変形する際の概念的な原理図を示す。すなわち，せん断力によるせん断変形の模式図で，これが切削機構の基本といってよい。固定された工作物にある切込量 t で外力（削る力）P を加えた場合の工作物内部の状態を考える。**図2.8(a)**に示すように工作物内部のある面の平行方向に滑らせるように作用する応力，すなわち**せん断応力** τ（shear stress）が発生する。ある限界を超えるとその内部の**材料同士のすべりが発生し**，図(b)に示すようなせん断による**ずれ量** λ が発生し，せん断変形が起こる。一般に，すべりは最も外力がかかった部分に発生する。また，すべり方向は原子の最も密に並んだ方向に一致する。

図2.9に切削直後からの切屑の生成の状態を示す。バイトの切刃のすくい面上に切屑が徐々に形成され，切屑がバイトの切刃のすくい面上に生成される。

切屑のできる状態は，切削工具（ここではおもにバイト（単刃工具）について）の刃先形状，

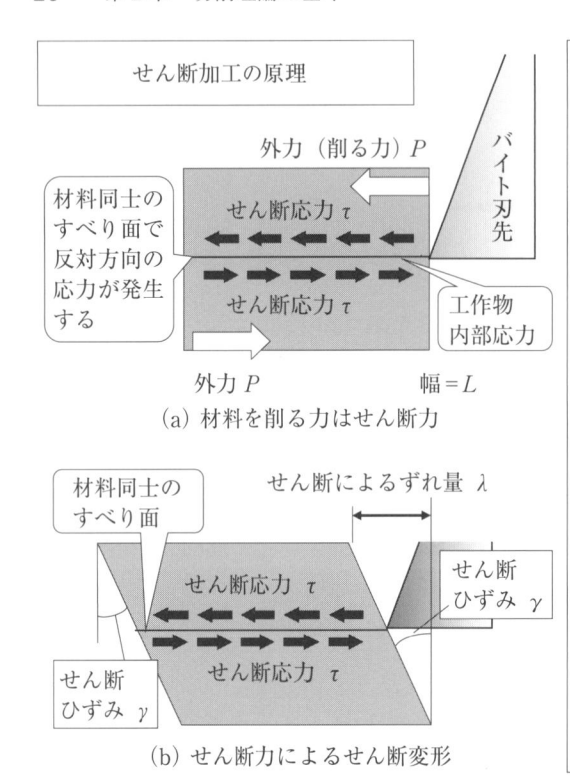

せん断加工の原理

(a) 材料を削る力はせん断力

- 外力（削る力）P
- せん断応力 τ
- バイト刃先
- 材料同士のすべり面で反対方向の応力が発生する
- 工作物内部応力
- 外力 P
- 幅 = L

(b) せん断力によるせん断変形

- 材料同士のすべり面
- せん断によるずれ量 λ
- せん断応力 τ
- せん断ひずみ γ

■ 材料を削る力はせん断力

■ せん断変形は（図 b）材料同士のすべりが原因である。

■ せん断でずれた量を λ，せん断による変位した位置と元の位置からなる傾きであるせん断歪み γ は次式のようになる。

$$\frac{\lambda}{L} = \tan\gamma \fallingdotseq \gamma$$

■ せん断応力 τ はフックの法則から次式で得られる。G はせん断弾性係数（横弾性係数），P は外力，A は断面積

$$\tau = G\gamma = \frac{P}{A}$$

■ また，G は ν をポアソン比，E をヤング率（縦弾性係数）としたとき，次式で与えられる。

$$G = \frac{E}{2(1+\nu)}$$

図2.8 切削機構の基本はせん断力によるせん断変形

工作物の材質，切削速度，切込量や送りなどにより大きく左右される。上述したように，固定された工作物にある切込量 t で外力（削る力）P を加えた場合，切削工具のせん断力によって工作物が大きなせん断変形をする。**図2.9** 中の①，②，…の順で加工が進行している。工具が

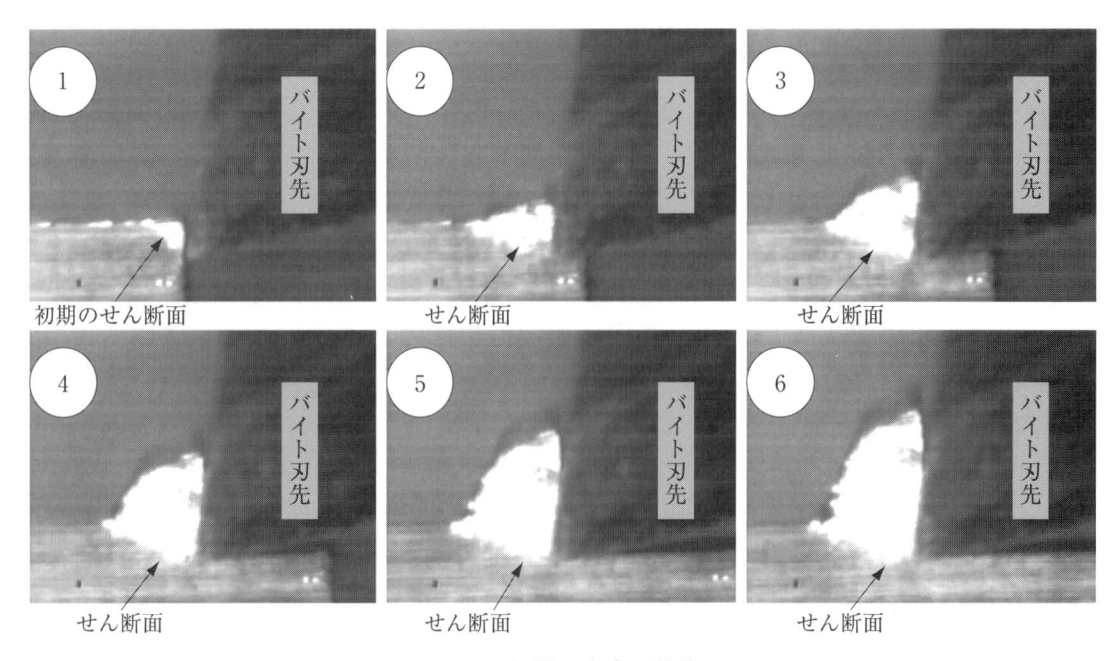

図2.9 切屑の生成の状態

工作物に押し当てられて，工作物の白く光っている部分（工具刃先の先端からの工作物表面にまたぐ線から切屑の部分）が塑性変形，すなわちせん断変形している領域で，これを一般に前述した**塑性領域**という。

また，①から⑥の切削の進行にともなって，その変形している容積がだんだん大きく増していることやバイト刃先（すくい面）側の切屑の流出量が多くなり，その速度も速くなることが理解できよう。また，加工が進むにつれて，切屑が生成され増大する。さらに，工作物の白く光っている塑性領域に，切屑生成の初端となる**せん断面**と呼ばれる面が生成され，そのせん断面の角度が安定していくことがわかる。

2.2.2 切屑の生成

図2.10は図2.7における切削状態の各部の名称を示す。ここで，工作物への切込量を t としたとき，図2.3で上述したようにせん断面長さは約 $3t$ になっていることが確認できよう。

図2.11は切屑生成および切屑表裏の状態を示す。上述したように押し出される切屑はせん断面でせん断変形して，切込量の3倍ほどの厚みになる。このときの切屑の長さは1/3になるので，切屑の流出する速度は切削速度の1/3になる。また，切屑の表側はせん断変形でささくれた状態になる。

一方，切屑の裏側は工具切刃のすくい面と切屑が摩擦しているため，比較的きれいな面になる。先述したように，バイト刃先（すくい面）側である切屑裏側のほうが表側より流出速度が速いために，図2.11に示したように切屑はカール状になる。切屑は工作物材料によっても異なるが，大体カール状になると考えてよい。鋳鉄では粉状，黄銅や快削鋼では片状になる。

図2.12は切削加工後の種々の切屑形状・状態を示す。良好な切屑はC形，D形である。A形は不良とされる。A形は工具や工作物（被削材）への巻きつきを起こし，加工の停止，加工面の品位の低下，安全面での問題が発生する。B形は切屑の自動搬送の機能低下や切刃のチッピングを起こす。E形は切屑の飛散，びびりによる仕上面不良，切刃の脱落，切削抵抗や発熱の増大など不具合が発生する。

さて，切れ味については図2.4で示したように，バイトの切れ味が良いときというのは，悪

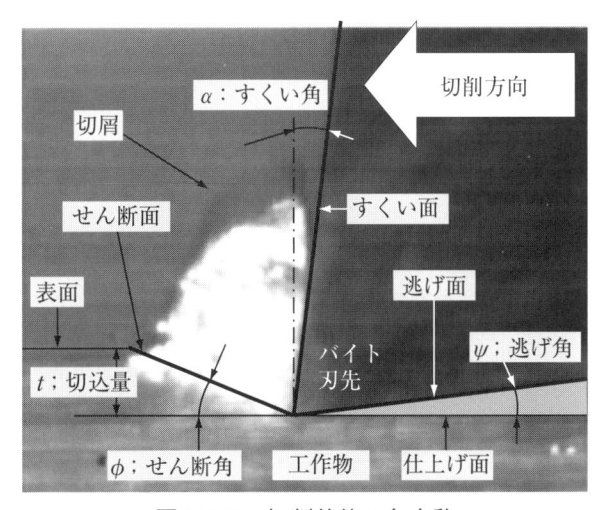

図2.10 切削状態の各名称

30　第2章　切削理論の基本

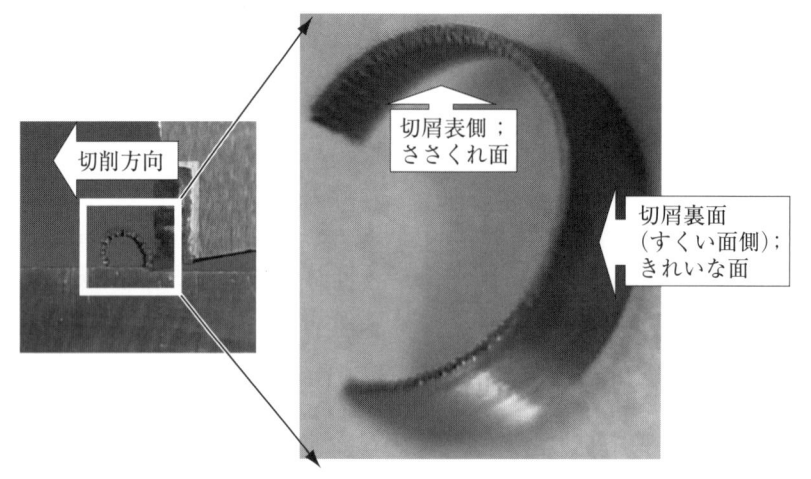

図2.11　切屑生成および切屑表裏の状態

	切　込		カール長さ (L)	備　考
	小	大		
A形			カール しない	切屑がカールせず長く伸びたもので，被削材や切削工具，機械にからみつくなど非常に問題のある切屑。
B形		—	$L = 50$ mm 以上	コイル状の連続した切屑で，順調に排出されていれば問題はないが，機械にからみつきやすい切屑。
C形			$L = 50$ mm 以下～1～ 5巻	コイル状で50 mm以下の長さ，もしくは1～5巻程度の切屑。切屑は良好な状態。
D形			1巻前後	1巻以下の理想的な切屑。
E形			1巻以下～ 半巻	オーバーコントロールで切屑は飛散が激しく，切屑破断時の切削抵抗の変動が大きくびびり振動の原因になる。

図2.12　切屑形状のいろいろ

いときよりも切屑は短くなり，切屑の厚さが薄くなる。この切れ味の良し悪しを評価するのに役立つのが図2.10に示した**せん断角φ**である。以下，せん断角と切削速度，せん断角とすくい角についてみていく。

2.2.3 せん断角と切削速度について

前述したように，せん断角は切れ味を評価するのに1つの基準となる。**図2.13**は切削時の条件（バイト形状，すくい角，切込量）は同一にして，切削速度を変化させた場合のせん断角の大小と切れ味との関係を示す。**図2.13(a)**は切削速度が小さい場合で，その結果，切削力は大きくなり，摩擦も大きくなり，切削熱がこもり，切削熱が大きくなる。よって，また，せん断角が小さいくなるので，その結果切屑の厚みが大きくなる傾向になる。要するに，切れ味は良くはない。

一方，**図2.13(b)**は切削速度が大きい場合で，その結果，切削力は小さくなり，切削熱が拡散しやすくなり，切削熱はそれほど大きくなることはない。よって，工具は摩擦による影響は少なくなり，後述するすくい面の摩耗もそれほど大きくならず，工具寿命は比較的長くなるようになる。また，せん断角が大きくなるので，その結果，切屑の厚みが小さくなる傾向になる。結局，切れ味は良くなる。このように，せん断角の大小で切れ味の良し悪しが判定できる。

ここでは，切削速度の差異について述べたが，図2.4で金属切削の切れ味の比較を示したように，すくい角が大きい場合は**図2.14**に示した切削速度が大きい場合に相当し，すくい角が小さい場合は切削速度が小さい場合に相当する。よって，実際に切削する場合は，あらかじめすくい角を大きくしておけば，切削速度をそれほど大きくしなくても，切れ味のよい切削が可能となることが理解できよう。

図2.14は，超硬工具で工作物（S45C炭素鋼）を加工した場合の切削速度とせん断角との関係を示す。これまで述べてきたように，切削速度が速くなると，せん断角は大きくなり，切れ味が良くなるのが理解できよう。

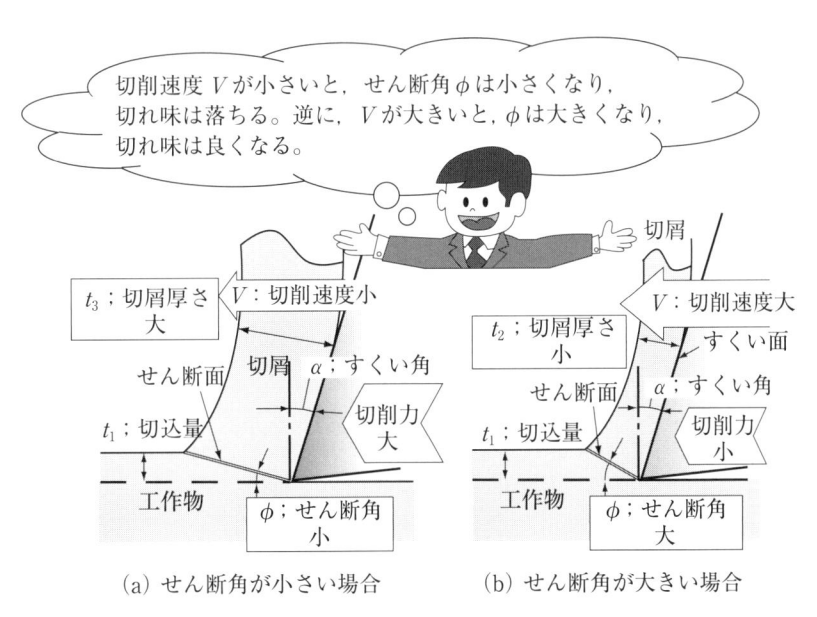

図2.13　せん断角の大小と切れ味

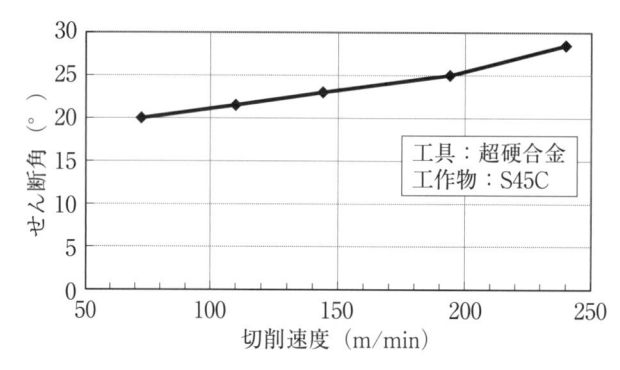

図2.14 切削速度とせん断角との関係

2.2.4 せん断ひずみ・せん断角とすくい角について

上述したように切れ味はせん断角と密接な関係があることが理解できたであろう。そこでここでは，せん断角の計算式の求め方についてみてみる。それを考えるにあたり，問題を簡単にするため，次の3つの仮定のもとに述べる。①**刃先の逃げ面は切削面に触れない**。②**切削面のひずみはない**。③**せん断面は平面である**。

図2.15は，後述する流れ型切削のモデル図である。**図2.15(a)**は上述の仮定に基づいて切屑が生じた状態を示す。Aはバイトの刃先であり，AA′はバイトのすくい面である。実際にはAの刃先にはわずかの丸みがあるが，単純化するため点とみなす。

ABより下方は工作物であり，実際にはこの部分も切削の際にひずみが生ずるが，非常に小さいとみて無視する。また，切屑にはAD面ですべりが生ずる。ここでは完全な平面とみなして考える。なお，**図2.15(b)**は楕円（破線）の中の**三角形**△ABFの部分を拡大したものである。バイトが進行して，新しいすくい面BB′に達する。この切削の際に，ある切削力でバイトのすくい面AA′は工作物の**平行四辺形**ABCDを押しつけ，□BCEFに**せん断変形**させる。

このときの，**せん断ひずみ**γは図2.8から**ずれ量**λ**/幅**L = AF/BGとなる。ゆえに，せん

図（b）で，
ずれ量λはAF，幅LはBGなので
せん断ひずみγは
$\gamma = \lambda/L$ = AF/BG
が理解できればOK

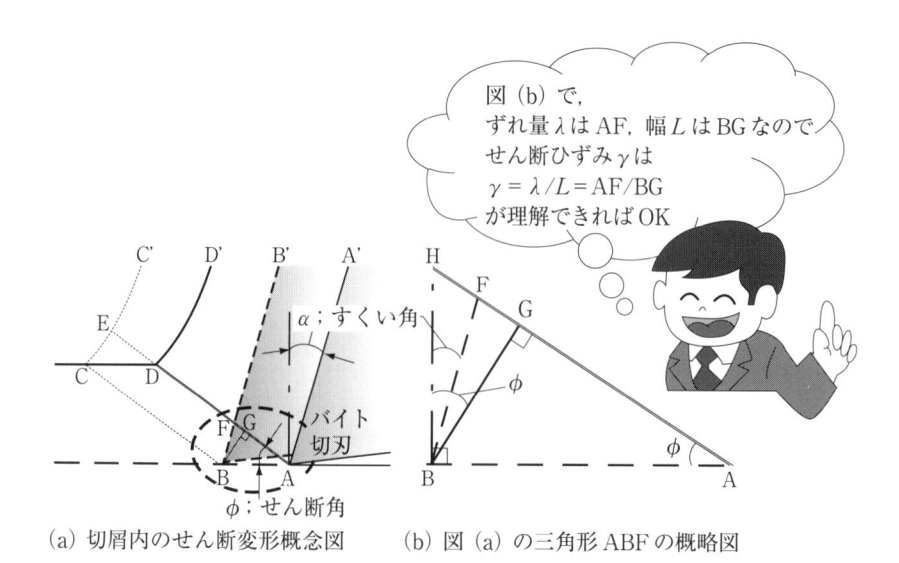

(a) 切屑内のせん断変形概念図   (b) 図(a)の三角形ABFの概略図

図2.15 流れ型切削のモデル図

断角をϕとすると，せん断ひずみγは

$$\gamma = \frac{AF}{BG} = \frac{AG + GF}{BG}$$

また，図2.15(a)で，AA′∥BB′，BB′=BF であるから，∠HBF＝バイトのすくい角α，∠HBG＝∠HAB＝せん断角ϕ，∠FBG＝∠HBG－∠HBF＝$\phi - \alpha$，そして，

$$\frac{AG}{BG} = \cot\phi, \quad \frac{GF}{BG} = \tan(\phi - \alpha)$$

よって，せん断ひずみγは次式で表される。

$$\gamma = \cot\phi + \tan(\phi - \alpha) \tag{2.4}$$

ここで，式(2.4)を考えてみると，次の4つの事項が明らかになる。
① せん断ひずみγは，せん断角ϕが大きくなると小さくなる。
② せん断ひずみγは，せん断角ϕが一定でバイトのすくい角αが大きくなると，小さくなる。
図2.16はすくい角と切削抵抗との関係を示す。すくい角が大きくなると切削抵抗が小さくなることがわかる。
③ せん断ひずみγが小さいことは切削に要する仕事が小さくなり，好ましい切削である。
④ すくい角αが決まれば，せん断ひずみγを決定するのはせん断角ϕだけとなる。ゆえに，せん断角ϕが大きくなると，せん断ひずみは小さくなり，切れ味は良いということになる。
上記③について，図2.16はバイトのすくい角と切削抵抗の関係を示したもので，すくい角が大きいとせん断ひずみが小さくなる結果，切削抵抗が少なくなることを示している。
一般に，高速度軽切削ではせん断角は大きく，低速度重切削ではせん断角は小さい。
すなわち，同じ送りで，切屑が薄いときはせん断角ϕは大きくなり，切削比は大きくなることが推測できる。

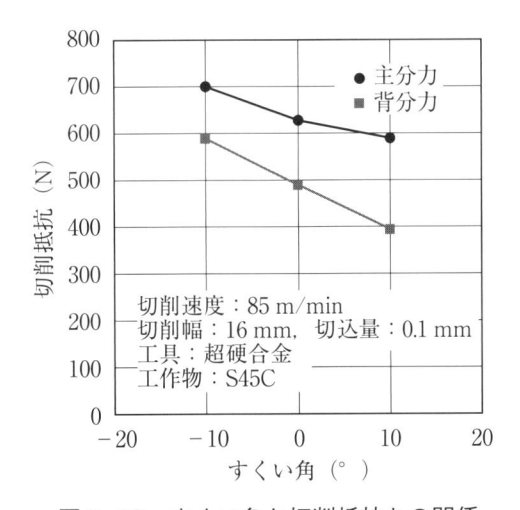

図2.16 すくい角と切削抵抗との関係

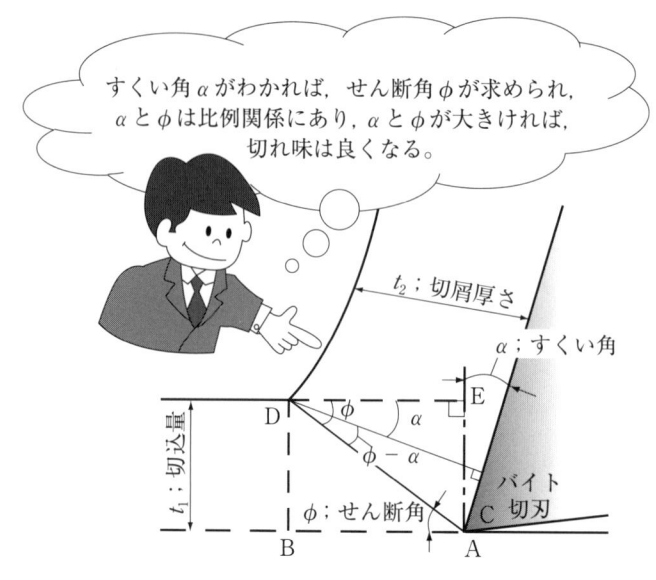

図2.17 せん断角とすくい角の関係

それでは切削比 r_c とせん断角 ϕ とが定量的にどんな関係があるかみてみよう。図2.17において，三角形△ABD の $\sin\phi$ は

$$\sin\phi = \frac{BD}{AD} = \frac{t_1}{AD} \quad \therefore AD = \frac{t_1}{\sin\phi}$$

三角形△ACD において

$$\angle ACD = \phi - \alpha$$

$$\cos(\phi - \alpha) = \frac{CD}{AD} = \frac{t_2}{AD} \quad \therefore AD = \frac{t_2}{\cos(\phi-\alpha)}$$

$$\frac{t_1}{\sin\phi} = \frac{t_2}{\cos(\phi-\alpha)} \quad \therefore \frac{t_1}{t_2} = \frac{\sin\phi}{\cos(\phi-\alpha)}$$

式(2.3)から $\dfrac{t_1}{t_2} = r_c$ であるから

$$r_c = \frac{\sin\phi}{\cos(\phi-\alpha)} = \frac{\sin\phi}{\cos\phi\cos\alpha + \sin\phi\sin\alpha}$$

$$\tan\phi = r_c \cos\alpha + r_c \tan\phi \sin\alpha \tag{2.5}$$

これから $\tan\phi$ を求めると，次のようになる。

$$\tan\phi = \frac{r_c \cos\alpha}{1 - r_c \sin\alpha} \tag{2.6}$$

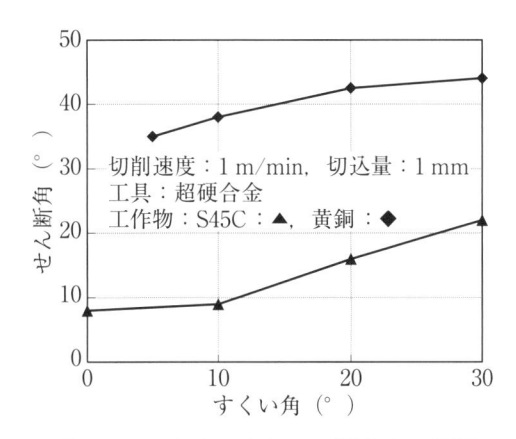

図2.18 すくい角とせん断角との関係

この式から**切削比** r_c,およびバイトのすくい角 α がわかれば,せん断角 ϕ を求めることができる。

また,**切削比** r_c が大きくなれば,分母は小さくなり,分子は大きくなって $\tan\phi$ は大きくなり,せん断角 ϕ が大きくなることがわかる。

図2.18は,工作物材料を黄銅(真鍮)と炭素鋼S45Cを切削した時のすくい角とせん断角との関係を示す。すくい角を大きくすれば,せん断角は大きくなり,切れ味は良くなることが理解できよう。このように,切れ味を良くするには,すくい角を大きくすることである。また,工作物材料の黄銅のほうが炭素鋼よりもせん断角が大きいことから,黄銅のほうが切れ味が良い,すなわち切屑の厚さは薄くなることが理解できよう。

2.3 切屑形態

次に,代表的な切屑の形態について,**図2.19**に示す4つに分けて説明する。

2.3.1 流れ型切屑

図2.19(a)に示すように,比較的柔らかい工作物を速い切削速度で切削したときには,切屑が流れるように連続して出る。このような流れ型の切屑(**flow type**)が流出するときは切削力の変動は少なく,仕上面は美しい表面が得られる。図(a)の上部は流れ型切屑の発生した状態を示した写真である。このときの切屑のできる状態をさらに細かく図示したものが下の模式図である。

ここで,バイト刃先がAからBまで進むとき,平行四辺形ABCDの部分がBC面に沿ってすべり,A′B′C′D′まで左斜め上に移動する。次に,刃先がBからEに移る間に**平行四辺形 BEFC**がEF面に沿ってすべり,切削が進行すると同様のことを繰り返すと考えられる。

この場合,すべりを生ずる間隔は非常に狭いと仮定すると,切屑が順次微小な幅で生成し,結果的に図2.4で示したような連続した切屑が生成される。図2.19中の角 ϕ を**せん断角**と呼んだが,切削機構を考えるのに重要な角度となる。連続した切屑ができるので,切屑処理としてすくい面に後述のチップブレーカを付与する。切削後の仕上面はきれいで,良質な面と商品価値が得られる。

36　第2章　切削理論の基本

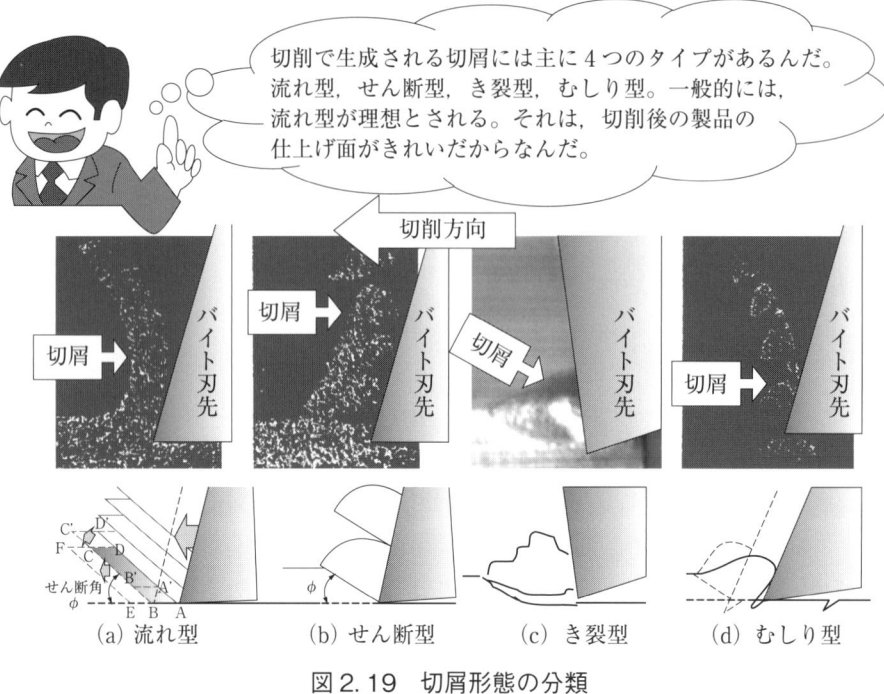

（吹き出し）切削で生成される切屑には主に4つのタイプがあるんだ。流れ型，せん断型，き裂型，むしり型。一般的には，流れ型が理想とされる。それは，切削後の製品の仕上げ面がきれいだからなんだ。

(a) 流れ型　　(b) せん断型　　(c) き裂型　　(d) むしり型

図2.19　切屑形態の分類

2.3.2　せん断型切屑

図2.19(b)は流れ型切屑の場合より比較的硬い工作物をやや遅い切削速度で削った場合のせん断型切屑（shear type）を示す。図(b)上部はその写真を示す。切屑の厚みが一定の間隔で変化するふぞろいな切屑が生ずる。これは，図2.19(b)に示すように切削進行にともないせん断角が次第に減少し，そのためせん断ひずみも増し，遂にはせん断面で破断を生じ，ある周期で同じことを繰り返す。したがって，切削力はその周期で変動を生じるため，**びびり（chatter mark）** を起こし，仕上面は細かな凹凸を生じ，良質な面と商品価値は得られない。このような切削では，工具は刃こぼれ（チッピング）を生じやすくなる。

2.3.3　き裂型切屑

図2.19(c)はき裂型の切屑（crack type）を示す。き裂型は鋳鉄などの比較的もろい工作物を切削するときに生ずる。切屑はほとんど変形せずに裂断してできることが多い。図2.19(c)において刃先が工作物表面を削るときに，切込量が浅いので，切屑は粉状の小片となって分離される。また，切込量がある深さに達すると工作物がもろいために斜め前方に沿って瞬間的に割れ目ができる。このように，切屑はほとんど変形せずに破断する。このために切削抵抗は絶えず大きく変動する。き裂型の切屑を生ずる場合はほかの場合よりもはるかに切削抵抗の変動が大きく，そのために加工面は非常に粗くきたない。き裂型の切屑を生ずる場合のバイトの摩耗を考えると，切屑がバイトのすくい面をこする摩擦力は小さいので，すくい面の摩擦熱や工具摩耗が問題となることが少ない。その反面，図2.19(c)に示すようにバイトが進む間の切込量が浅いため，逃げ面を摩擦して切削するような状態で，バイトの先端，特に逃げ面が激しく摩耗する。このことは流れ型切削において，すくい面の摩耗が多いことに比べると対照的である。

2.3.4 むしり型切屑

図2.19(d)はバイトが進行することによって，刃先から斜め下に向かって裂け目を生じながら削られるもので，むしり型切屑（tear type）といわれる。これは仕上面に傷を深くつくるので望ましい切屑の発生状態ではない。

以上のように切屑の生成は，おもに工作物と，切削条件によって決まる。たとえば，同じ切削条件でも，軟鋼でせん断型切屑ができるし，銅，アルミニウムでは流れ型切屑ができ，また図2.20鋳鉄ではき裂型切屑ができる。さらに工作物を軟鋼として，切削速度を一定とし，すくい角と切込量によって切屑がどう変わるかを示したものが図2.20である。これより，切込量が少なく，すくい角が大きいときは流れ型切屑ができることがわかる。

図2.21は $t_2 = 0.052$ mm，$t_2 = 0.036$ mm における切削速度と切削比との関係を示す。これより，いずれも切削速度が増加すると切削比も大きくなる。また，切削比の増加の勾配が切削速度 100 m/min から 200 m/min の間で変化することも切屑の厚み t_2 の変化にかかわらず同じ傾向であり，超硬バイトの使用切削速度範囲と一致している。

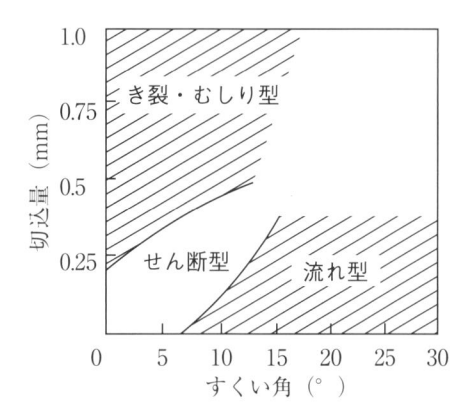

図2.20　すくい角と切込の関係

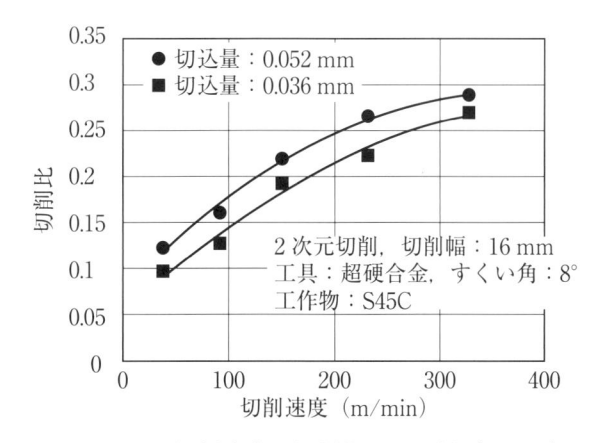

図2.21　切削速度と切削比との関係（その2）

【演習問題】

〔2.1〕表2.1は工作物（中炭素鋼 S45C，肉厚 1.6 mm，ϕ 50 mm のパイプ）をすくい角 $\alpha = 8°$ の超硬バイトで2次元切削したときの切屑厚さ t_2，切屑の単位長さ（パイプ1回転）l_2，そのほかを測定したものである。表2.2から t_2 を用いて，切削比を計算しグラフで表せ（横軸に切削速度，縦軸に切削比を取る）。

表2.1　t_1 =切込量= 0.036 mm/rev, b =切削幅= 1.6 mm

No	切削速度 (m/min)	切屑長さ l_2 (mm/rev)	切屑厚さ t_2 (mm)	切削主分力 (N)	切削背分力 (N)
1	24	−	0.497	369.5	284.2
2	39	16	−	320.5	264.6
3	57	18.5	0.353	298.9	240.1
4	81	20	0.342	275.4	211.1
5	100	24	0.192	274.4	192.1
6	153	30	0.171	254.8	171.5
7	228	35	0.116	235.2	156.3
8	350	42	0.143	225.4	155.3

（解）まず，切削比を計算した表2.2を作成し，図2.22のようなグラフを作成する。

表2.2　演習問題2.1解答用の切削比を計算した表

切削速度 (m/min)	24	39	57	81	100	153	228	350
切削比	0	0.102	0.118	0.127	0.153	0.191	0.223	0.268
切屑長さ l_2 (mm/rev)		16	18.5	20	24	30	35	42
切屑厚さ t_2	0.497		0.353	0.342	0.192	0.171	0.116	0.143

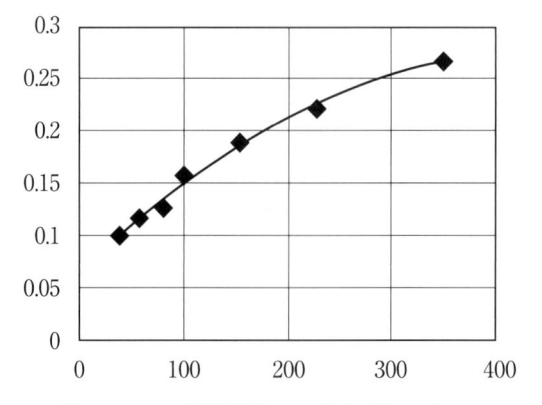

図2.22　演習問題2.1解答用のグラフ

表2.1 より No.8 において $l_2 = 42$ mm であり，$l_1 = \pi \times 50$ mm であるから

切削比　$r_c = \dfrac{l_2}{l_1} = \dfrac{42}{3.14 \times 50} = 0.268$　となる。

以下同様にして各切削速度における切削比を求めて，グラフを画く。

(注) r を求めるのに t_1 と t_2 の比を用いてもよいが，この場合 l_2, が測定してあるから l_2, を用いたほうが正確である。

〔2.2〕演習問題2.1で計算した切削比から，せん断角を求めよ。

(解) 演習問題2.1における切削比 rc は0.267，バイトすくい角 $\alpha = 8°$ なので，$\cos 8° = 0.9903$，$\sin 8° = 0.1392$，よって $rc \cdot \cos 8° = 0.2644$，$1 - rc \cdot \sin 8° = 0.9629$，よって $\tan \phi = 0.2745$，ゆえに $\phi = 15° 21'$

〔2.3〕表2.1の各切削速度，各切込量におけるせん断角 ϕ を求め，グラフを作成せよ。

(解) 表2.1より求めた切削速度 V とせん断角 ϕ との関係を示したものが図2.23である。

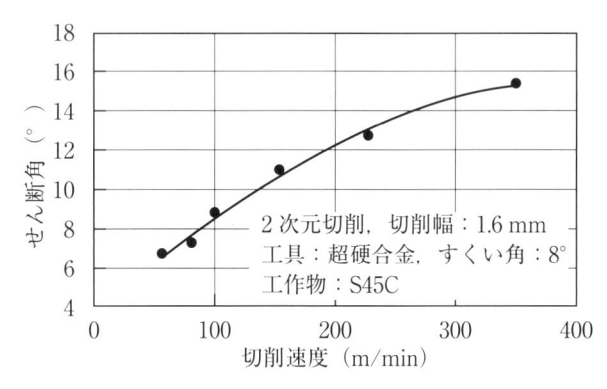

図2.23 切削速度 V とせん断角 ϕ との関係

3 切削抵抗

3.1 切削抵抗

3.1.1 切削抵抗とは

切削する場合,工具の切刃は工作物を変形して破断する。その際,切刃は変形および破断に対する抵抗を受ける。この抵抗力を**切削抵抗**(cutting force)という。

図3.1は円筒切削(丸削り)などの3次元切削における切削抵抗を3方向に分けて表したものである。ここで,**主分力**(cutting force) F_c は,後述する切削動力,切削熱などを決定する最も重要で,一番大きい分力である。一般に,切削抵抗というときは主分力だけをいう場合が多い。

送り分力(feed force) F_f は送り方向に対する抵抗力を表し,一般に主分力の半分以下である。

背分力(thrust force) F_t は切込方向の分力,すなわち,バイトを押し返す方向の分力である。

図2.6(a)に示したようなパイプや管の端面を切削するような2次元切削では,切削抵抗は主分力 F_c と,送り方向 F_f の分力だけが作用する。切削抵抗の大きさは工作物の材質,組織などによって異なるが,バイトの材質にはほとんど関係しない。しかし,バイトの形状によっては大きく変化することは当然である。すなわち,すくい角の増加によって一般には抵抗が減少する。また,切込量,送りの増加により切削抵抗は増加することは当然であるが,切削速度が増加すると一般に抵抗は減少する。

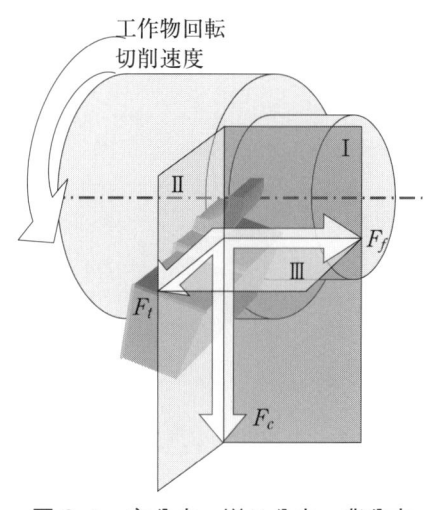

図3.1 主分力,送り分力,背分力

3.1.2 バイトのすくい面の摩擦係数

実際の切削加工では，図3.2に示すようにバイトのすくい面に切削力が作用し，その切削力がせん断面でせん断変形を生じさせる。その力の反作用として，バイトすくい面に抵抗力 R が発生する。この力を**切削抵抗**という。この切削抵抗を考える場合，その切屑はバイトすくい面を摩擦しながら流出する。この摩擦は普通の金属間の摩擦とは異なり，バイトの摩耗，切削熱，切削油剤などに影響を及ぼすので，前節の切削抵抗からすくい面の切削分力を考えて，摩擦係数と切削抵抗との関係をここでみてみる。

図3.2で F_c＝主分力，F_t＝背分力，R＝主分力と背分力の合力＝この場合の切削抵抗，α＝バイトのすくい角である。ここで，切削抵抗が作用するすくい面について着目する。μ＝すくい面における切屑とバイトとの間の摩擦係数，β＝摩擦角，N＝合力 R のすくい面に垂直な分力（抗力），F＝合力 R のすくい面方向の分力（切屑流出と反対方向に作用する摩擦力）とすれば，切屑は抗力 N なる力でバイトのすくい面を圧しつつ F なる摩擦力を生じていることになる。

摩擦力 F は **$F = \mu N$** である。

また，バイトすくい面の摩擦係数 μ と摩擦角 β は，**$\mu = \tan \beta$** という関係があるから，バイトすくい面の摩擦係数 μ を求めることができる。

図3.2(a)から，

$$\cos \beta = \frac{N}{R}, \quad \sin \beta = \frac{F}{R} \tag{3.1}$$

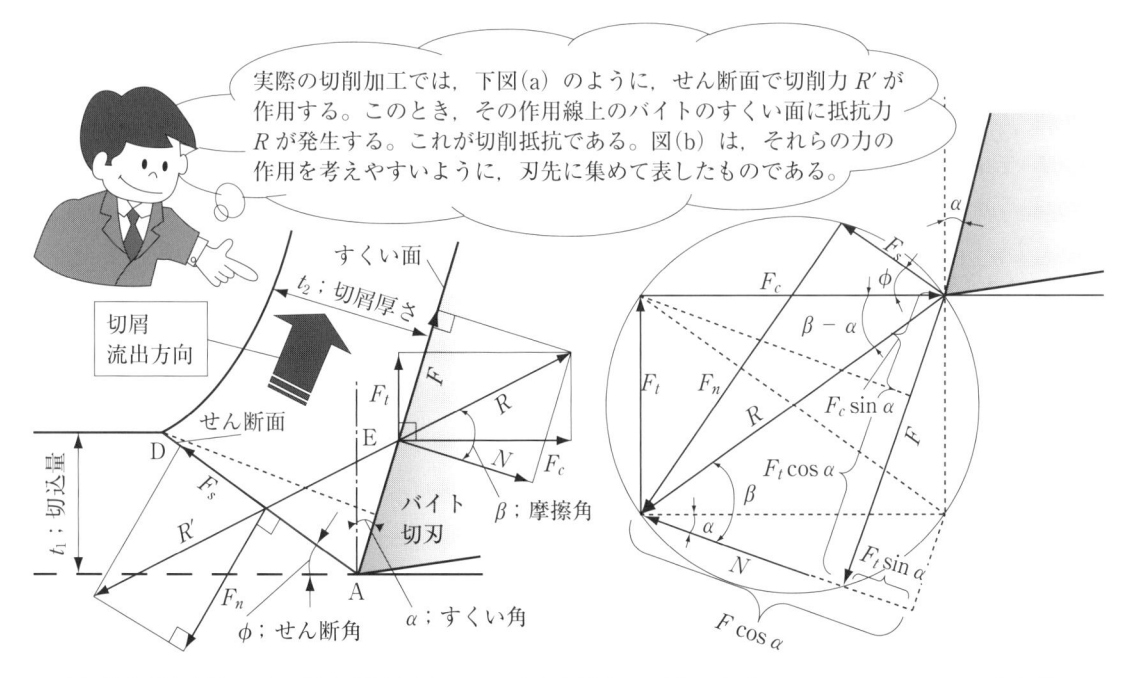

(a) 流れ型切屑内のせん断変形概念図　　(b) 図(a)の刃先における F_c, F_t, N, R, F の合力図

図3.2　切削抵抗の力の平衡を表す模式図

また，図3.2(b)から，

$$N = F_c \cos a - F_t \sin a \\ F = F_c \sin a - F_t \cos a \quad\quad (3.2)$$

ゆえに，バイトのすくい面の摩擦係数 μ は

$$\mu = \tan \beta = \frac{F}{N} = \frac{F_c \sin \sigma + F_t \cos \sigma}{F_c \cos \sigma - F_t \sin a} \quad\quad (3.3)$$

$$= \frac{F_c \dfrac{\sin \alpha}{\cos \alpha} + F_t}{F_c - F_t \dfrac{\sin \alpha}{\cos a}} = \frac{F_c \tan \alpha + F_t}{F_c - F_t \tan a} \quad\quad (3.4)$$

となる。

式(3.4)から，主分力 F_c，背分力 F_t，バイトのすくい角 α がわかれば，すくい面の切屑とバイトとの摩擦係数 μ を計算することができる。摩擦係数は切削現象を研究するうえで重要な意義をもっている。

3.1.3　工作物内部のせん断面におけるせん断応力と圧縮応力

ここでは切屑がせん断変形する部分における切削抵抗の分力と，その分力のせん断面の面積あたりの応力の大きさ τ について考える。もしこの応力が普通の材料試験におけるせん断応力と同じ値ならば，切削抵抗は切込量や送りから計算できることになりきわめて都合がよい。

ここで，図3.2(a)で説明しよう。R' は前節の主分力と背分力の合力 R の反力であるが，この R' を工作物がせん断変形するせん断面ADに垂直な分力 F_n とせん断面ADに平行な分力 F_s とに分解してみる。こうすると工作物はせん断面ADでせん断力 F_s を受けてせん断変形するとき，同時に圧縮力 F_n を受けているということになる。図3.2(a)より明らかなように，せん断角を ϕ とすれば，

$$F_s = F_c \cos \phi - F_t \sin \phi \quad\quad (3.5)$$

$$F_n = F_c \sin \phi + F_t \cos \phi \quad\quad (3.6)$$

となる。

せん断面ADにおけるせん断応力を τ とすれば

$$\tau = \frac{F_s}{A \text{〔せん断面の面積〕}}$$

また，せん断面ADにおける圧縮応力を σ とすれば

$$\sigma = \frac{F_n}{A \, \text{[せん断面の面積]}}$$

である。せん断面の断面積は切削幅を b とすれば

$$\text{AD} \times \text{切削幅} = \frac{t_1}{\sin \phi} \times b$$

であるから
　よって，

$$\tau = \frac{F_s \sin \phi}{t_1 b} = \frac{(F_c \cos \phi - F_t \sin \phi) \sin \phi}{t_1 b} \tag{3.7}$$

また

$$\sigma = \frac{F_n \sin \phi}{t_1 b} = \frac{(F_c \sin \phi - F_t \cos \phi) \sin \phi}{t_1 b} \tag{3.8}$$

図 3.2(a) から

$$F_s = \frac{\tau \cdot b \cdot t_1}{\sin \phi}$$

$$\cos(\beta - \alpha + \phi) = \frac{F_s}{R'} \tag{3.9}$$

ゆえに

$$R' = \frac{F_s}{\cos(\beta - \alpha + \phi)} = \frac{\tau b t_1}{\cos(\beta - \alpha + \phi) \sin \phi} \tag{3.10}$$

3.1.4 せん断面のせん断応力について

式(3.10) から

$$R' = \frac{\tau b t_1}{\cos(\beta - \alpha + \phi) \sin \phi}$$

であり
　一方，図 3.2 より

$$\cos(\beta - \alpha) = \frac{F_c}{R'}$$

であるから

$$\sin(\beta - \alpha) = \frac{F_t}{R'}$$

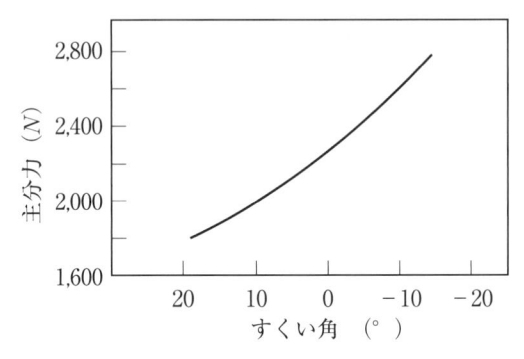

図3.3 すくい角と切削抵抗

$$F_c = R'\cos(\beta - \alpha) = \frac{\tau b t_1 \cos(\beta - \alpha)}{\cos(\beta - \alpha + \phi)\sin\phi} \tag{3.11}$$

$$F_t = R'\sin(\beta - \alpha) = \frac{\tau b t_1 \sin(\beta - \alpha)}{\cos(\beta - \alpha + \phi)\sin\phi} \tag{3.12}$$

となる。

式 (3.11) および (3.12) から，切削主分力および背分力はバイトのすくい角 α，せん断角 ϕ，摩擦角 β，およびせん断面のせん断応力 τ がわかれば，計算によって求めることができることになる。

図3.3 はすくい角と切削抵抗（主分力）を示す。図 3.3 および式 (3.11) からすくい角が小さくなると，切削抵抗が大きくなることがわかる。

もし，せん断面のせん断応力 τ の値が材料試験によって求めた値と同一であるならば，材料試験結果から，主分力 F_c および背分力 F_t を求めることができて非常に便利である。しかし，この τ の値は，約 70〜80 kg/mm^2 となり，一般の材料試験の結果と比較するときわめて大きな値であることがわかる。

せん断面のせん断応力 τ の値がきわめて大きい値になる理由を考えると，切削という現象が一般の破壊現象とは異なるということをよく表している。

この主な原因は，次の理由が考えられる。

(1) せん断破壊におけるせん断ひずみが数 100％という普通の材料試験によるひずみよりも大きいために，加工硬化を生ずる。
(2) 切屑のせん断面は，せん断力と同時に圧縮力を受けるので，普通のせん断応力だけの破壊より，材料組織内の摩擦力が大きく影響する。
(3) 切削中にせん断ひずみの生ずる速度が非常に大きい。

3.2 切削抵抗の測定法

切削抵抗がわかれば，切削加工条件を適切に運用でき，さらに工作機械を能率よく使用することができる。切削抵抗の測定方法の原理を大別すると，ひずみゲージ法と圧電法がある。一般に，測定精度のうえで圧電法のほうがひずみゲージ法よりも優れているので，ここでは圧電法についてみる。検出素材で圧電法を大まかに分類すると，水晶式と圧電セラミックス式に大

別される。圧電セラミックスの代表的なものとして，PZT（チタン酸ジルコン酸鉛）やニオブ酸リチウムなどがあり，前者は特にAE（アコースティックエミッション）センサとして非破壊分野や切削現象の解明研究にも使用される。ここでは現場でよく利用されている切削抵抗測定法として，水晶圧電式の切削動力計についてみる。

3.2.1 水晶圧電式力センサによる切削動力測定方法の特徴

水晶圧電式力センサによる切削動力測定方法の特徴として，次のようなことが挙げられる。①測定対象の適応範囲が拡がる，②動的応答性が高いため，適応制御やリアルタイム監視が可能になる，③長寿命で，校正がほとんど不要なため，維持費用・工数が低減できる，④小さな力も，大きなセンサで測定できるので，壊れにくく，またセンサの種類を統一できる，⑤多成分の力をきわめて小さなクロストークで測定できる。

また，表3.1に示すような水晶圧電型センサの特長・優位性がある。

図3.4は主な水晶の特性として，その構造，水晶カットした部品，水晶の働き，そして水晶の感度と温度特性を示す。水晶の構造と働きからいわゆるx，y，zの3方向の成分を測定できることがわかる。また，感度と温度特性から標準の水晶では100℃までの測定が可能であることがわかる。

図3.5は切削動力計と測定法概略図を示す。図3.5のように旋盤の主軸に切削動力計を取り付け，切削抵抗にほぼ等しい程度の各種の負荷をかけ，そのときの電気的入力を測定し，あらかじめ電気的入力と主軸の負荷との関係の校正表を作製しておけば，実際の切削時の電力を測定することにより，切削動力がわかる。

図3.6は切削動力計による切削抵抗の測定例を示す。切削抵抗力は，この場合のように一般に，主分力が一番大きく，背分力，送り分力がその次の順となっている。

3.3 切削抵抗と諸関係

3.3.1 切削速度と切削抵抗との関係

以前，切削抵抗は切削速度に無関係で，はぼ一定であると考えられていたが，近年に至って，前述したように高速度工具鋼，超硬合金，サーメット，cBN，ダイアモンドというように切削工具材の発達とともに高速切削が行われるようになり，切削速度は切削抵抗に大きな影響をもつことがわかってきた。たとえば，図3.7はすくい角をパラメータ（媒介変数）とした切削速度と切削抵抗（主分力）との関係を示す。すくい角が大きいと切削抵抗は小さくなる傾向があることがわかる。また，図3.7からわかるように，主分力は，切削速度が50 m/minまでは増加し，50～200 m/minぐらいまでは切削抵抗は減少し，200 m/min以上ではあまり変化がない。

表3.1　水晶圧電型センサーの特長・優位性

－高い動的分解能	－適用温度範囲が広い
－高い固有振動数	－多成分力測定が可能
－高い直線性	－相互干渉（クロストーク）が少ない
－高い過負荷容量	－小型
－優れた耐ノイズ性（電磁場に対し）	推奨適用測定領域： －動的または準静的な測定

(a) 水晶の構造

(b) 水晶とカット部品

縦効果	効果： 多成分力センサ (Fx, Fy, Fz)	
横効果	相互干渉が少ない	
せん断効果	小型，例：9130A (外径8 mm，内径 2.7 mm，厚み3 mm)	

(c) 水晶の働き

(d) 水晶の感度と温度特性

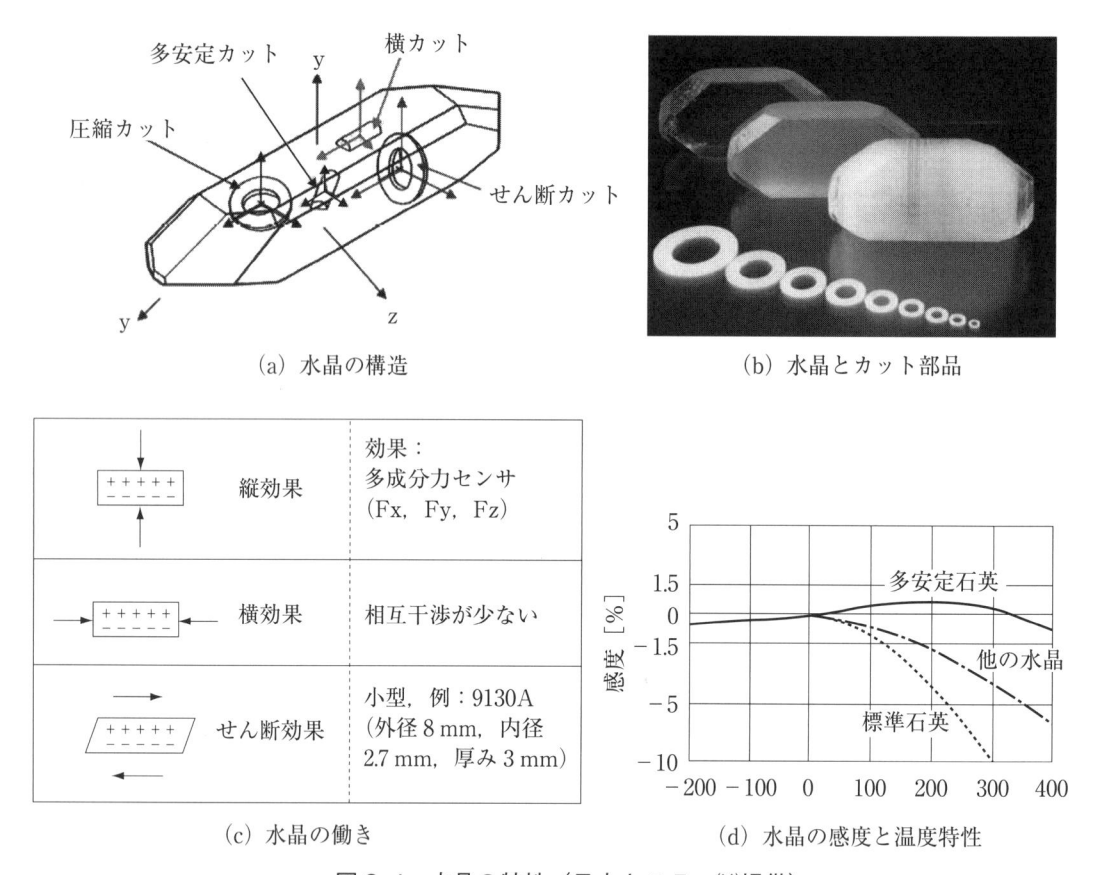

図3.4 水晶の特性（日本キスラー㈱提供）

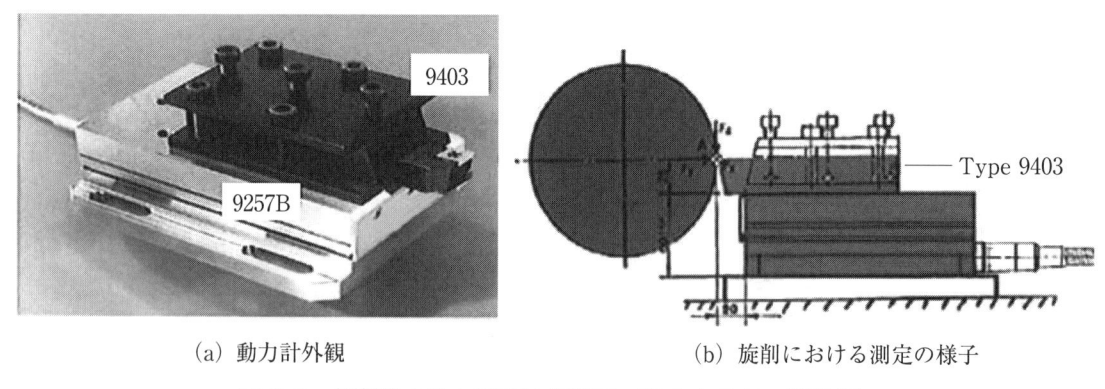

(a) 動力計外観

(b) 旋削における測定の様子

図3.5 切削動力計と測定法概略図（日本キスラー㈱提供）

この傾向は，背分力にも当てはまる．超硬合金など耐熱性のすぐれた切削工具材が開発され，高速切削の際の切削熱に十分耐えられるような工具を用いれば，切削動力の減少による切削効率（生産性）はよくなり，かつ仕上面がすぐれていることから一般に高速切削が行われる．実際の切削作業で切削速度を決定するときは，必ず，切削工具材および工作物により工具材資料にあるような適正切削速度を用いるべきであることがわかる．

```
Remark : 9257B SN564673, 5019A140 SN570333
         OKUMA Lathe
Material : FCD800 dia.87
Tool :    PCLNR2525M12 CNMG120408-KF GC3215
          vc = 152 m/min              f = 0.2 mm/rev
          n = 525 rpm    Fc：主分力    vf = --mm/min
```

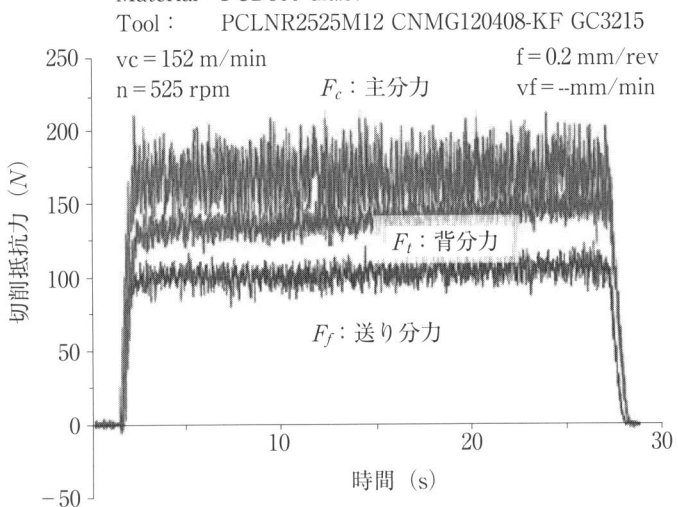

(縦軸：切削抵抗力 (N)、横軸：時間 (s))

F_c：主分力
F_t：背分力
F_f：送り分力

図3.6 切削動力計による切削抵抗の測定例（日本キスラー㈱提供）

3.3.2 切削抵抗とノーズ半径との関係

図3.8はノーズ半径と切削抵抗（3分力）の関係を示す。被削材：SCM440（38HS），チップ：TNGA2204，切削条件：切削速度 $V = 100$ m/min，切込量：4 mm，ホルダ：PTGNR2525-43，切削送り $f = 0.45$ mm/rev の場合である。図3.8からノーズ半径が大きくなると背分力は大きくなることがわかる。

3.3.3 切削面積と切削抵抗との関係

単位切削面積あたりの切削抵抗のことを**比切削抵抗**という。工作物の材質によってその値の範囲が決まっており，この値が小さければ，小さな力でも切削できる（削りやすい），という目安になっている。主な工作物材料の比切削抵抗は，鋼：1.7～10 GPa，鋳鉄：0.7～3.7 GPa，アルミニウム：0.5～1.1 GPa 程度である。

・2次元切削の場合

$$比切削抵抗 = \frac{切削抵抗}{切削幅 \times 切込量(送り量)} \tag{3.13}$$

・3次元切削の場合

$$比切削抵抗 = \frac{切削抵抗}{切削幅 \times 送り量} \tag{3.14}$$

となる。

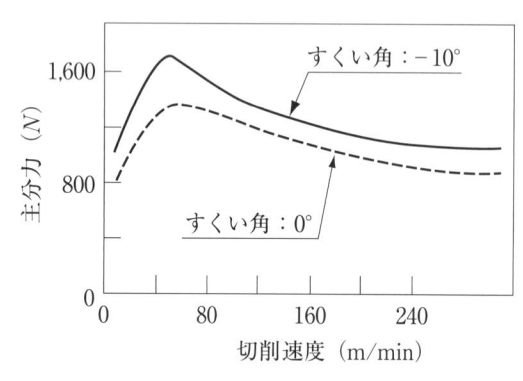

図 3.7 切削速度と切削抵抗（主分力）との関係 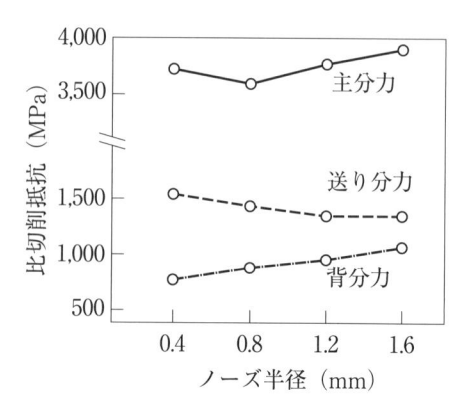　　図 3.8 ノーズ半径と切削抵抗（3 分力）

たとえば，**図 3.9** で主分力，背分力と切込量との関係をみると，切込量が 0.15 mm 以下では比切削抵抗は増大し，特に 0.05 mm 以下では 0.2 mm のときの 2 倍以上となる。ゆえに同じ量を切削するのに切込量 0.05 mm 以下で切削すると切削効率がきわめて悪いということになる。

図 3.9 でわかるように，切込量の減少とともに比切削抵抗が増大する現象（切削抵抗は減少する）を，**切削における寸法効果**という。この現象は丸削りなど，より切込量の少ないフライス削りや研削作業でさらにその傾向が大きくなる。

図 3.10 は送り量と比切削抵抗（炭素鋼の場合）を示す。図から送りが小さくなると比切削抵抗は大きくなることがわかる。

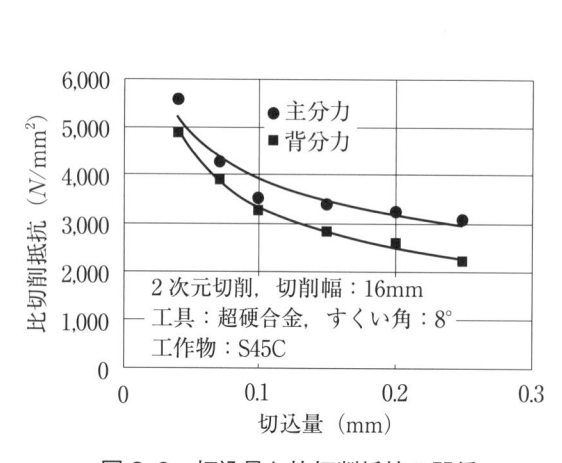

図 3.9 切込量と比切削抵抗の関係 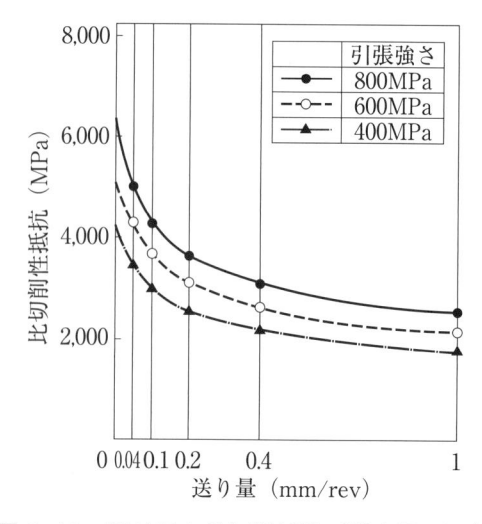　　図 3.10 送り量と比切削抵抗（炭素鋼の場合）

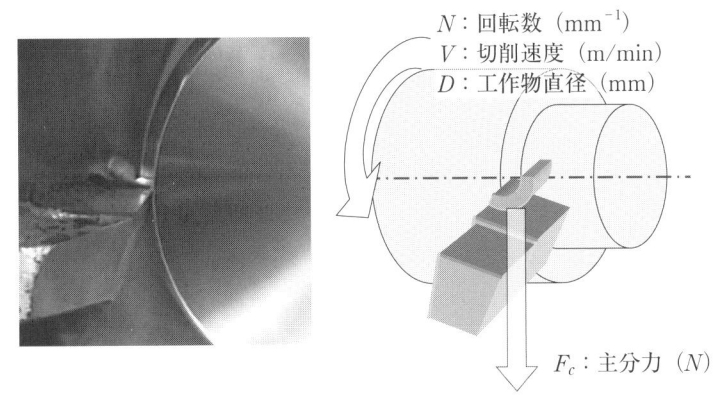

図 3.11 切削抵抗

3.4 切削動力

さて，主分力がわかれば切削動力は計算できる。**図3.11** において工作物の直径 $= D$ (mm)，切削速度 $= V$ (m/min)，主軸回転数 $= N$ (rpm $=$ min^{-1}) とすれば，切削速度 $=$ 角速度 $\times$ 半径であるから，式 (3.15) が得られる。

$$V = 2\pi N \times \frac{\frac{1}{2}D}{1000} = \frac{\pi ND}{1000} \tag{3.15}$$

式 (3.15) は非常に重要な式である。
ここで，切削動力 H を馬力 (PS) またはキロワット (kW) で表せば

$$H = \frac{F_c V}{75 \times 60} = \frac{F_c V \pi ND}{75 \times 60 \times 1000} \text{(PS)} \tag{3.16}$$

または

$$H = \frac{F_c V}{102 \times 60} = \frac{F_c \pi ND}{102 \times 60 \times 1000} \text{(kW)} \tag{3.17}$$

したがって，切削抵抗 F_c (N) は切削動力 H を馬力 (PS) で測定すれば式 (3.17) より

$$F_c = \frac{75 \times 60 \times 9.8 \times 1000 \times H}{\pi ND} (N) \tag{3.18}$$

切削動力 H を kW で測定すれば式 (3.17) より

$$F_c = \frac{102 \times 60 \times 9.8 \times 1000 \times H}{\pi ND} (N) \tag{3.19}$$

ただし，$N =$ 主軸回転数 (rpm)，$F_c =$ 切削主分力 (N)，$D =$ 工作物の径 (mm)，$H =$ 切削動力 (PS または kW) によって求めることができる。

測定上の注意としては，主軸受，歯車箱などの潤滑油剤の温度を校正時と同一条件にして測定する必要がある。

【演習問題】

〔3.1〕80 mm の丸棒を旋盤主軸回転数 500 rpm で切削したとき，主分力を 100 N とすれば，切削動力はいくらか。

(解) 式 (3.16) より

$$H = \frac{100 \times 3.14 \times 500 \times 80}{75 \times 60 \times 1000} = 2.79 \, (\text{PS})$$

または，式 (3.17) より

$$H = \frac{100 \times 3.14 \times 500 \times 80}{102 \times 60 \times 1000} = 2.05 \, (\text{kW})$$

〔3.2〕前の演習問題で旋盤の電動機の電力計が 2.5 kW を示したとすれば，この旋盤の機械効率はいくらか。

(解)

$$効率 \, \eta = \frac{出力}{入力} = \frac{2.05}{2.5} \times 100 \, (\%) \fallingdotseq 82 \, (\%)$$

すなわち 100% − 82% = 18% は旋盤の機械的損失である。

4 構成刃先，切削条件，加工精度

4.1 構成刃先

4.1.1 構成刃先とは

図4.1は構成刃先の生成状態を示したものである。

中炭素鋼，銅，黄銅，アルミニウムなどのような軟らかい金属を低速（50 m/min 以下）で切削すると，バイト刃先に工作物の一部が変質硬化して溶着し，これが刃先と工作物の間で成長し，本物の刃先の代わりをして切削する。このようにしてできた代用の刃先を**構成刃先**（built-up edge）という。

構成刃先は工作物自身より，約2～3倍ほど硬く，切屑裏面の金属原子と刃先のすくい面上の金属原子とが，まず親和力によって凝着し，次に切屑が流動するとき，切屑の金属原子がすくい面上に薄く残され，これが堆積して構成刃先となる。

構成刃先の硬度の高い理由は，**加工硬化**（work hardening または stress hardening）効果と，それが層状組織をしているからである。

したがって，構成刃先は，刃先温度が高すぎても，低すぎてもできない。

図4.2は構成刃先の有無による工作物の切削面（製品表面）の違いの比較を示す。構成刃先の生じた仕上げ表面は表面がざらざらしている。また，図4.3は構成刃先の有無による切屑のすくい面側表面の違いの比較を示す。構成刃先のある切屑は構成刃先の一部が溶着して，表面がざらざらしている。これに対して，ないものは表面がきれいである。

構成刃先は，真のバイトの鋭利な刃先を覆って切れ味を悪くし，仕上げ寸法を狂わせ，仕上げ面を悪くするなど切削加工に悪い影響を与えるので，構成刃先ができないような切削条件にする必要がある。しかし最近では，逆に構成刃先を利用して，バイトの寿命を伸ばす切削法

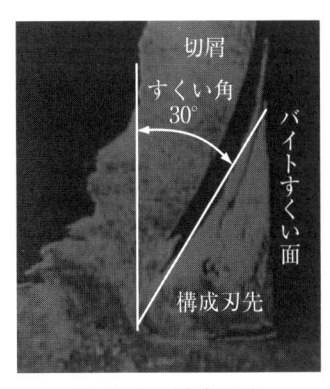

図 4.1 構成刃先

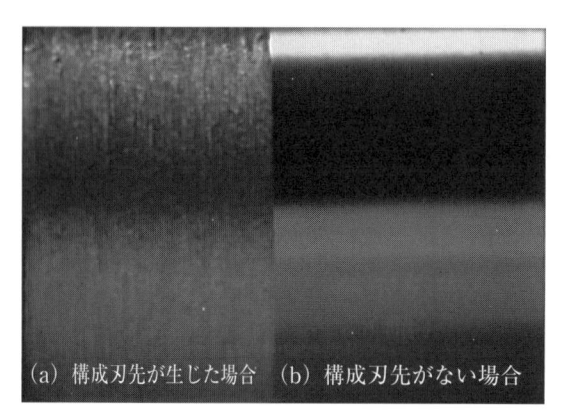

図4.2 構成刃先の有無による工作物の切削面（製品表面）の違いの比較

(a) 構成刃先が生じた場合　(b) 構成刃先がない場合

図4.3 構成刃先の有無による切屑のすくい面側表面の違いの比較

（SWC(silverwhite-chip cutting)）も考えられている。

4.1.2 構成刃先の生成

図4.4は構成刃先の生成過程を示す。図に示すように構成刃先がバイトのすくい面に溶着し，①発生する。次に，②成長してだんだん大きくなり，③ある大きさに最大成長すると，④分裂して脱落する。この①〜④の過程は約1/10〜1/200秒のサイクルで不定期に繰り返される。構成刃先の一部は切屑の裏面に付いて切屑とともに排出され，一部は工作物の切削面（製品表面）に溶着して，これが仕上面を悪くする。

これは，図4.4の切削後の工作物表面が凹凸しているように，構成刃先が生成された分だけ余計に表面が削り取られたり（これを**過切削**という），上述したように構成刃先の一部が溶着したりしたためと考えられる。これに対して，ないものは表面がきれいであることがわかる。

構成刃先のできる原因には，明らかでないこともあるが，一般には次のように考えられている。

4.1.3 構成刃先の発生防止方法

構成刃先を発生させないためには，次のような方法が挙げられる。
1) 工具（バイト）のすくい角を30°にする。
2) 工具刃先の温度を工作物の再結晶温度以上にして，加工硬化が起こらないようにする。切削速度を極端に小さくするか大きくする。
3) 切削油をバイトと工作物の間に注ぎ，溶着を起こさせない。
4) 構成刃先が生じないサーメットやセラミックス系のバイトを用いる。

上記2)に関して補足すると，工作物材料が再結晶温度以上になると，構成刃先は生じなくなる。したがって，その温度以上になるような切削条件で切削すれば，構成刃先は発生しない。鋼の再結晶温度は550℃である。

上記3)に関しては，摩擦力が小さくなり，主分力が少なくなる。切削油剤を用いる加工法としてはセミドライ加工が有効である。

上記4)については，熱伝導率が高い材料とすればよい。

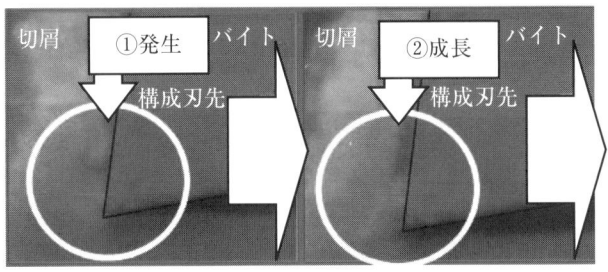

(a) 構成刃先の発生　　(b) 構成刃先の成長

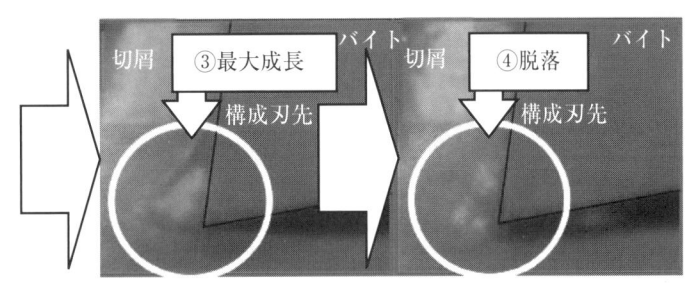

(c) 構成刃先の最大成長　　(d) 構成刃先の脱落

図4.4　構成刃先の生成過程（バイト：高速度鋼，工作物：炭素鋼）

4.2 切削条件の基本

切削条件の基本事項には，**切削速度**，**切込量**，**送り量**がある。これらは，工作物の寸法精度，仕上面の品位のみならず工具の寿命，切削能率，切削抵抗，所要動力などに大きな影響を与えるため，適正な条件を選ぶ必要がある。また，それぞれの加工法でその様態が変わるので注意を要する。特に，旋削とフライス削りの場合は大きく異なる。

4.2.1 切削速度

切削速度は，**図4.5**に示すように旋削，フライス削り，ドリル（穴あけ）の場合，工作物の直径の周速度で表される。

切削速度 V (m/min) は，次式で与えられる。

$$V = \frac{\pi DN}{1000} \tag{4.1}$$

ただし，D = 旋削の場合は工作物の直径(mm)，フライス削り・穴あけの場合は工具の直径(mm)，N = 旋削の場合は工作物の主軸回転数(min^{-1})，フライス削り・穴あけの場合は工具の主軸回転数(min^{-1})，π は円周率。また，切削速度は使用する工具と工作物および切込量と送りとの組合せなどで，その値が変わる。**表4.1**には各工作物材料に対する高速度工具鋼と超硬合金の切削速度を切込量と送り別に示した例である。

たとえば，工作物が中炭素鋼のS35Cで，工具が高速度工具鋼の場合，切込量が4.5 mm以下のとき，切削速度 V = 40 m/min を選定しておけば安全に作業することができる。もちろん，たとえば切込量が2 mmと少なくなれば V = 60 m/min に上げてよい。

(a) 旋削　　　　（b) フライス削り　　（c) ドリル（穴あけ）

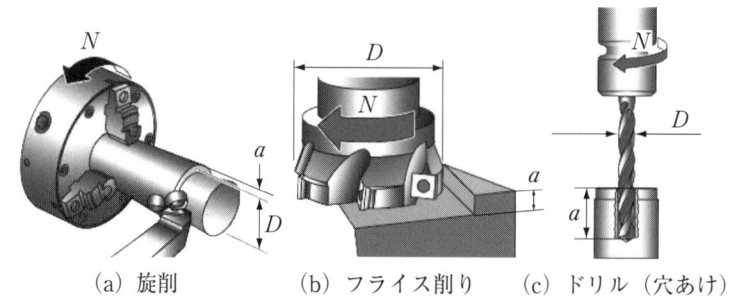

図4.5　切削加工時の切削速度の決め方

4.2.2　回転数

式(4.1)から，回転数は次式で与えられる。

$$N = \frac{1000\,V}{\pi D} \tag{4.2}$$

切削加工の場合，工具の寿命を長くするため，すなわち工具を長持ちさせるために，適切な回転数を選定する必要がある。

旋削の場合は，主軸チャックに固定された工作物が回転するので，式(4.2)のDは工作物の直径(mm)となる。

フライス削りの場合は，これとは逆に，工具が回転するので工具の直径を指すことになる。

切削速度Vは表4.1に従えばよい。すなわち，工具材料と工作物材料との組合せから選定する。

4.2.3　切込量

図4.5中のa(mm)は，工具が工作物を除去するための切込の量を示す。

切込量は，1回の切削でバイト刃先が工作物を除去する量a(mm)である。

切込量が，2.5 mm程度以上の場合**荒加工**あるいは**荒削り**ということが多い。

切込量が，0.5 mm程度以下の場合**仕上げ加工**あるいは**仕上げ削り**ということが多い。荒加工と仕上げ加工の中間を**中仕上げ加工**あるいは**中仕上げ削り**という。

最大の切込量は，機械の電動機のパワーや工作物と工具材質などに依存する。

4.2.4　1回転あたりの送り量

図4.6に示すように送り量は，工作物が1回転する間に，工具が切削のために進む長さl(mm)である。よって，1回転あたりの進んだ量(mm/min)あるいは(mm/rev)で表される。1回転あたりの送り量fとは，工作物（旋削）または切削工具（フライス削り，穴あけ）の1回転あたりの移動量のことで，次式で表される。

$$f = \frac{l}{N} \tag{4.3}$$

l(mm/min)：1分間あたりの切削工具または被削材の移動量

表 4.1 材料別切削速度の例

材料	刃物材料	切込量 0.13〜0.38 送り 0.051〜0.13	切込量 0.38〜2.4 送り 0.13〜0.38	切込量 2.4〜4.7 送り 0.38〜0.76	切込量 4.7〜9.5 送り 0.76〜1.3	切込量 9.5〜19 送り 1.3〜2.3
快削鋼	(1) (2)	230〜460	75〜105 185〜230	55〜75 135〜185	25〜45 105〜135	16〜20 55〜105
低炭素鋼 低合金鋼	(1) (2)	215〜365	70〜90 165〜205	45〜60 120〜165	20〜10 90〜120	13〜20 45〜90
中炭素鋼	(1) (2)	185〜300	60〜85 135〜185	40〜55 105〜135	20〜35 75〜105	10〜20 40〜75
高炭素鋼	(1) (2)	150〜230	55〜75 120〜150	10〜55 90〜120	20〜30 60〜90	10〜15 30〜90
ニッケル鋼	(1) (2)	165〜245	60〜85 130〜165	40〜55 100〜130	20〜35 70〜100	13〜20 60〜70
クロム鋼 ニッケルクロム鋼	(1) (2)	130〜165	45〜60 100〜130	30〜40 75〜100	15〜20 55〜75	9〜15 20〜55
モリブデン鋼	(1) (2)	145〜200	50〜65 105〜145	35〜40 85〜105	20〜25 60〜85	10〜15 30〜60
ステンレス鋼	(1) (2)	115〜150	15〜30 90〜115	25〜30 75〜90	15〜20 55〜75	9〜15 20〜55
タングステン鋼	(1) (2)	100〜120	35〜15 75〜100	20〜35 60〜75	12〜20 45〜60	7〜12 15〜45
12〜14％マンガン鋼	(1) (2)	60〜75	40〜60	20〜40	15〜20	
けい素鋼板用鋼塊など	(1) (2)	120〜150 300〜370	90〜120 245〜305	60〜90 185〜245	45〜60 150〜185	
軟質鋳鉄	(1) (2)	135〜185	35〜45 105〜135	20〜25 75〜105	15〜20 60〜75	10〜20 30〜60
中質鋳鉄, 可鍛鋳鉄	(1) (2)	105〜135	35〜45 75〜105	25〜35 60〜75	20〜25 45〜60	9〜20 20〜45
超硬合金鋳鉄	(1) (2)	75〜90	25〜30 45〜75	18〜25 30〜45	12〜20 20〜30	6〜12 15〜20
チルド鋳鉄	(1) (2)	3〜5 9〜15	3〜9			
快削鉛黄銅および青銅	(1) (2)	300〜380	90〜120 245〜305	70〜90 200〜245	45〜75 155〜200	30〜45 90〜150
黄銅および青銅	(1) (2)	215〜245	85〜105 185〜215	70〜85 150〜185	45〜70 120〜150	20〜45 60〜120
高すず青銅・マンガン青銅・その他	(1) (2)	150〜185	30〜45 120〜150	20〜30 90〜120	15〜20 60〜90	10〜15 30〜60
マグネシウム	(1) (2)	150〜230 380〜610	105〜150 245〜380	85〜105 185〜245	60〜85 150〜185	40〜60 90〜150
アルミニウム	(1) (2)	105〜150 215〜300	70〜105 135〜215	45〜70 90〜135	30〜45 60〜90	15〜30 30〜60

(注) (1) 18-4-1形高速度工具鋼
　　 (2) 超硬合金
　　 単位：切削速度 [m/min], 切込量 [mm], 送り [mm/rev]

56 第4章 構成刃先,切削条件,加工精度

(a) 旋削　　(b) フライス削り　(c) ドリル（穴あけ）

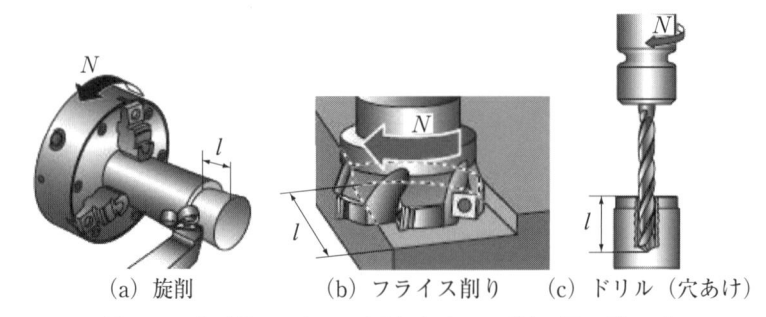

図 4.6　切削加工時の 1 回転あたりの送り量の決め方

$N\,(\mathrm{min}^{-1})$：工作物の主軸回転速度（旋削），切削工具の主軸回転速度（フライス削り，穴あけ）

さて，**旋削の場合**，送りとは，工具（テーブル）を移動させることをいう。送りには，主に次の 3 つがある。
① 移動方向によって，縦送りと横送りがある。
② その操作方式で，手送りと自動（機械）送りがある。
③ その移動状態で，早送りと切削送りがある。

本項の送り量は，③の切削送りにおける送り量を指す。

切込量と送り量とは相関があり，両者は条件によって変わる。一般に，切込量が大きい場合は送りが小さく，逆に切込量が小さい場合は送りを大きくする。また，荒削りの場合は，機械，バイトおよび工作物の強さや動力の大きさを考え，これらが耐えられる最大値にすることが能率的である。仕上げの場合は，仕上面粗さや削り代によって切込量と送り量が決められる。

フライス削りの場合，フライス盤のテーブル送り速度 V_f は 1 分間あたりの工作物移動量である。工具の一刃あたりの送り量 $f_s\,(\mathrm{mm/tooth})$ は，S をフライスの刃数，主軸回転速度を $N\,(\mathrm{min}^{-1})$ としたとき，テーブル送り速度 V_f は次式で与えられる。

$$V_f = f_s \cdot S \cdot N \tag{4.4}$$

多刃フライス工具の一刃あたりの送り量 $f_s\,(\mathrm{mm/tooth})$ は，S をフライスの刃数としたとき，次式で与えられる。

$$f_s = \frac{V_f}{S \cdot N} \tag{4.5}$$

実切削時間とは，加工時間の中で段取り，工具交換時間を除いた実際に切削加工している時間のこと。

非切削時間とは，加工時間の中で段取り，工具交換時間などの切削加工していない時間のこと。

連続切削とは，切れ刃が常に被削材と接触して，連続的に切屑を生成している切削状態（主にターニング，ドリリング。被削材形状により例外あり）。

断続切削とは，切れ刃もしくは被削材が1回転する間に，切屑を生成しない箇所がある切削状態（主にミーリング）。

切削油剤とは，切削熱による精度の狂いや，切屑の堆積を防ぐために用いる潤滑剤。

乾式切削（ドライカット）とは，切削油剤等を使用せずに切削加工を行うこと。

湿式切削（ウェットカット）とは，切削油剤等を使用して切削加工を行うこと。

冷風切削とは，切削油剤等を使用せずに，冷風発生装置からの低温エア（−30℃以下が必要）を切れ刃に吹き付け切削加工を行うこと。

ミスト切削とは，切削油剤に空気圧を加えミスト状にして供給し，切削加工すること。

高圧エアブローとは，切削油剤の代わりにエアを供給し切屑を飛ばしながら切削加工を行うこと。

4.3 加工精度

4.3.1 加工精度とは

一般に，加工精度には次の4つの指標が挙げられる。

① 寸法精度（長さ，幅，直径など），
② 形状精度（真直度，平行度，直角度，平面度，真円度，円筒度など），
③ 面精度（表面粗さ・表面うねり・表面品位（光沢）），
④ そのほかの精度（エッジ精度（バリ，こばかけ，加工変質層，残留応力など）

この4つの中でも①，②，③についてはJISで規定されているが，基本的には工具刃先と工作物との相対的な位置と運動によって一意的に決まるもので，これを**母性の原理**という。面精度の表面粗さはさらに微視的見解が必要で，両材料の物理的，化学的相互作用などを考慮しなければならなくなる。

切削関連の加工精度として，最重要視されるのが面粗さである。すなわち，よい切削とは寸法がきちっとできて，しかも切削した表面の品質，仕上がり状態が良好でなければ，製品として取り扱われない。そこで，まず製品の表面粗さの概念についてみてみる。

4.3.2 図面と仕上面粗さ（JISにおける加工の表示について）

第1章の表1.1で示したように加工法の分類で説明した除去加工の有無は**図4.5**に示すように区別される。図面，特に部品図の図上部に必ず表示される記号である。そして，除去加工する場合，さらに図4.6に示すように詳しい指示記号が付される。

（a）表面性状の図示記号

表面性状を図示するときは，その対象となる面に，**図4.5**に示すような記号をその外側から当てて示すことになっている。図示記号に表面性状の要求事項を指示する場合には，図4.6のように，記号の長い線のほうに適当な長さの線を引き，その下に記入することになっている。

(a) 除去加工の有無を問わない場合　(b) 除去加工する場合　(c) 除去加工しない場合

図4.5　除去加工の有無による表面性状の図示記号

a：通過帯域または基準長さ，パラメータとその値
b：2つ以上のパラメータが要求されたときの
　　2つ目以上のパラメータ指示
c：加工方法
d：筋目およびその方向
e：削り代

(a) 表面性状の要求事項を指示する位置

(b) 記号と許容値の空き

(c) 上限・下限の指示

図4.6　表面性状の図示記号

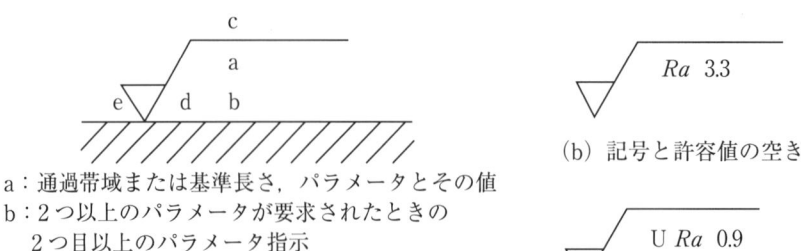

（b）表面性状の要求事項の指示位置

　表面性状の図示記号に，要求事項を指示するときは，図4.6に示す位置に記入することになっている。また，図4.6(a)中の位置には，必要に応じ種々の要求事項が記入される場合があるが，その大半には標準値が定められているので，それに従う場合には，パラメータの記号とその値だけを記入しておけばよい。ただしこの場合，記号と限界値の間隔は，ダブルスペース（2つの半角のスペース）としなければならない（図4.6(b)）。これはこのスペースを空けないと，評価長さと誤解されるためである。なお，許容限界値に上限と下限が用いられることがあるが，この場合には上限値にはU，下限値にはLの文字を用い，上下2列に記入すればよい（図4.6(c)）。

4.3.3　表面性状のJIS記号について

　除去加工に限らず，モノの表面は大小を問わず凹凸になっており，この状態を表面粗さという。このような表面の間隔の基になる量を総称して表面性状といい，JIS b 0031：2003に規定されている。2003年に国際規格が大幅に改訂され，以下のような表記に変わった。表4.3は輪郭曲線パラメータ（粗さ曲線）の種類と定義を示す。

① 旧規格では，算術平均粗さを優遇するために，このパラメータで記入するときにはその記号を省略して単に粗さ数値だけを示せばよかったのが，今回の改正ですべてのパラメータにパラメータ記号を付記することが義務づけられた。

② 旧規格では最大高さに対する記号にはR_{max}やR_yなどが用いられていたが，座標関係では高さ方向を表すのにZが用いられることになったので，最大高さ粗さRzと改められた。

③ 旧規格では十点平均粗さはRzで表されていたが，今回この粗さはISOから外された。しかしこのパラメータは，わが国では広く普及しているために，旧規格名にRzの高さに合わせた添え字jisを付して残されることになった。

4.3.4　切削加工後の仕上面粗さ

（a）ノーズ半径

　バイト刃先の先端をノーズといい，そのノーズに丸みつけたものを**コーナ半径，コーナR（アール），ノーズ半径，ノーズR（アール）**という。ノーズ半径をつけないと，刃先は損傷，

表4.3 輪郭曲線パラメータ（粗さ曲線）の種類と定義（JIS B 0601. 附属書より）

記号	名称	説明	解析曲線
Ra	算術平均粗さ	基準長さにおける $Z(x)$ の絶対値の平均	
Rz	最大高さ粗さ	基準長さでの輪郭曲線要素の最大山高さ Rp と最大谷深さ Rv との和	
Rzjis	十点平均粗さ	粗さ曲線で最高山頂から5番目までの山高さの平均と，最深谷底から5番目までの谷深さの平均の和	

欠損しやすい。この半径が大きいほうが刃先の強度はよいが，大きすぎると摩擦熱で摩耗しやすく，びびりの原因になる。断続的な切削時には大きめにする。コーナRが大きいほど良好な仕上げ面と高い刃先強度が得られるが，反面切削抵抗が増大してビビリ振動が起きやすくなったり，切屑の処理性が悪化する場合がある。また，切れ刃の位置は後退し加工径が大きくなる。逆にノーズRが小さくなると，加工径は小さくなる。

同じホルダに搭載できるインサートでもノーズRが異なると，加工寸法が変わってくるので注意が必要である。この場合は図4.7に示すようにノーズ半径によるオフセット量（加工径補正）を取ることを忘れてはならない。

(b) 理論的な仕上面粗さ

工作物表面の理論的な仕上面粗さは，図4.8に示すように工具（バイト）刃先の形状によって決まる。工具刃先形状が丸い場合，図4.9(a)に示すように，その面粗さ R_y は式(4.6)で表される。

$$R_y \fallingdotseq \frac{f^2}{8R} \tag{4.6}$$

ただし，f は送り量，R は工具刃先半径で，$f \leq 2R_y\beta$ の場合である。
$f \geq 2R_y\beta$ の場合は次式となる。

$$R_y = R(1 - \cos\beta + T\cos\beta - \sin\beta\sqrt{2T - T^2}) \tag{4.7}$$

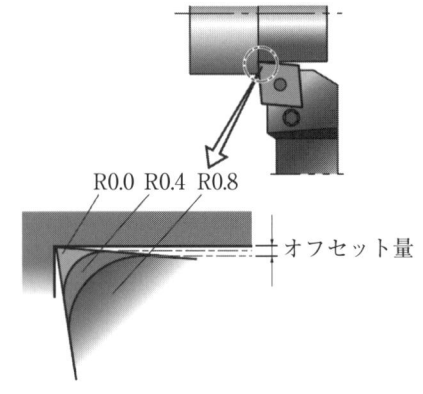

第4章 構成刃先, 切削条件, 加工精度

図4.7 ノーズ半径によるオフセット量

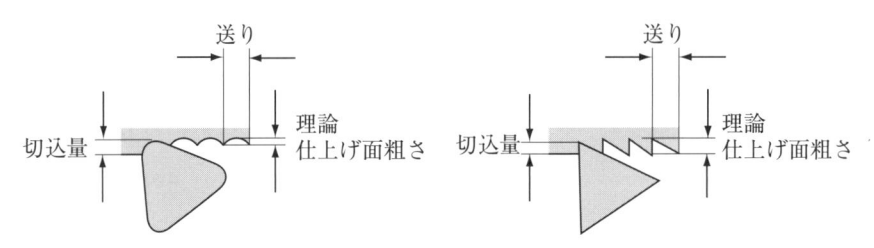

図4.8 工作物表面の理論的な仕上面粗さ

R：ノーズR（mmオーダ）
f：送り量
R_y：仕上げ面粗さ（μmオーダ）

(a) 工具刃先が丸い場合

△OABについて，ピタゴラスの定理を適用すると
$$OA^2 = (OA'-OB)^2 + AB^2$$
$$R^2 = (R-R_y)^2 + (f/2)^2$$
$$R^2 = R^2 - 2RR_y + R_y^2 + (f^2/4)$$
ここで，$R \gg R_y$，$R_y^2 \fallingdotseq 0$ であるから，
$$\therefore R_y \fallingdotseq \frac{f^2}{8R}$$

(b) 工具刃先が四角い場合

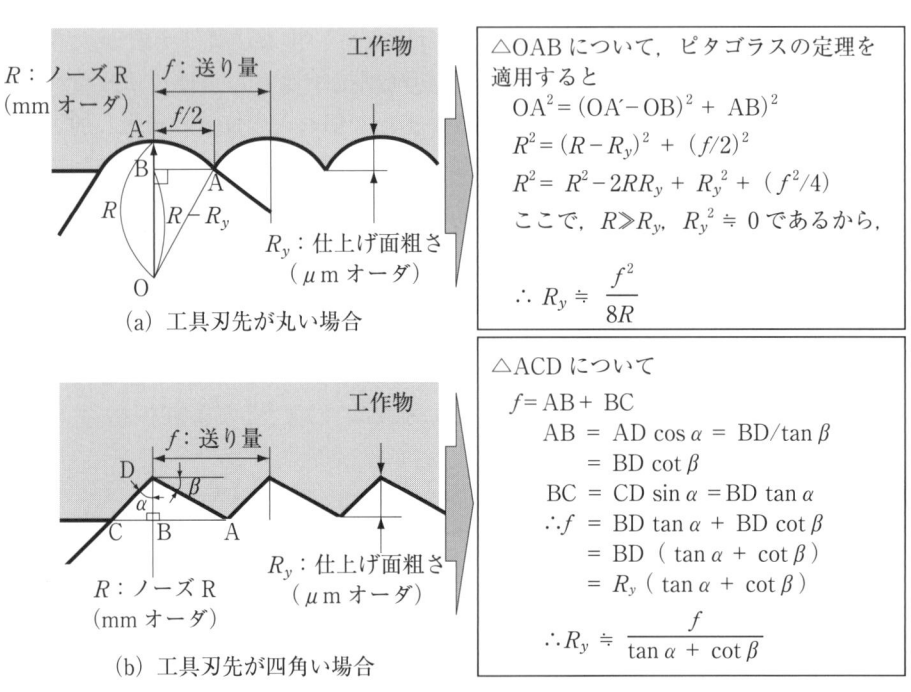

△ACDについて
$f = AB + BC$
$AB = AD\cos\alpha = BD/\tan\beta$
　　$= BD\cot\beta$
$BC = CD\sin\alpha = BD\tan\alpha$
$\therefore f = BD\tan\alpha + BD\cot\beta$
　　$= BD(\tan\alpha + \cot\beta)$
　　$= R_y(\tan\alpha + \cot\beta)$
$\therefore R_y \fallingdotseq \dfrac{f}{\tan\alpha + \cot\beta}$

図4.9 工具刃先形状と仕上面粗さ

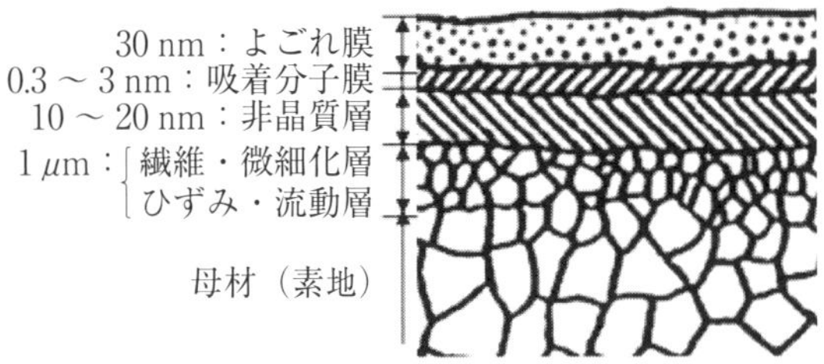

図 4.10　加工変質層を含んだ金属表面の構造

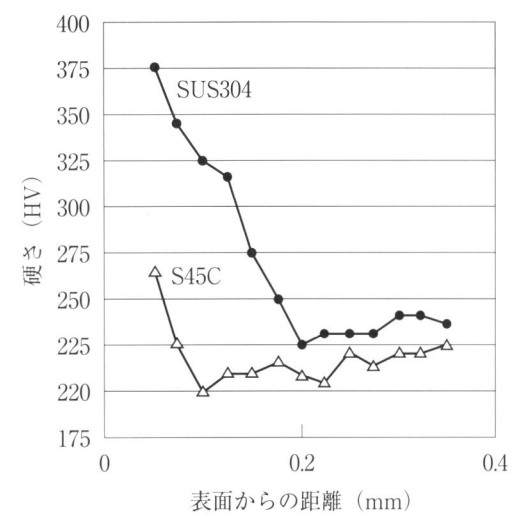

図 4.11　M 系列の加工硬化性

ここで，

$$T \equiv \frac{f}{R}\sin\beta$$

一方，工具刃先形状が四角い場合，つまり $R = 0$ の場合，図 4.9(b) に示すように，その面粗さ R_y は式 (4.8) で示される．

$$R_y \doteqdot \frac{f}{\tan\alpha + \cot\beta} \tag{4.8}$$

ただし，α は工具刃先の横切れ刃角で，β は前切れ刃角である．

4.4　加工後の加工変質層と工作物表面粗さ

4.4.1　加工変質層とその対策

　上述したように，切削加工後の工作物の表面は，工具のノーズ半径によって凹凸面が生成される．そして，その工作物の表面と表層部は，塑性変形と温度上昇をともなう切削現象の影響で工作物の内部とは異なった性質をもつ，すなわち金属結晶粒が微細化して素地よりも硬く変質した 1μm 程度の層をなす．この変質層を **加工変質層** という．図 4.10 は加工変質層を含んだ金属表面の構造を示す．図 4.11 は M 系列の加工硬化性を示す．切削条件として，切削速度 $V = 100$ m/min，送り量 $f = 0.12$ mm/rev で切削した場合である．工作物はフェライト系ステンレス鋼 SUS304 と軟鋼 S45C である．工具は M 系列の超硬合金である．図 4.11 から，表面に近づくにつれて，硬さは硬くなることがわかる．この場合，繊維・微細化層およびひずみ流動層は材料によって異なり，S45C の場合，約 0.05 mm，SUS304 の場合約 0.1 mm 程度であることがわかる．また，加工変質層には圧縮と引張りの残留応力が発生し，工作物の寸法形状に悪影響を与えることがある．

　したがって，加工変質層が発生しづらい次のような対策が必要となる．

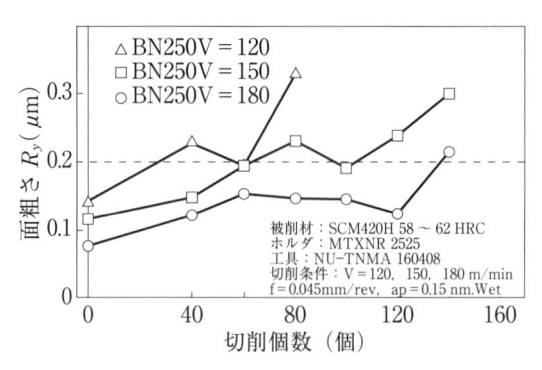

図4.12 切削速度と面粗さの関係

1) 切削抵抗を小さくする対策：せん断角が大きくなるような条件，すくい角を大きくする。切削速度を上げる。切込量を小さくするなど。
2) 切刃を鋭利にし，構成刃先の発生を防ぐ。

4.4.2 切削速度と面粗さ

図4.12は切削速度と切削後の工作物面粗さとの関係を示す。工作物を高強度が要求される自動車の動力伝達部品であるギアー鋼としてクロムモリブデン鋼SCM420H，ロックウェルC硬さ（HRC）で58〜62といういわゆる難削材とし，難削材工具として住友電工のスミボロンを用いた場合である。図4.12から加工速度が120，150，180 m/minと早くなるほど，面粗度は安定することがわかる。この傾向は，一般の鋼の切削においても同じである。

5 切削熱と切削シミュレーション

5.1 切削熱

5.1.1 切削熱の発生

図5.1は切削時のエネルギーおよび熱のやり取りを示す。図5.1に示すように、切削加工時にはかなりのエネルギーが消費されることがわかっている。このエネルギーはどんな仕事に消費されるか考えてみると、

1) せん断面領域でひずみや切屑が生成される等のエネルギー，
2) 切屑がバイトすくい面との間のすくい面領域で大きな摩擦仕事をしながら流出するエネルギー，
3) 刃先の逃げ面領域で工作物と摩擦することに消費されるエネルギー，

などである。このうち2)はバイトのすくい面の摩耗に関係があり、3)は刃先の逃げ面摩耗に関係がある。そして、これらの仕事は大部分熱となって現れる。

上記の1)〜3)で発生したエネルギーは熱となり、①切屑とともに流出、②工作物内へ流出し、③刃先から工具内に流出することになる。

流出する熱エネルギーの割合は、切削速度 V によるが、$V = 100$ m/min 以上では切屑に90％程度の大部分が、工作物や工具にはその残りという状況になる。

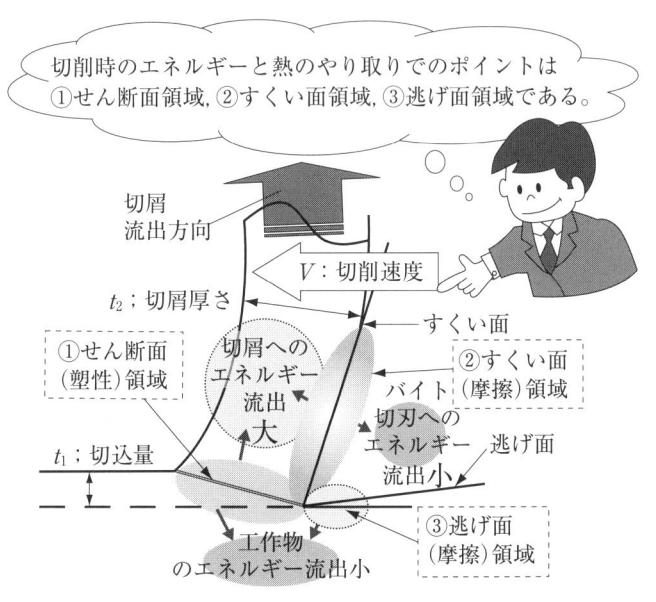

図5.1 切削時のエネルギーおよび熱のやり取り

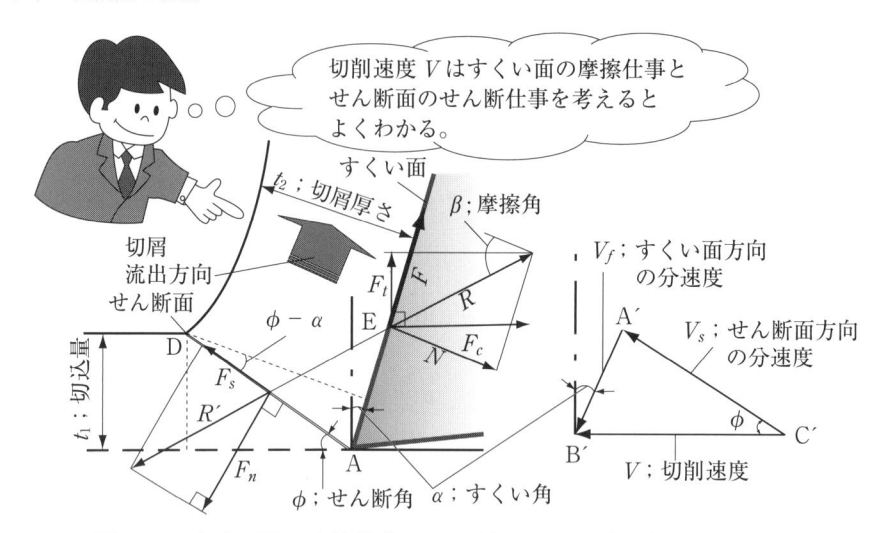

図5.2 すくい面の摩擦仕事とせん断面のせん断仕事からの切削熱

ここで切削動力の全部が切削熱になるものとして，すくい面の摩擦仕事，およびせん断面のせん断仕事より切削熱を考えてみよう。

図5.2において△A′B′C′は切削速度をせん断面方向の分速度とバイトすくい面方向の分速度に分けた速度三角形である。図でA′C′はせん断面DAに平行であり，A′B′はすくい面に平行である。V＝切削速度，$V_s = V$のせん断面方向の分速度，$V_f = V$のすくい面方向の分速度，P_s＝せん断面方向の切削動力，P_f＝すくい面方向の切削動力，F_c＝主分力，F_t＝背分力，r_c＝切削比，F_s＝切削抵抗のせん断面方向の分力，F＝切削抵抗のすくい面方向の分力とすれば，△A′B′C′において

$$\frac{V}{\sin \angle A'} = \frac{V_s}{\sin \angle B'} = \frac{V_f}{\sin \phi}$$

しかるに，$\angle A' = 180° - (\phi + (90° - \alpha)) = 90° - (\phi - \alpha)$
また，$\angle B' = 90° - \alpha$

$$\sin \angle B' = \sin(90° - \alpha) = \cos \alpha$$

$$\frac{V}{\sin \angle A'} = \frac{V}{\cos(\phi - \alpha)} = \frac{V_s}{\cos \alpha}$$

$$\therefore V_s = V \frac{\cos \alpha}{\cos(\phi - \alpha)} \tag{5.1}$$

同様に

$$\frac{V}{\sin \angle A'} = \frac{V_f}{\sin \phi}$$

$$\therefore V_f = V \frac{\sin \phi}{\sin \angle A'} = V \frac{\sin \phi}{\cos(\phi - \alpha)} \tag{5.2}$$

一方，$P_s =$ せん断面方向の切削抵抗の分力×せん断方向の切削速度の分速度，すなわち

$$P_s = F_s \times V\frac{\cos \alpha}{\cos(\phi - \alpha)} = (F_c \cos \phi - F_t \sin \phi)\frac{V\cos \alpha}{\cos(\phi - \alpha)} \tag{5.3}$$

また，$P_f =$ バイトすくい面方向の切削抵抗×バイトすくい面方向の切削速度の分速度，すなわち

$$P_f = F \times \frac{V\sin \phi}{\cos(\phi - \alpha)} = (F_c \sin \alpha + F_t \cos \alpha)\frac{V\sin \phi}{\cos(\phi - \alpha)} \tag{5.4}$$

また，図で

$$\sin \phi = \frac{t_1}{\mathrm{AD}}, \ \cos(\phi - \alpha) = \frac{t_2}{\mathrm{AD}} \ \therefore \ \frac{\sin \phi}{\cos(\phi - \alpha)} = \frac{t_1}{t_2} = r_c$$

であるから

$$P_f = (F_c \sin \alpha + F_t \cos \alpha)Vr_c \tag{5.5}$$

ゆえに，バイトのすくい面での消費動力 P_f は主分力，背分力，切込量，切屑の厚さがわかれば測定できる。

P_s によって発生した熱はせん断面から，一部は切屑へ，一部は工作物へと伝導される。また P_f によってバイトすくい面に発生した熱はすくい面から，一部は切屑へ，一部はバイトへ伝導される。この熱伝導の様子を図示すれば図5.1のようになる。

図5.3は穴あけ（ドリリング）作業による切削速度と切削熱との関係を表すが，図から次のようなことがいえる。

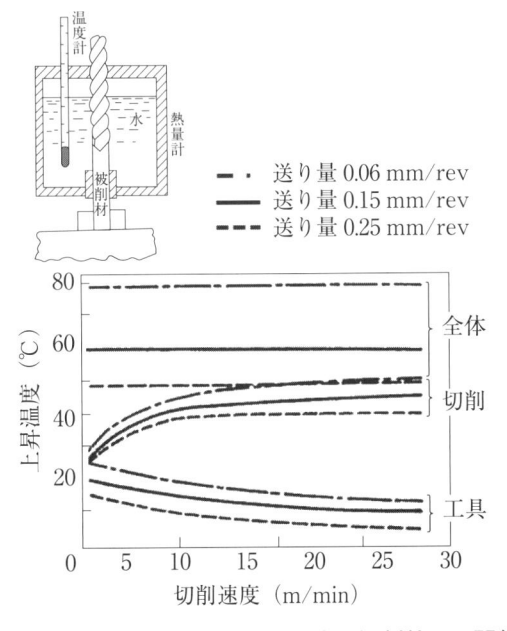

図5.3　穴あけ作業での切削速度と切削熱との関係 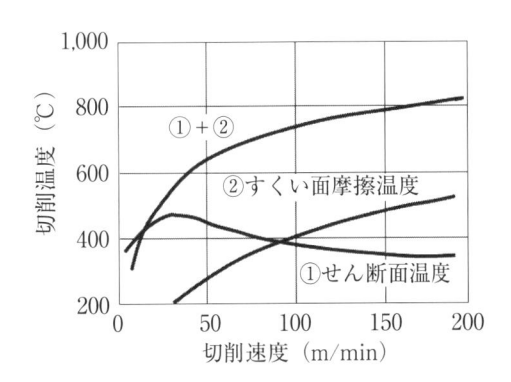　　図5.4　切削速度と切削温度との関係

(1) 切削速度の増加とともに，バイトに伝わる熱量は減少し，切屑とともに持ち去られる熱量が増加するが全熱量ははとんど変わらない。
(2) 送り速度が増すほど，すなわち厚く削るほど発生する全熱量，バイトに伝わる熱量，および切屑に入る熱量もともに少なくなる。

図5.4は丸棒を旋削加工したときのせん断面の切屑温度およびバイトと切屑の摩擦面の温度と切削速度との関係を表したものである。図から，せん断面温度は切削速度の増加とともに減少し，バイトと切屑の摩擦面温度は切削速度の増大とともに増し，それらの和は切削速度が切削速度150 m/minまでは増加するが，それ以上では増加の割合は著しくないことがわかる。

以上から，高速度鋼などをバイトとして用いた低速切削では，せん断面の発生熱量が切削熱の大部分を占めるが，超硬合金を用いる高速切削では，バイトすくい面の摩擦による発生熱量が大きくなり，せん断面における切屑の温度の占める割合が少なくなることがわかる。

5.2 切削温度の測定法

5.2.1 切削温度の測定

切削エネルギーの大部分は熱になり，その熱によりバイトの刃先温度が上昇し，バイトの寿命に大きな影響を与えるので，切削温度の測定は切削工具材の選定，切削条件の決定に非常に大きな意義をもつ。

そこで，以下でバイト寿命判定をする方法のいくつかをみてみよう。

5.2.2 切屑の色で判定する方法

切削速度を変えて鋼を切削すると，切屑の色が変化する。この切屑の色の変化は切削熱により金属の表面に透明な薄い酸化膜が生じたために起こるので，この特性を熟知した熟練者は，おおよその切削温度を判定することができる。

図5.5に示すように，この切屑の色の変化は金属の表面にあたった光とその一部は酸化膜の表面で反射し，この2つの反射光は位相差があるから干渉を起こす現象である。ここで，dは酸化膜の厚さ，Δmは計算波長範囲の間の山の数，nは屈折率，θは試料への入射角，λ_1とλ_2は計算波長範囲の始点と終点の波長としたとき，膜厚は次式(5.6)で求められる。

$$d = \frac{\Delta m}{2\sqrt{n^2-\sin^2\theta}} \times \frac{1}{\left(\frac{1}{\lambda_2}-\frac{1}{\lambda_1}\right)} \tag{5.6}$$

さて，その位相差は酸化膜の厚さによって決まるから，酸化膜の厚さが温度のみに関係するならば温度の測定が十分にできるわけである。しかし，酸化膜の厚さは加熱温度だけでなく加熱時間に大きく左右される。

丸削りの場合などで切屑が加熱されるのは，切屑がバイト面上をすべるきわめて短い時間であって，この時間は切削速度，切込量，バイトの形状などで大きく変化する。また，切屑がある温度以上に保たれる時間は，最初に加熱された温度と冷却速度によって決まる。この冷却速度は同じ工作物に対しては，おもに切屑の体積に対する表面積で決まり，厚い切屑ほど放熱しにくいから酸化膜は厚くなり，見かけ上の温度は高く見えることになる。したがって，切屑の色だけで切削温度を正しく判定することは困難であるということになる。

入射光

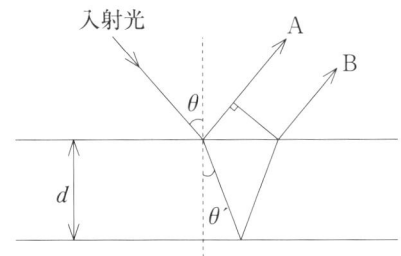

AとBの光路差＝$(\lambda/2) \times 2m$　　→強め合う
AとBの光路差＝$(\lambda/2) \times (2m+1)$　→弱め合う
λ：波長，m：整数

図5.5　酸化膜の表面で反射・干渉の原理
(http://www.an.shimadzu.co.jp/uv/support/lib/uvtalk/uvtalk1/film.htm)

表5.1　切削温度と切屑の色

温度（℃）	切屑の色	温度（℃）	切屑の色
200	淡黄色	290	暗青色
229	淡褐色	300	青色
240	褐色	320	淡青色
260	紫色	359	青灰色
280	すみれ色	400	灰白色

　しかし，切削条件そのほかが全く同一の場合は，切屑の色によって切削温度の差を判定することは可能である．すなわち，切削条件が一定のとき切削温度の増加にともなって切屑の色は銀白色→わら色→褐色→紫色→濃藍色→灰藍色と変化する．**表5.1**は切削温度と切屑の色との関係を示し，炭素鋼に適用できるが，この温度は切削の平均温度であって，バイトのすくい面の摩擦部分に発生する最高温度は，この表の約1.5倍程度とされる．よって，同一切削条件の場合では切屑の色の変化によって切屑温度の上昇を知り，バイトの切れ味の低下を見いだすことができる．

5.2.3　熱放射計による測定

　従来は，超硬バイトの刃先の内部に後述の放電加工法や超音波加工法で細かい穴をあけて小さい熱電対を埋め込んでバイト内の温度分布を測定する方法が行われていた．しかし，近年は半導体技術の進歩にともなって，赤外線を利用した非接触で温度を測る方法も行われるようになってきている．

　ここでは，**図5.6**に示すようにエンドミル加工における約$10\mu\sec$の高速応答の放射温度計を用いた温度測定例を示す．本手法は$\phi 0.1\,\mathrm{mm}$のスポット径を有するレンズにより本体部に導光して温度へと変換する．測定温度域や測定対象材質など制約事項も多いが，切削温度を制御対象とした加工条件の最適化を図るといった活用が可能である．

　図5.7は，図5.6の装置で計測した切削速度と逃げ面温度の結果の一例である．図5.7から切削速度が増すと，逃げ面温度も増大することがわかる．

　さて，**図5.8**はデータは古いが，バイト刃先と工作物の温度分布をS45C，切削速度75 m/

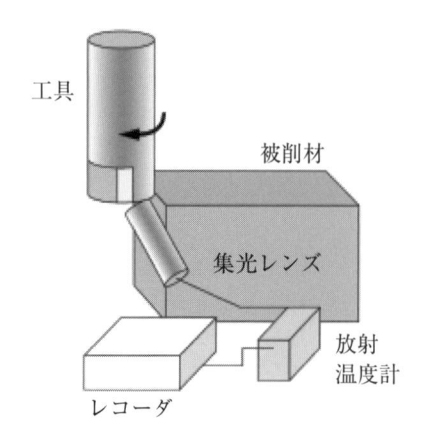

図5.6 熱放射計で測定
(住友電工ハードメタル㈱)

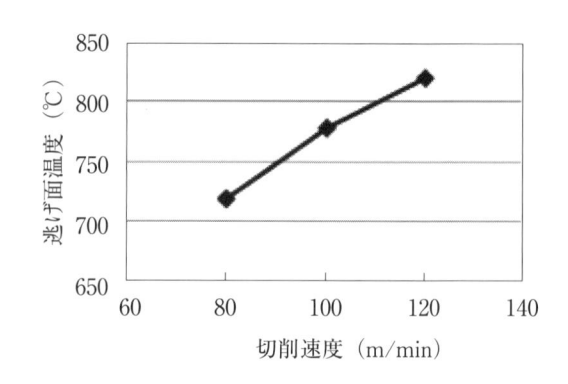

図5.7 熱放射計で測定した切削速度と逃げ面温度の関係
(http://www.sei.co.jp/tr/pdf/industrial/sei10552.pdf)

min, 切込量 0.1 mm, すくい角 20°, 逃げ角 8°, 切削幅 2 mm で 2 次元切削したときの温度分布を計算したものである。この図から, 変形を受けて切屑になったばかりのところの刃物に接している部分が最も高い温度 687℃ となっている。この切削温度は主に切削速度の関数として表されるが, 工作物の諸元である比切削抵抗, 熱伝導率, 密度, 比熱, 加工条件に属する切り取り幅や切り取り厚さなどによっても大きく異なる。

5.3 切削熱と切削抵抗

切削速度を増大すると切削抵抗は減少するが, その原因の1つは切削熱によって工作物が軟化することが考えられる。もちろん切削熱により炭素工具鋼などではバイトも軟化するが, 超硬合金などではその影響は少ない。

図5.9は工作物を加熱して超硬バイトで切削したとき, せん断面のせん断応力 τ_s, および圧縮応力 σ_c が温度の上昇とともに小さくなっていることを示している。図から, たとえば

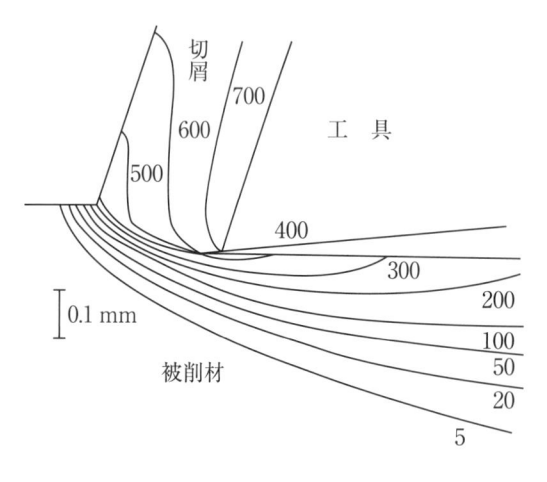

図5.8 刃先付近の温度分布 (℃)
(奥島啓弌, 垣野義昭: 精密機械, 35, 12 (1969) 775)

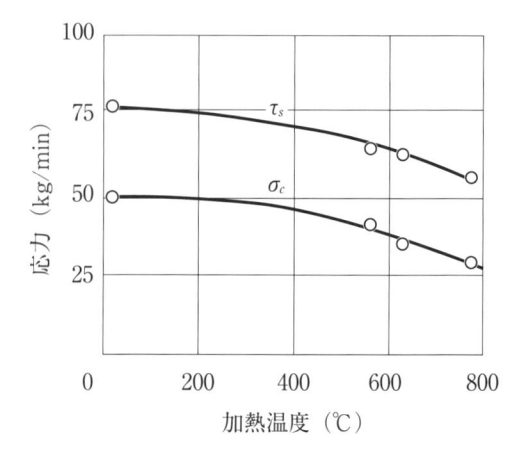

図5.9 工作物の加熱温度とせん断応力 τ_s, 圧縮応力 σ_c との関係

800℃まで加熱すると σ_c は 25 kg/mm² 程度となり，常温の σ_c（50 kg/mm²）のほぼ半分となっていることがわかる。このことから切削熱により工作物が加熱されたときも切削抵抗が減少することは当然考えられるわけである。

5.4 切削シミュレーション

コンピュータの発達により，後述する CAD, CAE, CAM, CAT 技術が進展した。ここでは，切削技術に関する CAE 技術として，切削シミュレーションについてみてみる。

市販の切削シミュレーションソフトの構造と工程は，通常，解析するためのモデル作成・準備・条件設定を行う**プリプロセッサ（Preprocessor）**，その解析計算を実行する**ソルバ（Solve）**，解析した結果を表示する**ポストプロセッサ（Postprocessor）**からなる。プリポストでは 3D（次元）ソリッド CAD で，工具と工作物の 3D モデルを作成し，そのモデルを解析ソフトにインポートし，解析条件などを入力する。ソルバに用いられる切削シミュレーション解析に使用される方法は，主に有限要素法（FEM：Finite Element Method）である。ポストプロセッサでは目的の解析結果を表示する。

図5.10 はその一例で，解析条件は切削速度 100 m/min，送り 0.15 mm/rev，切込量 1.0 mm，切削距離 3.0 mm，工具すくい角 0°，逃げ角 10°，被削材高さ 2 mm，長さ 5 mm，工具 Carbide-General, TiN コーティング，被削材 SUS316 である。使用ソフトは Advanedge（CTC社販売）である。**図5.10(a)** はモデルのメッシュ分割例を，**図(b)** は解析結果の温度表示例を示す。このソフトは図(a) に示すように切削温度を精度よく解析するために，工作物と工具の表面近くはメッシュを細かくして最適なメッシュを自動的に生成するシステムになっている。図 5.10(b) の場合，500℃付近の最高温度が刃先に集中していることが理解できよう。

図5.11 は主にすくい角を変えた場合の切削シミュレーション解析の一例である。切削条件は切削速度 100 m/min，送り 0.15 mm/rev，切込量 1.0 mm，切削距離 3.0 mm，被削材高さ 2 mm，長さ 5 mm，被削材 SNCM439，工具材質 Carbide-General サンドビック社製工具で Case-1：CCMT3(2.5)2-UM，すくい角：7.5°，逃げ角：7.0°，Case-2：CNMG120408-KM，すくい角：8.0°，逃げ角：6.5°，Case-3：DPMT11T308-PM，すくい角：0.0°，逃げ角：12.5°で

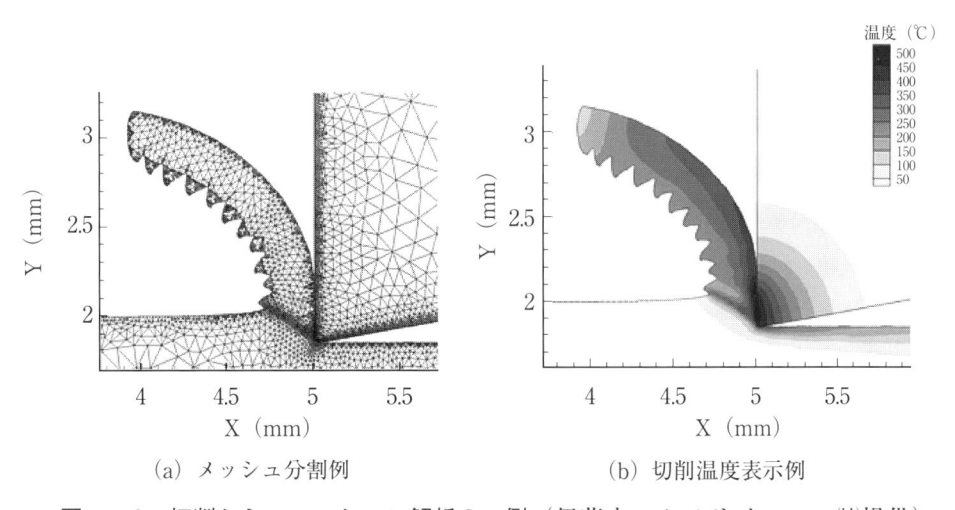

(a) メッシュ分割例　　　(b) 切削温度表示例

図 5.10　切削シミュレーション解析の一例（伊藤忠テクノサイエンス㈱提供）

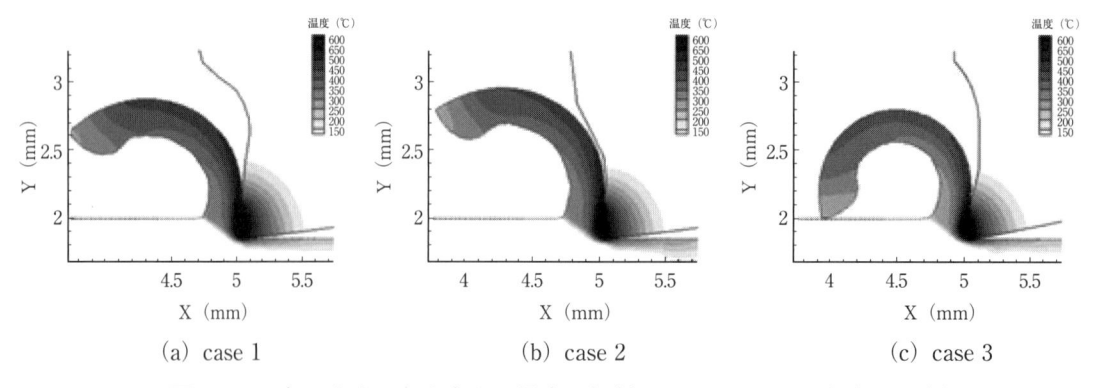

図5.11 主にすくい角を変えた場合の切削シミュレーション解析の一例

(a) case 1　(b) case 2　(c) case 3

ある。**図5.11**の切屑温度から，すくい角が大きくなると切屑および刃先近傍の切削温度は低くなる傾向がわかる。

【演習問題】

〔5.1〕肉厚 1.6 mm の炭素鋼管を，切込量 $t = 0.11$ mm で 2 次元切削したとき，切削主分力は 70.3 kg，背分力は 49.8 kg，切屑厚さ $t_2 = 0.781$ mm であった。このときの P_s, P_f を求めよ。ただしバイトのすくい角は $8°$，切削速度は 100 m/min とする。

(解)
(1) せん断角

$$\tan\phi = \frac{\dfrac{t_1}{t_2}\cos\alpha}{1 - \dfrac{t_1}{t_2}\sin\alpha} = \frac{\dfrac{0.110}{0.781}\cos 8°}{1 - \dfrac{0.110}{0.781}\sin 8°} = 0.1755$$

$$\therefore \phi = 9°\ 57'$$

(2) 式(5.3) より

$$P_s = (F_c \cos\phi - F_t \sin\phi)V\frac{\cos\alpha}{\cos(\phi - \alpha)}$$

$$= (70.3 \times \cos 9°\ 57' - 49.8 \times \sin 9°\ 57') \times 100 \times \frac{\cos 8°}{\cos(\cos 9°\ 57' - 8°)}$$

$$= (70.3 \times 0.9850 - 49.8 \times 0.1728) \times 100 \times \frac{0.9902}{0.9994}$$

$$= 60.64 \times 100 \times 0.99$$

$$= 6000(\text{kgm/min}) = 100(\text{kgm/s}) = \frac{100}{75}(\text{PS}) = 1.33(\text{PS})$$

(3) 式(5.5) より

$$P_f = (F_c \sin\alpha + F_t \cos\alpha)Vr_c$$

$$= 59.10 \times 100 \times \frac{0.110}{0.781} \fallingdotseq 17 (\mathrm{kgm/s}) = \frac{17}{75} (\mathrm{PS}) = 0.23 (\mathrm{PS})$$

〔5.2〕前の演習問題において P_s, P_f が全部熱に変換したものとして，せん断面，およびバイトすくい面に発生する熱量を求めよ。

（解）1 kcal は 427 kgm に相当するから

（1）せん断面での発生熱量は

$$100 (\mathrm{kgm/s}) \times \frac{1}{427} (\mathrm{kcal/kgm}) = 0.234 (\mathrm{kcal/s})$$

（2）すくい面での発生熱量は

$$17 (\mathrm{kgm/s}) \times \frac{1}{427} (\mathrm{kcal/kgm}) = 0.04 (\mathrm{kcal/s})$$

6 工具損傷・摩耗と工具寿命

6.1 切削工具の損傷・摩耗

工具の損傷（摩耗）は**図6.1**に示すように，主に次の領域で発生する。
① 工具のすくい面と切屑との接触，
② 工具の逃げ面と仕上げ面との接触，
③ せん断面塑性やその接触摩耗

さらに，工具の損傷は工具と工作物および切屑の間で，高温，高圧，摩擦，材料同士の化学的反応などを加えてきわめて複雑な現象で，ほかの機械部品の摺動面に生ずる摩耗とは大きく異なっている。ほかの研究結果から，切削における摩擦ではその摩擦係数は数倍の大きさに達するといわれる。

工具の損傷が起こる条件を考えると，主に次の3つの事項が考えられる。
1) 工具と工作物との接触圧力が非常に高い。その接触面の応力は数100 MPa以上である。
2) 接触部分は切削熱によって非常に高温になる。その温度は1,000℃にも達する。

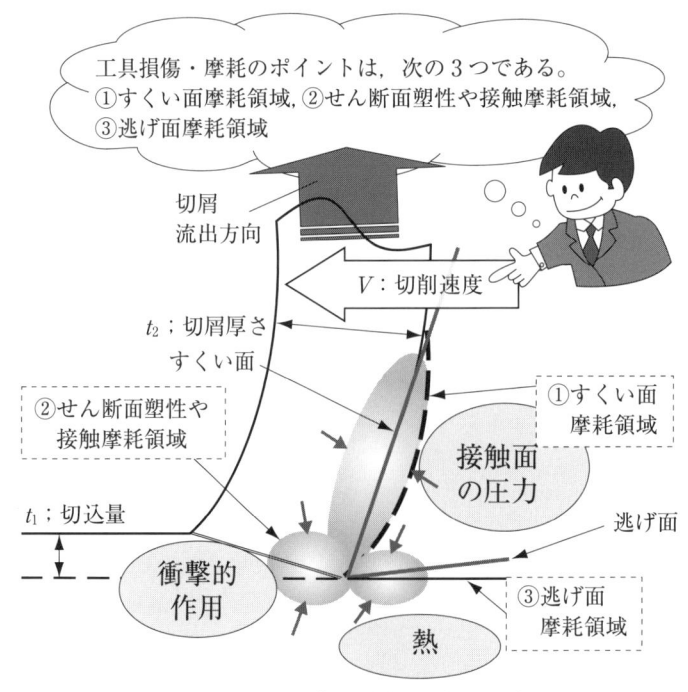

図6.1 工具損傷・摩耗発生の模式図

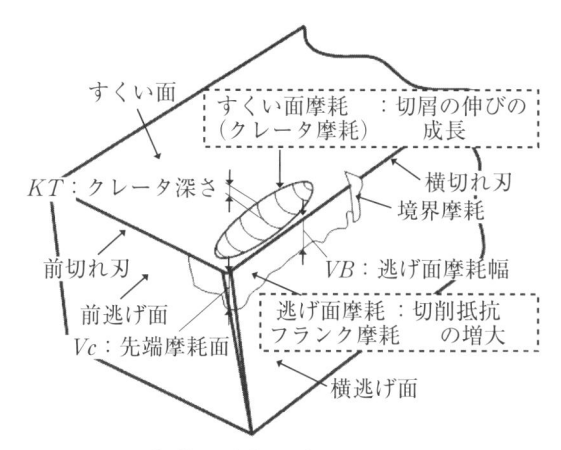

図6.2 工具損傷・摩耗発生後の工具刃先の模式図

3) 接触部分は絶えず新しい面が生成され，材料間で物理・化学的な反応が起きている。

切削加工後に発生した工具刃先の工具損傷・摩耗の状況を図6.2に示す。工具（バイト）損傷の種類には，表6.1に示すように，摩耗，チッピング，欠損，破損，剥離などがある。以下，さらに詳しくその摩耗形態をみてみよう。

6.2 工具損傷（摩耗）の発生機構

6.2.1 機械的作用による摩耗の機構

工具（バイト）の硬さは工作物の硬さより高いのはもちろんであるが，しかし工作物の内部にも非常に硬い粒子が存在して工具面を摺動し，あたかも研削砥石の砥粒のような作用をすることも考えられる。機械的作用による主な摩耗としては，逃げ面摩耗，チッピング，欠損がある。チッピングというのはバイトと工作物の衝撃によって生ずる目に見えないような顕微鏡的刃こぼれ，またはそれの集壊したものである。

6.2.2 物理，化学的作用による摩耗の機構

物理，化学的作用による摩耗としては，主にすくい面摩耗，塑性変形，熱き裂，構成刃先が挙げられる。

（a）化学反応

バイト材の各種元素が，周囲または工作物中，あるいは切削油剤中の元素と化学反応を起こすことが考えられる。この結果，酸化したり，硫化したりして，間接的にバイト材をもろくして摩耗を起こしたりする。

（b）拡散または合金化

バイト材と切削油剤，工作物の間に化学反応が起こらないとしても，前述のように，バイト材と工作物との接触部における高温高圧現象下においては，接触部を通じてバイト材あるいは工作物の成分のあるものが，それぞれ対向する方向に拡散したり，合金を形成することは当然考えねばならない。このときバイト材と工作物の接触面のある部分は化学的に溶けだすため，機械的強度も弱くなって摩耗することが考えられる。後述するクレータ摩耗の主体は，このようなものと考えることもできる。

表6.1 工具損傷の種類

損傷の種類	説 明	形態図
1. 摩耗 逃げ面摩耗 （フランク摩耗）	工具材の摩滅・損失切削距離と時間に影響される。 切れ刃先端から主切れ刃側の逃げ面にできる摩耗形態フランク摩耗，VB摩耗ともいう。 機械的・化学的・熱的・電気化学的作用。	
すくい面摩耗 （クレータ摩耗）	すくい面上を掘るようにできる摩耗形態。 クレータ摩耗，KT摩耗ともいう。	
境界（損傷）摩耗	切込量境界部が，著しく損傷する摩耗形態。	
2. チッピング	刃先の小さい欠け。 切れ刃稜線部に発生する微細な欠け。 切削継続は可能。 衝撃的・熱衝撃の作用。	
3. 欠損	刃先の大きい欠け。 切れ刃部が欠落する損傷形態。 切削継続不可能，再研削可能。	
4. 破損	刃先全体の破壊。 切削不能，切れ刃部が欠損よりも大きく割落する損傷形態。 欠損に含める場合もある。再研削不可能。	
5. 折損	ドリル，シャンクの破断。 切削不能。	振動
6. 剥離 （フレーキング）	刃面の鱗片状の損失欠け。 逃げ面とすくい面に発生，切れ刃すくい面や逃げ面が，貝殻状もしくは鱗片状に剥離する損傷形態。	
7. き裂	刃面のき裂，割れ。 刃面に対して垂直・平行・斜め等に発生，熱膨張，熱き裂は熱収縮の作用で切れ刃表面にできるき裂。 サーマルクラックともいう。そのほかに，疲労き裂。	
8. 塑性変形	損傷でない工具の変形。 盛上り，沈み込み，切れ刃先端部が押し下げられるように変形する現象。 ダレ，ヘタリなどと呼ばれることもある。	
9. 溶着	切削断面積相当の損失。 切削不能溶融。	

6.3 工具損傷（摩耗）の形態

切削加工中，工具（バイト）は物理，化学的反応などにより損傷（摩耗）するわけであるが，実際の形態としてはすくい面摩耗（クレータ摩耗），逃げ面摩耗（フランク摩耗），チッピング（欠損）の3つに大別して考えることができる。

6.3.1 すくい面（クレータ）摩耗（cratering）

図6.2のようにすくい面に生ずるくぼみ摩耗のことである。切削現象において，まず，刃先が高温になり，工具の組織が不安定になると，より多くの成分が切屑に持ち去られることになるため，すくい面摩耗は大きく発達する。また，刃先を構成する成分と工作物の成分が反応しやすい（親和性が高い）と，やはりすくい面摩耗は大きく発達する。

切屑とバイトとの接触圧力はきわめて大きいので，生じた切削熱と高圧のため切屑はバイトに融着し，その表層が切屑と一緒に持ち去られる。また，切屑とバイトのすくい面との摩耗係数（μ）は通常の摩擦現象とは大きく異なり，非常に大きく1以上になる。そして，変形によって著しく加工硬化した切屑がバイトのすくい面を削り取る。

このように，すくい面摩耗は図6.3の上部に示すようにバイトおよび工作物の切削温度における機械的性質，すなわち硬さ，せん断強さなど，および融着の度合により影響される。ゆえにすくい面摩耗は流れ型切屑において最も著しく，き裂型，せん断型では少なくなる。

しかし，この摩耗はすくい角を増大させるので，かえって切れ味が良くなるが，あまり進行すると，刃先部分が欠損して切削抵抗は急に増大する。高速度鋼バイトなどは，この摩耗が工具寿命を決定する要素となる。

すくい面の摩耗の多くは，刃先の成分が切屑によって持ち去られることにより発生する。

6.3.2 逃げ面（フランク）摩耗（flank wear）

図6.2および図6.3の下部に示すようにバイトの刃先が摩耗する現象である。逃げ面は常に工作物と接している場所でもあるため，通常の逃げ面摩耗はこすれによって生じる場合が多く，

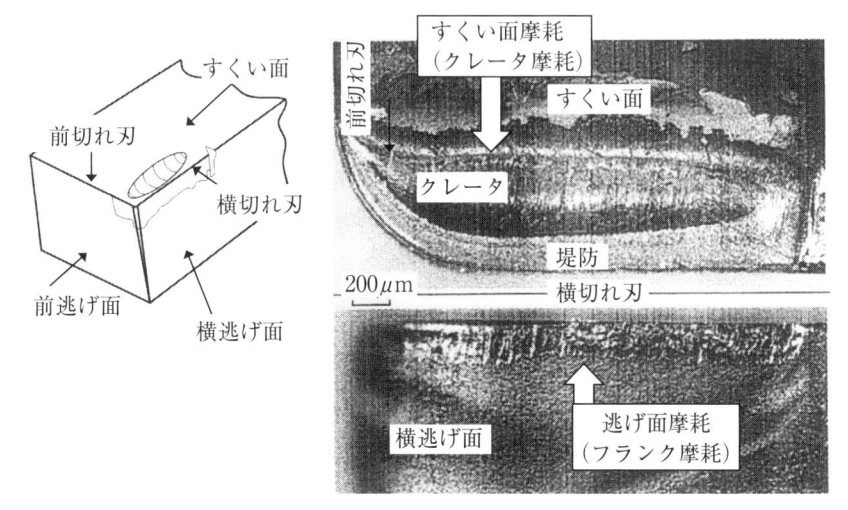

図6.3　すくい面摩耗と逃げ面摩耗の状態

工作物が硬いときにより大きく発達することになる。このこすれによる摩耗も，切削熱によってより発達を促進されるため，切削熱が上がりやすい工作物で発生しやすい。バイトの刃先には前逃げ角があるから理論的には全く接触しないわけであるが，実際には刃先は切削抵抗により変形したり，またバイトの刃先のわずかな丸みのために，図6.4のように高温，高圧下で摩擦されるわけである。チッピングが生ずると前逃げ角がなくなり，ますます摩耗する。鋳鉄の切削における切屑の粉末などは摩耗を促進するものである。この摩耗量を表すのに通常，工具の寿命判定基準としている逃げ面摩耗幅を用いる（**表6.3**参照）。この際，刃先がダレ，ヘタリなどと呼ばれる塑性変形を起こすことにより切れ味が悪くなると，より切削抵抗が上がって逃げ面摩耗が大きくなるが，これは2次的な要因といえる。

　鋳鉄のような，き裂型切屑を生ずるような場合はすくい面摩耗は生じない反面，逃げ面と刃先の摩擦によってバイトの刃先が摩耗する。

　図6.4は逃げ面摩耗と切削抵抗の関係を示す。工具はスミボロンという難削加工専用で，工作物はSCM430HRC65という高硬度材である。図6.4から，その難削加工では，S55Cよりも逃げ面摩耗の進展により，加工背分力が急上昇することがわかる。

6.3.3　チッピング

　チッピング（chipping）とは，**図6.5**に示すように，切れ刃稜線部に生じる微小欠損のことで，振動や衝撃によって起こるが，溶着した被削材が脱落する際に，一緒に刃先の一部を持ち去ることで起こる場合もある。

　よって，チッピングは，硬い工作物を切削する場合にも，軟らかい被削材を切削する場合にも生じうる。切れ刃にチッピングが生じると切削抵抗が高くなるため，逃げ面やすくい面の摩耗を発達させる（チッピング摩耗）。

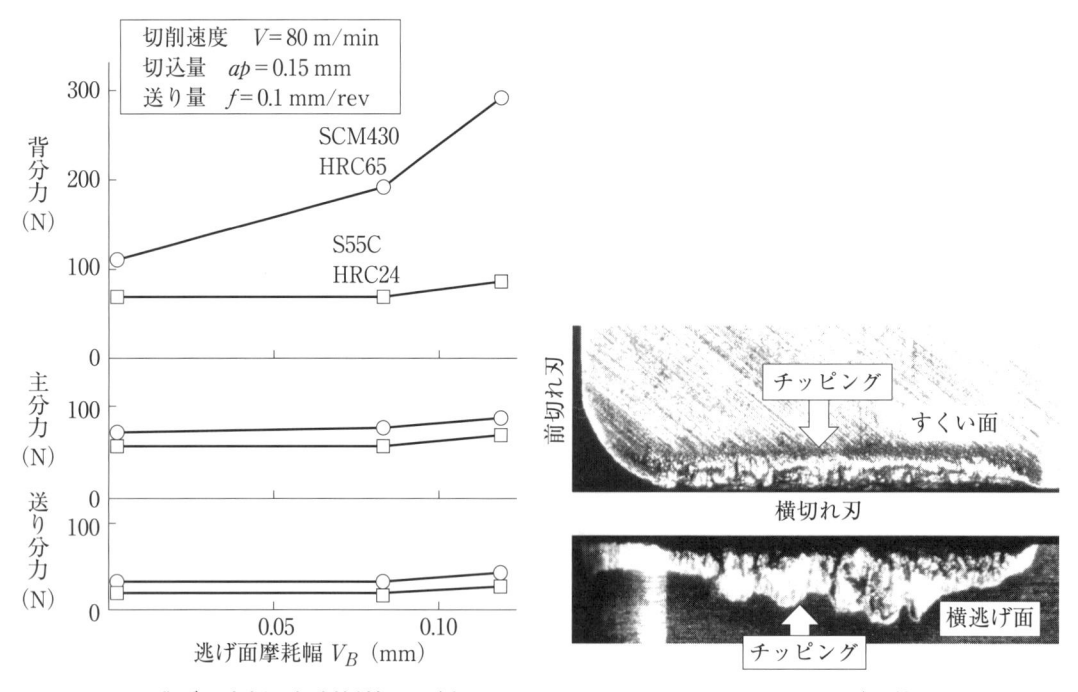

図6.4　逃げ面摩耗と切削抵抗の関係　　　　図6.5　チッピングの状態

粘り強さの少ないバイトはフライス切削や平削りのように衝撃力を受ける場合や，または工作機械の振動などによって刃先に加わる切削抵抗の変化が大きい場合など，刃先の先端の一部が図6.5のように微細欠損する。

超硬工具やセラミックス工具のようなものに生じやすく，高速度鋼など粘り強さの大きい材質には少ない。すくい面摩耗や逃げ面摩耗は徐々に進行する摩耗であるのに対して，チッピングは衝撃力を受けたとき脱落する現象である。これはバイトのねばさ不足はもちろんのこと，バイトの材質的欠陥や研削の際の過熱によって生ずる小さなき裂がその原因となることが多い。

6.3.4 溶着，付着

バイトと工作物の接触部の高温高圧下において，バイトと工作物の溶着，付着が生じ工作物が切屑としてせん断されるとき，バイトの一部も持ち去られることが考えられる。**溶着**は切れ刃稜線部に被削材成分が付着する現象で，**凝着**と呼ばれることもある。**表6.2**は各種切削工具と金属の溶着温度を示すが，高速度切削では十分溶着温度に達する。**図6.6**は切削工具刃先の溶着の状態を示す。

6.3.5 境界摩耗

切れ刃の切込境界部の摩耗・損傷は，材料の加工硬化層や鋳物の鋳肌，鍛造品の焼き肌などが影響して大きく発達する。切削加工によって塑性変形した被削材の表面付近は，加工硬化によって硬くなる。その部分を削ることになる切込境界部は，**図6.7**に示すように，切れ刃のほかの部分よりも損傷が大きくなる。鋳造された鋳物の鋳肌や焼き肌も同様に，表面付近が硬くなっているので切込境界損傷を助長することになる。加工硬化しやすい材料や，鋳物，熱間鍛造品，熱処理品などを加工する際には，主切れ刃の切込境界損傷に注意する必要がある。

6.3.6 熱き裂

熱き裂（サーマルクラック）は，熱衝撃によって発生する。この熱衝撃とは，一般に加熱と冷却を短時間に繰り返す衝撃のことである。このような状況下では，どんな物質でも，加熱による膨張と冷却による収縮を繰り返すことになる。

この熱衝撃によって生じる膨張・収縮の連続が，工具材料の粒子の境界面にき裂を発生させる。熱き裂は，欠損などの突発的な損傷につながる可能性がある。切削熱が高くなる被削材を切削するときに生じやすいものであるが，断続切削や湿式切削などの切削条件が，発生を促す要因となる。

表6.2 各種切削工具と金属の溶着温度

素 材	溶着温度（℃）
鋼 + WC〔炭化タングステン〕	1,000
鋼 + WC + Co〔コバルト〕	775
鋼 + TiC〔炭化チタン〕	625
鋼 + Co〔コバルト〕	1,120
鋼 + 高速度鋼	548
	571

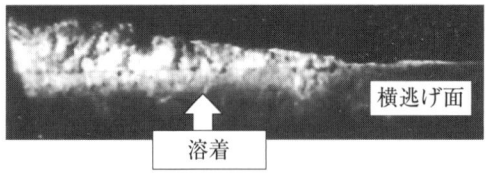

図6.6 切削工具刃先の溶着の状態

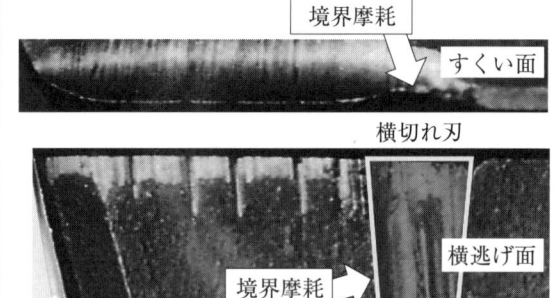

図6.7 主切れ刃切込境界損傷

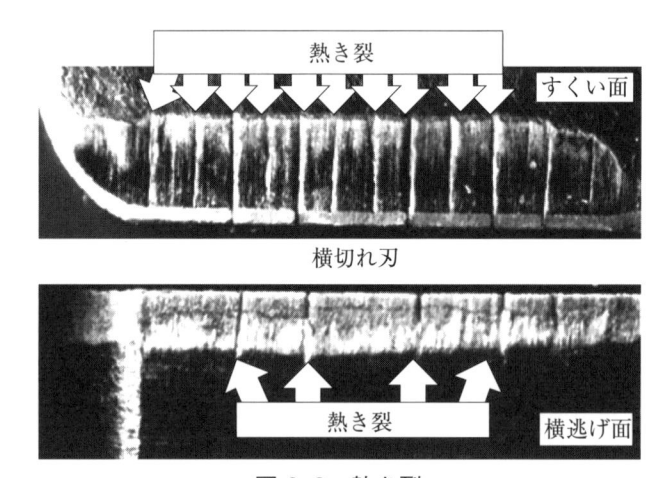

図6.8 熱き裂

6.4 工具寿命

6.4.1 工具寿命の判定基準

　工具寿命（tool life）とは，1つの工具切刃の切削開始から工具交換，あるいは再研削までの切削できる正味の総時間のことである。これは切削加工上の経済性や生産性にかかわるので，現場では重要視される。つまり，低い切削速度で削れば，工具寿命は長くなるが，生産性は上がらない。これに反し，高速度切削をすれば，生産性は上がるが，工具寿命は短くなる。生産性と工具寿命とのバランスを取ることが，機械技術者の使命の1つとなる。

　一般に工具寿命の判定は，主に次の事項から区別される。

① 工具刃先の逃げ面摩耗幅 V_B の値がある値を超えたとき。
② 工具刃先のすくい面摩耗深さ K_T の値がある値を超えたとき。
③ 工作物の仕上げ面の品位や粗さが劣化したとき。
④ 工作物の精度が低下したとき。
⑤ 切削抵抗や切削熱，振動，加工音（AE(アコースティックエミッション）を含む）が増大したとき。

　上記①，②については表6.3に示すようにJISで規定されているが，一般に現場では，③～

表6.3　1工具の寿命判定基準（JIS B 4011）

判定基準		摘　要
逃げ面摩耗幅 V_B の値	0.2 mm	精密軽切削，非鉄合金等の仕上げ加工
	0.4 mm	特殊鋼等の切削
	0.7 mm	鋳鉄，鋼の切削
	1～1.25 mm	普通鋳鉄等の荒削り
すくい面摩耗深さ K_T の値	0.05～0.1 mm	

⑤を目安として人間の五感で判断していることが多い。また，一般に150 m/min以下の中・低速の切削速度では，逃げ面摩耗が主として工具寿命に影響することから，逃げ面摩耗幅 V_B のほうを目安にする。一方，150 m/min以上の高い切削速度ではすくい面摩耗は工具寿命に大きく影響し，すくい面摩耗深さ K_T を目安にするとよい。

6.4.2　工具の寿命曲線

図6.9は，一般に切削速度を中低速に設定して，切削を開始してから工具交換あるいは再研削までの総時間と工具刃先の逃げ面摩耗幅 V_B の値を図にしたものである。この図を**摩耗経過曲線**という。切削開始直後は抵抗が工具に急激にかかり，これにともなって摩耗も急激に大きくなる。この逃げ面摩耗幅0.1 mm以下の状態を**初期摩耗**という。

そして，**定常摩耗**という逃げ面摩耗幅0.4 mm以下までは切削時間に比例した安定した定常的な工具の摩耗が増大し，逃げ面摩耗幅0.4 mm以上になると，摩耗が著しく大きくなる。この摩耗を**急激摩耗**という。

図6.10は切削速度が270 m/min，170 m/min，110 m/minの場合の工具の逃げ面（フランク）摩耗の一般的時間経過曲線を示す。逃げ面摩耗は切削速度が大きくなると急速に大きくなることがわかる。

図6.11は切削速度が250 m/minと100 m/minの場合の工具のすくい面（クレータ）摩耗の一般的時間経過曲線を示す。すくい面摩耗も逃げ面摩耗と同様に切削速度が大きくなると急速に大きくなることがわかる。

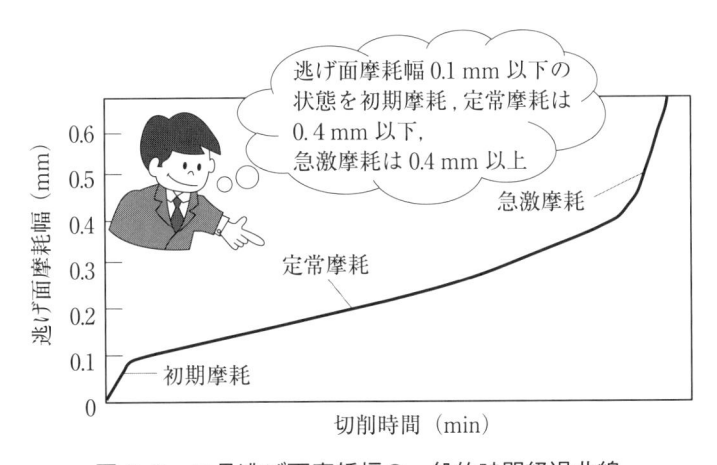

図6.9　工具逃げ面摩耗幅の一般的時間経過曲線

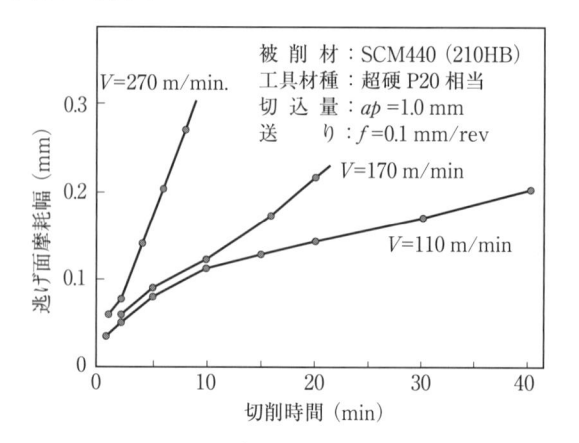

図 6.10 逃げ面摩耗の時間経過曲線

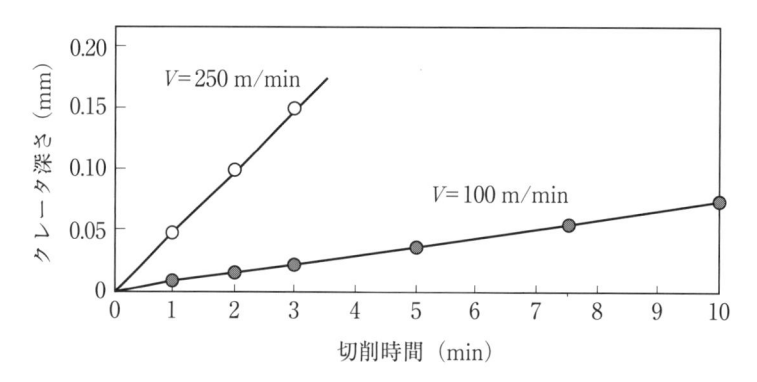

図 6.11 工具摩耗の一般的時間経過曲線（すくい面摩耗）

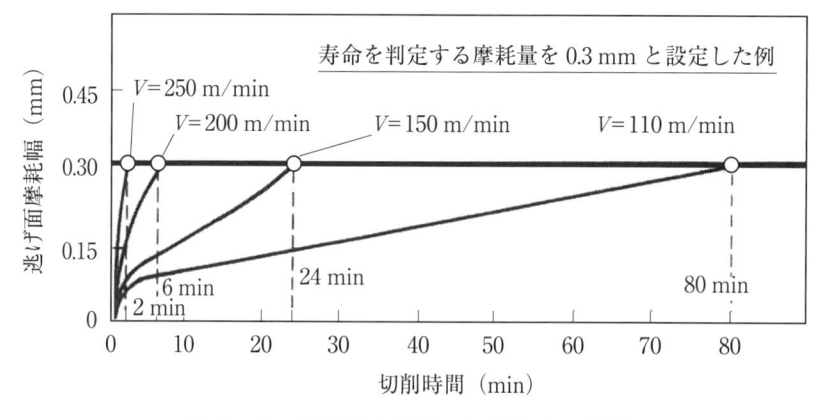

図 6.12 逃げ面摩耗幅と切削速度の関係

一方，工作物の材質，工具の材質，工具刃先形状，切込量，送りなどの切削条件を一定にして，4つの工具で切削速度をそれぞれ 110 m/min，150 m/min，200 m/min，250 m/min と変えて，逃げ面摩耗幅の経過曲線を調べてみると**図6.12**が得られる。図から切削速度 V が速いほど摩耗は速いことがわかる。

さて，工具の寿命を判定する摩耗量を 0.3 mm とした場合，$V = 250$ m/min では切削時間が 2 分，$V = 200$ m/min の場合 6 分（切削距離は 0.5 km），150 m/min の場合 24 分（切削距離は 1.2 km），110 m/min の場合 80 分（切削距離は 8.8 km）の工具寿命となる。

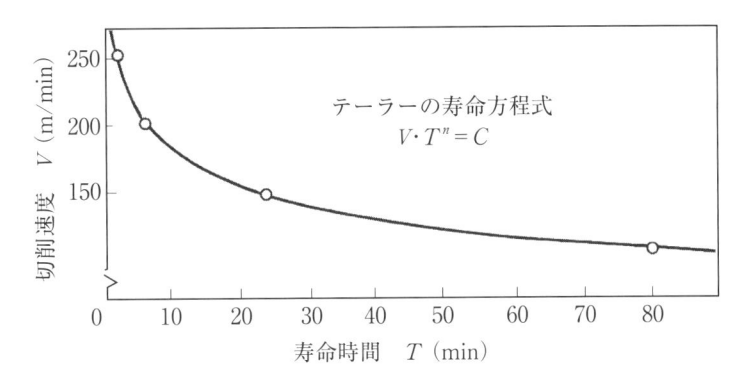

図6.13 工具刃先寿命の V–T 線図

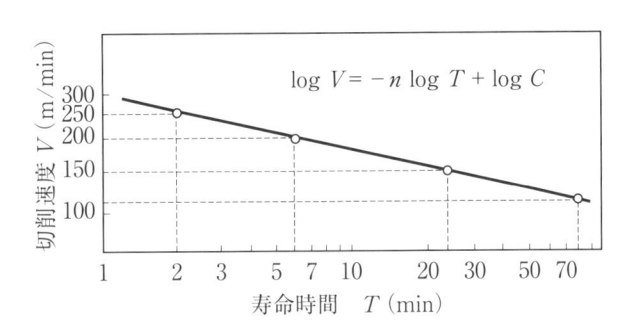

図6.14 工具刃先寿命の V–T 線図（両対数）

　ここで，横軸に寿命に達するまでの時間を取り，縦軸に切削速度 V を取ったグラフを作成すると，**図6.13** に示す双曲線のような曲線が得られる。

　このグラフを**工具の寿命曲線**，あるいは **V–T 曲線**という。これを数式で表すと次式のようになる。

$$V \cdot T^n = C \tag{6.1}$$

　V は切削速度（m/min），T は寿命に達するまでの時間（min），n および C は工具と工作物材質で決まる定数である。n は，主として工具材料の影響を受ける。たとえば，高速度工具鋼では $n = 0.1 \sim 0.15$，超硬工具では $n = 0.15 \sim 0.25$，セラミックス工具では $n = 0.3 \sim 0.7$ で，熱に敏感な工具ほど，n の値は小さくなる傾向がある。C は工作物材質で異なり，工具寿命が1分となる切削速度を示す。式(6.1) を**テーラー**[3]**（F.W.Taylor）の寿命方程式**という。

　ここで，式(6.1) の両辺について対数を取ると，次式が得られる。

$$\log V = -n \log T + \log C \tag{6.2}$$

　図6.13 を両対数グラフで表すと，**図6.14** に示すような直線が得られる。$-n$ はその直線の傾き，すなわち勾配を表す。C は1分間の工具寿命と一致する切削速度に相当する。

---

[3] テーラー（1856〜1915）：科学的管理法の創始者で，工程管理の元祖として有名。1880年から約20年の間に切削作業の実験を行い，この間に10種の実験用機械をつくり，切削した量は約40トン，実験費は15〜20万ドルといわれる。1900年パリ博覧会に高速度鋼（C = 0.65〜0.7%，Cr = 4.0%，W = 18.0%，V = 0.5〜1.5%）を出品した。

7 旋　削

7.1　旋盤とは

　旋盤（lathe）は，主軸に固定（チャッキング）した工作物に回転する主（切削）運動を，工具（バイト）に直線送り運動を与えて所定の寸法にするために，工具を位置決め運動によって切込量と位置を調整して切削を行う工作機械である。

　図7.1に示すように，外径削り，テーパ削り，端面削り，側面削り，正面削り，突切り，溝削り，穴あけ，中ぐり，ねじ切りなどの加工ができる。図には回転運動と送り運動も明記したのでよくみてほしい。このように，工作物を回転させて，バイト（工具）で削ることを**旋削**（turning）という。

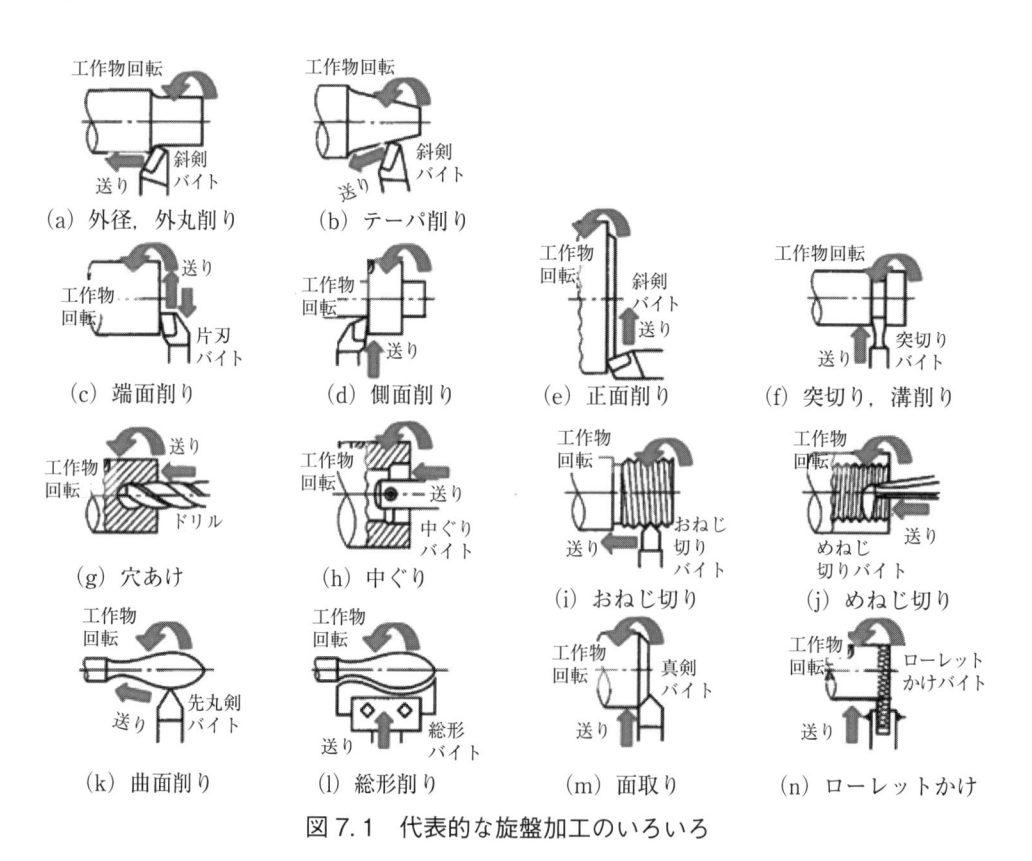

図7.1　代表的な旋盤加工のいろいろ

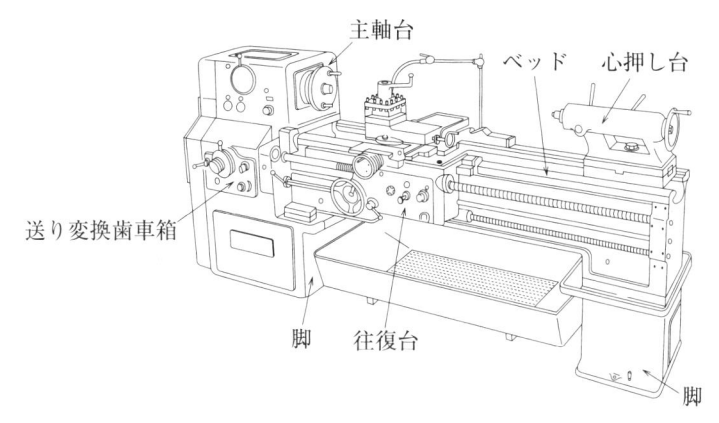

図7.2 旋盤各部名称

7.2 旋盤の種類

旋盤の種類には，表7.1に示したJIS B 0105-1993によると普通旋盤からNC（数値制御）旋盤まで，種々ある。**自動旋盤**は図1.5に示したように，旋盤作業で作業者が行う操作のほとんどを自動的に行う旋盤である。表7.2は自動旋盤の種類と役割を示す。用途により，センタ作業用，チャック作業用および棒材作業用に分けられる。工具の移動や工作物の供給などを自動的に制御する方式には，主にカムなどによる機械方式，電気制御油圧駆動方式，パルスモータなどを用いたモータ（電動機）駆動方式がある。

最近は各運動の制御にはモータ駆動によるものが主流である。

表7.2の棒材作業の多軸形自動旋盤では，4～6本の工具を1つの主軸ドラムに取り付け，図7.3に示すように6つの作業工程で1つの製品の加工が終了する。1つの製品を作成するそれぞれの加工の順番が重要となる。多軸形自動旋盤についてはNC工作機械で詳述する。

表7.2 自動旋盤の種類と役割

	目的	形	概要
自動旋盤	センタ作業用	単軸形	普通旋盤によるセンタ作業をほぼ自動的に行い，ベッドのすべり面を傾斜させて切屑処理を工夫した自動旋盤。NC（数値制御）旋盤，この形式。
	棒材作業用	単軸形 多軸形	主軸の後方から長い棒状の工作物を供給し，同一形状を加工し，製品を作り，工作物がなくなると，自動的に停止する自動旋盤。
	チャック作業用	単軸形 多軸形	チャック作業用単軸形自動旋盤は，チャッキング・マシンとも呼ばれ，チャック動作は，小型のものは機械式，中・大型は油圧式である。

7.3 バイト

7.3.1 バイトとその分類

バイト（single point tool）は，旋盤をはじめとして，平削り盤，形削り盤，中ぐり盤などの作業において用いられる切削工具である。種々の旋盤作業があるが，その目的に適した形状のバイトが使われる。したがって，種々の形状，構造，材質のバイトがある。

表 7.1 旋盤の種類と大きさの表し方 (JIS B0105：1993 抜粋)

用語	定義	参考 機械の大きさの表し方
普 通 旋 盤	基本的なもので、ベッド、主軸台、心押し台、往復台、送り機構などからなる旋盤。	ベッド上の振り、センタ間距離、及び往復台上の振り。
工 具 旋 盤	工具、ジグなどの加工のために、ねじ切り機構、テーパ削り装置、二番取り装置などを備えた工具室用の旋盤。	ベッド上の振り、センタ間距離、コレット口径又はチャック外径、及び切削できる長さ。
多 頭 旋 盤	複数の主軸台をもつ旋盤。主軸が向き合っている対向主軸形もある。	主軸頭の数、ベッド上の振り、センタ間距離、及び往復台上の振り。
多じん（刃）旋盤	刃物台上に多くの刃物を取り付け、全部又はいくつかの刃物で同時に切削を行う旋盤。	チャック外径、コレット口径又はチャック外径、及び横送り台の移動量。
くし形刃物台旋盤	横送り刃物台上に多くの刃物をくし歯状に取り付け、これらを順次使用する旋盤。	普通旋盤に準ずる。
親ねじ旋盤	主として工作機械の親ねじを切る旋盤。ピッチ補正機能を備えている。	ベッド上の振り、センタ間距離、及び往復台上の振り。
ねじ切り旋盤	ねじ切り専用に使用する旋盤。	普通旋盤に準ずる。
なら い 旋 盤	刃物台が形板、模型又は実物の倣いに依って動き、それらと同じ輪郭を削り出す旋盤。	ベッド上の振り、横送り台上の振り、及び往復台上の振り。
タレット旋盤	タレットヘッドを備え、これに多くの刃物又は工具を取り付け、タレットヘッドを割り出してこれらを順次使用する旋盤。	ベッド上の振り、横送り台上の振り、及び主軸端からタレットまでの距離。
単軸タレット旋盤	タレットヘッドを備えた卓上旋盤。	タレット旋盤に準ずる。
自 動 旋 盤	機械をカム、油圧又は電気的な機構で自動的に作動させる旋盤。棒材用及びチャック作業で限られた工程だけの加工を行うものを単能旋盤ということもある。	コレット口径又はチャック外径、及び切削できる長さ。
単軸自動旋盤	主軸が1本の自動旋盤。主軸台が主軸方向に移動することによって送りするものを主軸台移動形といい、主軸台が固定され工具が運動するものを主軸台固定形という。	コレット口径又はチャック外径、及び切削できる長さ。
多軸自動旋盤	複数の主軸をもつ自動旋盤。主軸の数によって、4軸自動旋盤、8軸自動旋盤などいう。刃物台をキャリヤごと回転して、個々の割り出しを行うものをキャリヤ回転形という。	主軸の数、ベッド上の振り、往復台上の振り及び工作物の長さ。
卓 上 旋 盤	主として作業台上に据え付け、コレットチャックによる作業を主体とする小型の旋盤。	ベッド上の振り及びセンタ間距離。
正 面 旋 盤	主軸に面板を備え、主として正面削りを行う旋盤。刃物台は、主軸方向及びそれと直角方向に広範囲に動く。	ベッド上の振り又は面板の直径、及び面板から往復台までの距離。
立 て 旋 盤	工作物を水平面内で回転するテーブル上に取り付け、刃物台をコラム又はクロスレールに沿って送って切削する旋盤。	加工できる最大直径、テーブル上面からクロスレール下面までの距離、刃物台の移動量及び中ぐり棒の移動量。
ロ ー ル 旋 盤	主として圧延用の円筒ロール、溝ロールを切削する旋盤。	工作物の最大直径及び最大長さ。
中 ぐ り 旋 盤	中ぐり加工専用に使用される旋盤であって、直径に比べて長い穴を中ぐりする旋盤。シリンダライナの加工専用のシリンダライナ旋盤などがある。	ベッド上の振り、往復台上の振り及び工作物の長さ。
クランク軸旋盤	クランク軸のピン部又はジャーナル部を切削する旋盤。	ベッド上の振り又は回転円板の内径、切削できるクランク軸の最大長さ、及び切削クランクアーム間の最小距離。
カ ム 軸 旋 盤	マタをカムに倣ったバイトを主軸と直角方向に往復運動させて、カム軸のカム部の輪郭を切削する旋盤。	テーブル上の振り及びセンタ間距離。
車 輪 旋 盤	鉄道車両の車輪を、車軸に取り付けたままの状態で、外周を切削する旋盤。	切削できる車輪の最大直径及び最小直径並びに両面間の距離。
車 軸 旋 盤	鉄道車両の車軸を切削する旋盤。	工作物の最大直径及び最大長さ。
プログラム制御旋盤	あらかじめ定められた工程順序に従って位置、速度などの相対運動を、加工にかかわる一連の動作をプログラムにより指令されることによって実行する旋盤。	普通旋盤に準ずる。
数値制御旋盤	刃物と工作物との相対運動を、位置、速度などの数値情報によって制御し、加工にかかわる一連の動作をプログラムで制御する旋盤。工程順序の設定及び変更が容易に行えるよう、工具順序の設定及び変更が容易に行えるようになっている。	

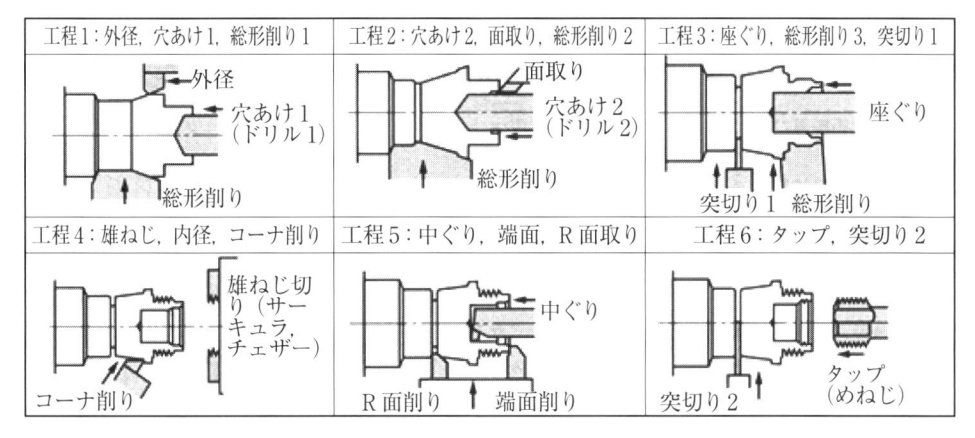

図7.3 多軸旋盤による加工例

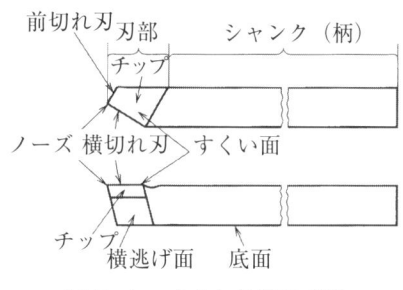

図7.4 バイト各部の名称

また，その素材，材質としては，1.4節で述べたように炭素工具鋼，高速度工具鋼，超硬合金，サーメット，セラミックス，cBN，ダイアモンドなどがある。最近では，超硬合金が最も多く使用されている。さらに，精密切削のときにはダイアモンドも用いられる。

バイトの構造は，刃部とシャンク（柄）とからなっている。図7.4はバイト各部の名称を示したものである。

バイトの形状は，工作物の形状，バイトの材質などにより，JISで標準的なものが定められている。代表的なものとして剣バイト（straight tool），曲がりバイト（bent tool），片刃バイト（knife tool），腰折れバイト（goose necked tool），サーキュラバイト（circular tool），丸こまバイト（button tool），ヘールバイト（spring tool）などがある。

また，バイト刃部の材質によって炭素工具鋼バイト，高速度工具鋼バイト，超硬バイト，サーメットバイト，セラミックスバイト，cBNバイト，ダイアモンドバイトがある。

さらに，バイトの構造によって，むくバイト（solid tool），溶接バイト（butt welded tool），刃付けバイト（tipped tool），クランプバイト（clamped tool），差込バイト（bit tool）などがある。

7.3.2 バイト刃先各部の名称と形状

バイトの刃先形状は，工作物の工作精度や工具の寿命を左右し，また，動力の損失や作業の能率にも大きな影響を及ぼす。

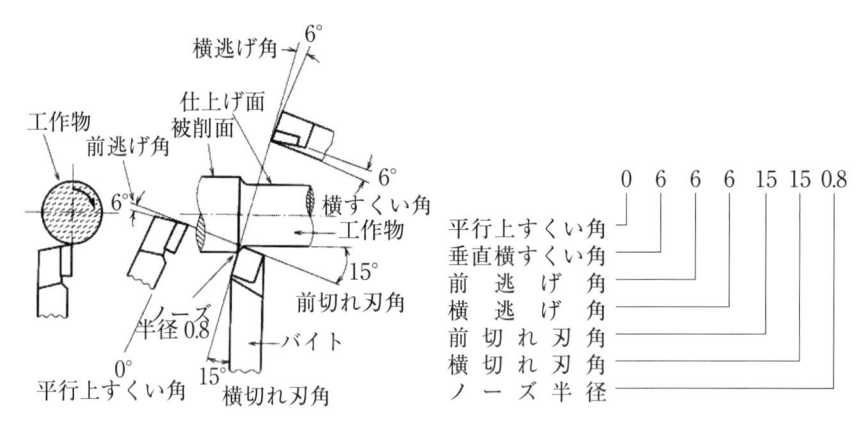

図7.5 バイト刃先の形状

一般にバイト刃先に必要な条件としては，次のようなものがある。
① 切削面の表面粗さが良好なこと。
② 工作物に食い込んだり，振動したりせずに，安定に削れること。
③ できるだけ切削抵抗が少ないこと。
④ 寿命がなるべく長いこと。

　図7.5は，工作物をバイトで切削している場合のバイトの刃先各部の名称と刃先角の表示方法を示したものである。表7.3は高速度鋼バイトと超硬バイトの刃先の各部の値を示す。工具や工作物の材質などによって異なる。
　さて，刃先角には大別すると，すくい角，逃げ角，切れ刃角の3つがある。以下，各部についてみていく。

表7.3　バイトの刃先角

加工物材料		高速度鋼バイト				超硬バイト			
		前逃げ角(°)	横逃げ角(°)	すくい角(°)	横すくい角(°)	前逃げ角(°)	横逃げ角(°)	すくい角(°)	横すくい角(°)
鋳　　鉄	硬	8	10	5	12	4～6	4～6	0～6	0～10
	軟	8	10	5	12	4～10	4～10	0～6	0～12
可鍛鋳鉄						4～8	4～8	0～6	0～10
炭素鋼	硬	8	10	8～12	12～14	5～10	5～10	0～10	4～12
	軟	8	12	10～16½	14～22	6～12	6～15	0～15	8～15
快削鋼		8	12	12～16½	18～22	6～12	6～12	0～15	8～15
合金鋼	硬	3	10	8～10	12～14	5～10	5～10	0～10	4～12
	軟	3	10	10～12	12～14	6～12	5～12	0～15	8～15
青銅・黄銅	硬	8	10	0	-2～0	4～6	4～6	0～5	4～8
	軟	8	10	0	-4～0	6～8	6～8	0～10	4～16
銅		12	14	16½	20	7～10	7～10	6～10	15～25
アルミニウム		8	12	35	15	6～10	6～10	5～15	8～15
プラスチック		8～10	12～15	-5～16½	0～10	6～10	6～10	0～10	8～15

(a) すくい角

すくい角は，バイト刃先が工作物をすくい上げる，つまり，削るための角度である。したがって，すくい角度が大きいと，切削抵抗が少なく，切屑の流れがよく，切れ味が良い。その反面，刃先の強度は弱くなる。一般に，軟かい材質の工作物には大きく，硬い材質の工作物には小さくする。ただし，黄銅・青銅の場合，すくい角が大きすぎると，刃先が工作物に食い込みがちとなる。また，鋳鉄の場合，刃先がかけやすいので，大きなすくい角を取らない。一般に，工具材料で超硬合金は高速度工具鋼に比べてもろいので，あまり大きな角度を取ることはできない。

上すくい角および切り刃傾き角は，切屑の流れ方向に影響を及ぼす。

(b) 逃げ角

逃げ角は，工作物とバイトの摩擦をできるだけ避けるためにつけたものである。通常，5～8°くらいである。大きくすると，刃先強度が弱くなり，びびりなども生じやすい。逆に，少なすぎると，工作物に当たって，削れなくなる。

(c) 横切れ刃角・前切れ刃角

横切れ刃角をつけると，削り始めと終わりの切削負荷が徐々に増減する。つまり，切れ刃の単位長さあたりの切削抵抗が少なく，平均切屑の厚さも少なくなるため，バイト刃先の寿命が長くなる。また，送りを大きくすることができる。

前切れ刃角は，切削した仕上面と刃先の前縁との摩擦を少なくするためのものである。前切刃角が小さいほど，刃先の強さが大きいが，小さすぎるとびびりを生じやすくなる。通常 5°以下は取れない。

(d) ノーズ半径

バイト刃先の先端をノーズといい，そのノーズに丸み付けたものをノーズ半径という。ノーズ半径をつけないと，刃先は損傷，欠損しやすい。この半径が大きいほうが刃先の強度はよいが，大きすぎると摩擦熱で摩耗しやすく，びびりの原因になる。断続的な切削時には大きめにする。

(e) チップブレーカ

切屑（チップ）が流れ形の場合，図7.6 に示すように切屑は連続して排出される。連続した切屑はバイトや工作物などに絡まったりして，旋削作業ができなくなる。チップブレーカとは文字どおり，切屑であるチップを適当な長さにブレーク，破断するものである。図7.6(b)，(c)はチップブレーカがある場合で，工作物やバイトに切屑があたり，そこで切屑が折れて破断される。図(b)はブレーカの幅が小さく，その高さが高い場合で，切屑のカールが比較的小さい。図(c)はブレーカの幅が大きく，その高さが低い場合で，切屑のカールが比較的大きくなる。このように，図(d)に示すチップブレーカの幅と高さで，切屑の長さを調整できる。つまり，チップブレーカは**切屑処理**をコントロールできるのである。表7.4 はチップブレーカ溝幅の標準値を示す。バイトの刃先先端の高さは，センタの高さにすることが原則であるが，センタの高さと異なる場合は，図7.7 に示すように，すくい角や逃げ角が変わるので注意しなければならない。

(a) チップブレーカなし

(b) チップブレーカあり
（ブレーカ幅：小，高さ：大）

(c) チップブレーカあり
（ブレーカ幅：大，高さ：小）

(d) チップブレーカの幅と高さ

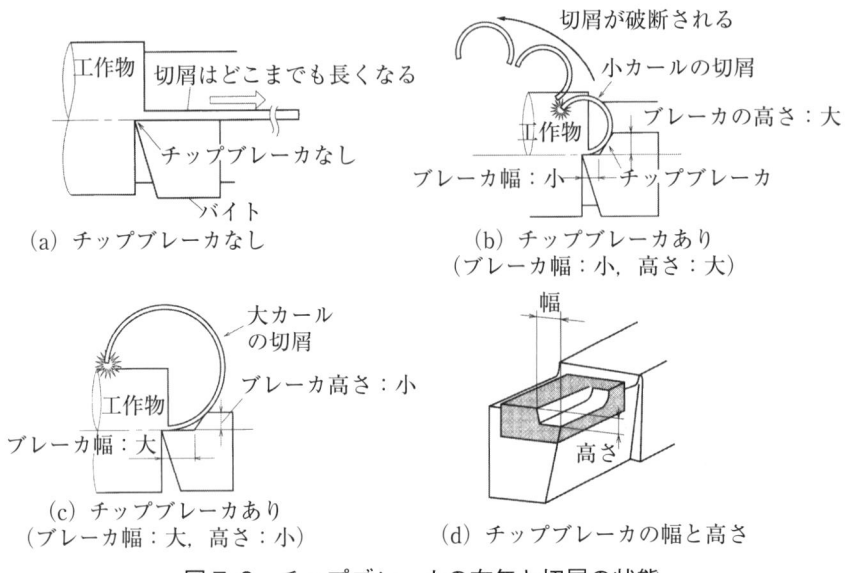

図7.6　チップブレーカの有無と切屑の状態

表7.4　超硬バイトのチップブレーカ溝幅 W〔mm〕

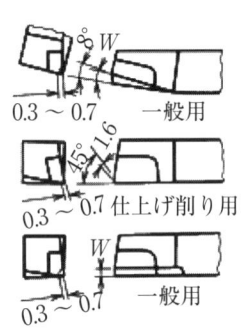

切込深さ〔mm〕 \ 送り〔mm/rev〕	0.2～0.3	0.2～0.42	0.45～0.55	0.55～0.7	0.7～0.8
0.1～1	1.6	2.0	2.5	2.8	3.2
1.6～6.5	2.5	3.2	4.0	4.5	4.8
8～13	3.2	4.0	5.0	5.2	5.8
14～20	4.0	5.0	5.5	6.0	6.5

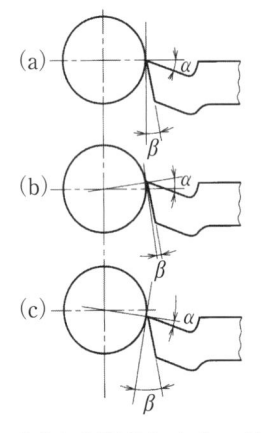

図7.7　バイトの高さとすくい角，逃げ角

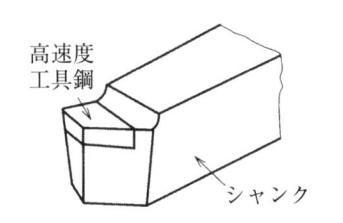

図7.8　高速度工具鋼付刃バイト

7.3.3　バイトと材質と形状

（a）高速度鋼付刃バイト

　高速度工具鋼はシャンクなど一般の機械構造用鋼より高価なので，普通，図7.8に示すよう

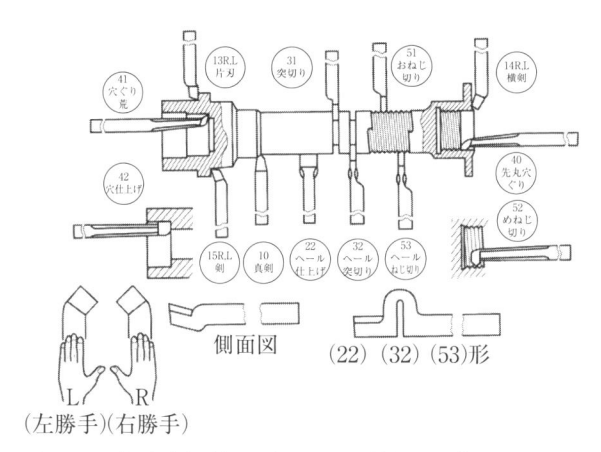

図7.9 高速度鋼付刃バイトの形状・用途による種類

に刃部の一部だけチップ状にした高速度工具鋼をろう付けして用いる。**図7.9**に標準形としてJISに規定されている形状の例を示す。**右勝手**とは，工作物を軸方向の右側から加工し始める方向をいう。**左勝手**とは，工作物を軸方向の左側から加工し始める方向をいう。

（b）**完成バイト**

完成バイトは，全体が熱処理された同一材料でつくられたバイトで，むくバイトとも呼ばれる。通常，**図7.10**に示すようなバイトホルダに取り付けて用いられる。

（c）**超硬バイト**

超硬バイトには，大別すると超硬合金のチップをシャンクにろう付けしたものと，チップをバイトホルダに機械的に締め付けて用いるクランプバイトとがある。

図7.11は，JISに規定されている標準形ろう付けバイトの形状の例を示す。

図7.12は，インサート（スローアウェイチップ）バイトの各部の名称を示す。前述したが，従来はチップをスローアウェイチップと呼んでいたが，スローアウェイというのは環境的イメージが悪いということから，近年はインサートと呼ぶようになった。バイトの刃先が磨耗した場合，チップを回して新しいコーナを使い，表裏の各コーナを全部使い終わると廃棄する方式のものである。再研削のための人件費や設備費が不要で，しかも工具管理が容易なため，最

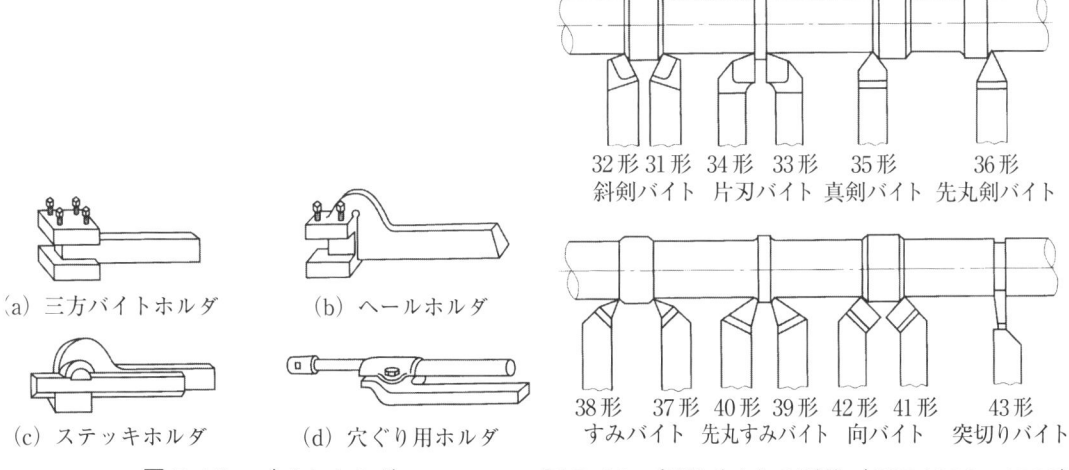

図7.10 バイトホルダ

図7.11 超硬バイトの形状（JISB4053：1998）

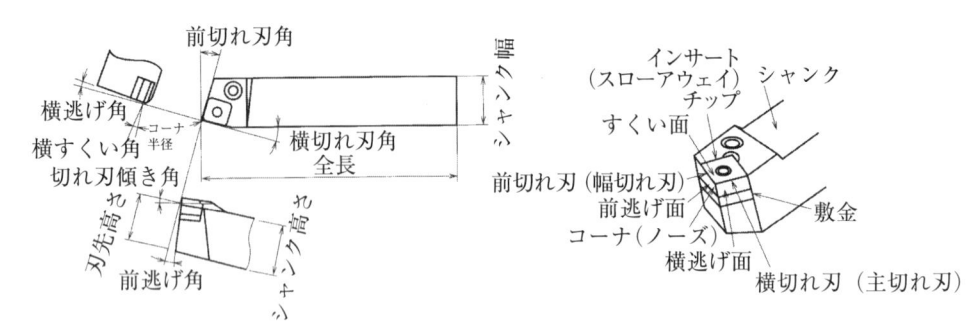

図7.12 インサート（スローアウェイチップ）バイト各部の名称
（武藤一夫，高松英次：これだけは知っておきたい金型設計・加工技術，日刊工業新聞社，1995, p.134）

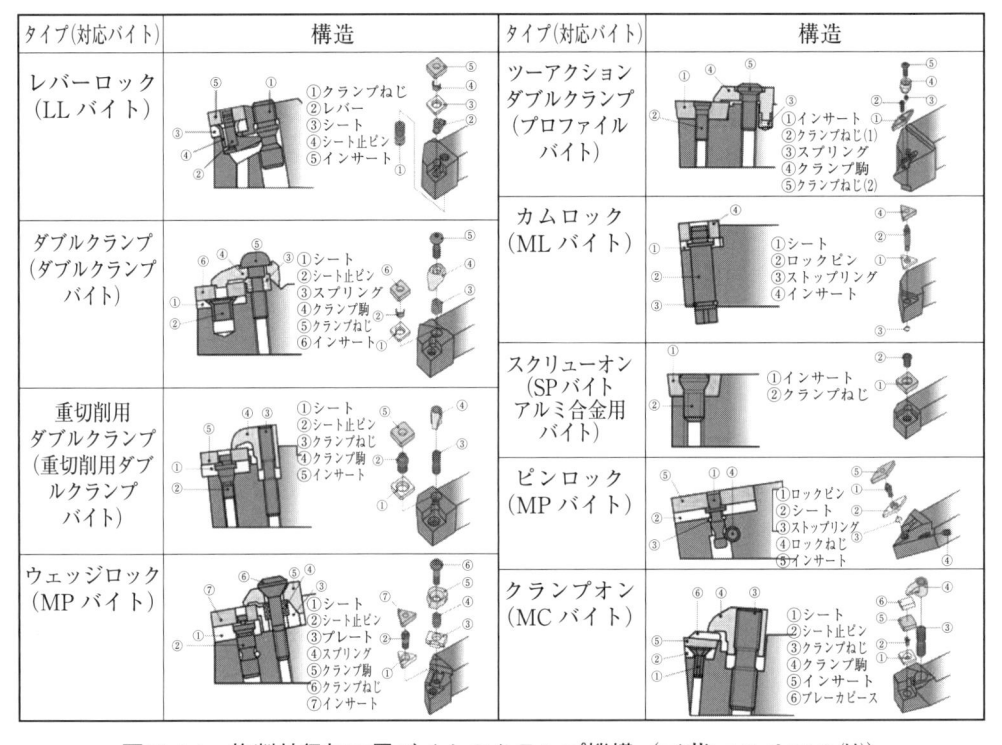

タイプ(対応バイト)	構造	タイプ(対応バイト)	構造
レバーロック (LLバイト)	①クランプねじ ②レバー ③シート ④シート止ピン ⑤インサート	ツーアクションダブルクランプ (プロファイルバイト)	①インサート ②クランプねじ(1) ③スプリング ④クランプ駒 ⑤クランプねじ(2)
ダブルクランプ (ダブルクランプバイト)	①シート ②シート止ピン ③スプリング ④クランプ駒 ⑤クランプねじ ⑥インサート	カムロック (MLバイト)	①シート ②ロックピン ③ストップリング ④インサート
重切削用ダブルクランプ (重切削用ダブルクランプバイト)	①シート ②シート止ピン ③クランプねじ ④クランプ駒 ⑤インサート	スクリューオン (SPバイト アルミ合金用バイト)	①インサート ②クランプねじ
		ピンロック (MPバイト)	①ロックピン ②シート ③ストップリング ④ロックねじ ⑤インサート
ウェッジロック (MPバイト)	①シート ②シート止ピン ③プレート ④スプリング ⑤クランプ駒 ⑥クランプねじ ⑦インサート	クランプオン (MCバイト)	①シート ②シート止ピン ③クランプねじ ④クランプ駒 ⑤インサート ⑥ブレーカピース

図7.14 旋削外径加工用バイトのクランプ機構（三菱マテリアル㈱）

近ますます広く普及している。

　近年，硬さ・ねばさ・耐摩耗性などが改善された多くの材種が開発・使用されるようになったので，JISでは，用途による分類が規定されている。これは図1.10に示したように，P，M，Kの大分類があり，さらに使用条件によって細分されている。

　図7.13はインサート外径加工用バイトを示す。目的に応じて最適なものを選定することが重要である。

　図7.14は外径加工用バイトのクランプ機構を示す。クランプ方式には9種ほどある。切込量が大きいものはダブルクランプが使用される。

　図7.15は外径加工用バイトの呼び方を示す。10桁表示になっている。

　図7.16は旋削用インサートの呼び方を示す。**図7.17**は旋削用インサート型番の呼び方を示す。両図はJIS-B4120-1998に規定されており，10桁表示になっている。

名前・外観	特徴・寸法	名前・外観	特徴・寸法
LL バイト	●レバーロック式 ●ISO 企画に準拠 ●豊富なバイト形状 ●軽～重切削まで対応 ●経済的なネガティブインサート 　10×10× 70 　12×12× 80 　16×16×100 　20×20×125 　25×25×150 　32×25×170 　32×32×170	プロファイルバイト	●スクリューオン式 ●25°菱形インサートを使用 ●60°までの引上げ加工が可能 　16×16×100 　20×20×125 　25×25×150
ダブルクランプバイト	●新ダブルクランプ式 ●インサートを確実にクランプ ●優れた刃先位置精度 ●経済的なネガティブインサート ●小形インサートもシリーズ化 　16×16×100 　20×20×125 　25×25×150 　32×25×170	MP バイト	●ピンロック式 ●35°菱形インサートを使用 ●ぬすみ加工に最適 　20×20×125 　25×25×150
重切削用 ダブルクランプバイト	●ダブルクランプ式 ●インサートを確実にクランプ ●重切削に対応 ●ネガティブインサート 　32×32×170 　40×40×200	MC バイト	●クランプオン式 ●ポジティブインサートシリーズ ●ネガティブインサートシリーズ 　16×16×100 　20×20×125 　25×25×150
WP バイト	●ダブルクランプ式 ●インサートの交換が容易 ●経済的なネガティブインサート 　20×20×125 　25×25×150 　32×25×170	アルミニウム合金用バイト	●スクリューオン式 ●20°ポジティブインサート使用 （35°菱形インサートは15°） ●ハイレーキで切れ味が良い 　16×16×100 　20×20×125 　25×25×150
SP バイト	●スクリューオン式 ●7°ポジティブインサート使用のミニバイト 　 8× 8× 60 　10×10× 70 　12×12× 80 　16×16×100 　20×20×125 　25×25×150	TL バイト	●テーパロック式 ●丸形インサートで良好な仕上げ面が得られる 　20×20×125 　25×25×150 　32×25×170
		スモールツール （前挽き加工用）	●スクリューオン式 ●くし刃型刃物台に搭載可能 ●7°ポジティブインサート使用のミニバイト 　 8× 8×125 　10×10×125 　12×12×150 　16×16×150
ML バイト	●カムロック式 ●経済的なネガティブインサート 　12×12× 80 　16×16×100 　20×20×125 　25×25×150	スモールツール （後挽き加工用）	●スクリューオン式 ●くし刃型刃物台に搭載可能 ●縦刃設計により高剛性（BTA/CTB 形） ●背面操作可能（BTA/CTB 形） 　 8×10×120 　10×10×120 　12×12×120 　16×16×120

図 7.13　インサート外径加工用バイト

92　第7章　旋　削

①クランプ方式

A	ダブルクランプ式
C	クランプオン式
JS	スクリューオン式
X	ダブルクランプ式
D	ワン・ダブル式
JT	背面クランプ式
S	スクリューオン式
P	レバーロック式
M	マルチクランプ式
T	テーパロック式

③切刃形状

記号	形状	オフセット	記号	形状	オフセット	記号	形状	オフセット
A	90°	なし	H	100°	あり	P*	117.5°	なし
			I	76.5°	なし	Q*	40°	あり
			J	93°	あり	S	45°	あり
B	75°	なし	J2*	93°	なし	V	72.5°	なし
C	90°	なし	K	75°	あり	U	93°	あり
D	45°	なし	L	90°/90°	あり	X	100°	あり
E	60°	なし	L2*	90°/90°	なし	Y	60°	あり
F	91°	あり	N	65°	あり	Z	93°	なし
G	91°/91°	あり	N3*	63°	あり	無印	ISO記号	
			P*	62.5°	なし	*印	タンガロイ記号	

（例）

①	②	③	④	⑤
A	W	L	N	R
P	T	G	N	R

②インサート形状記号

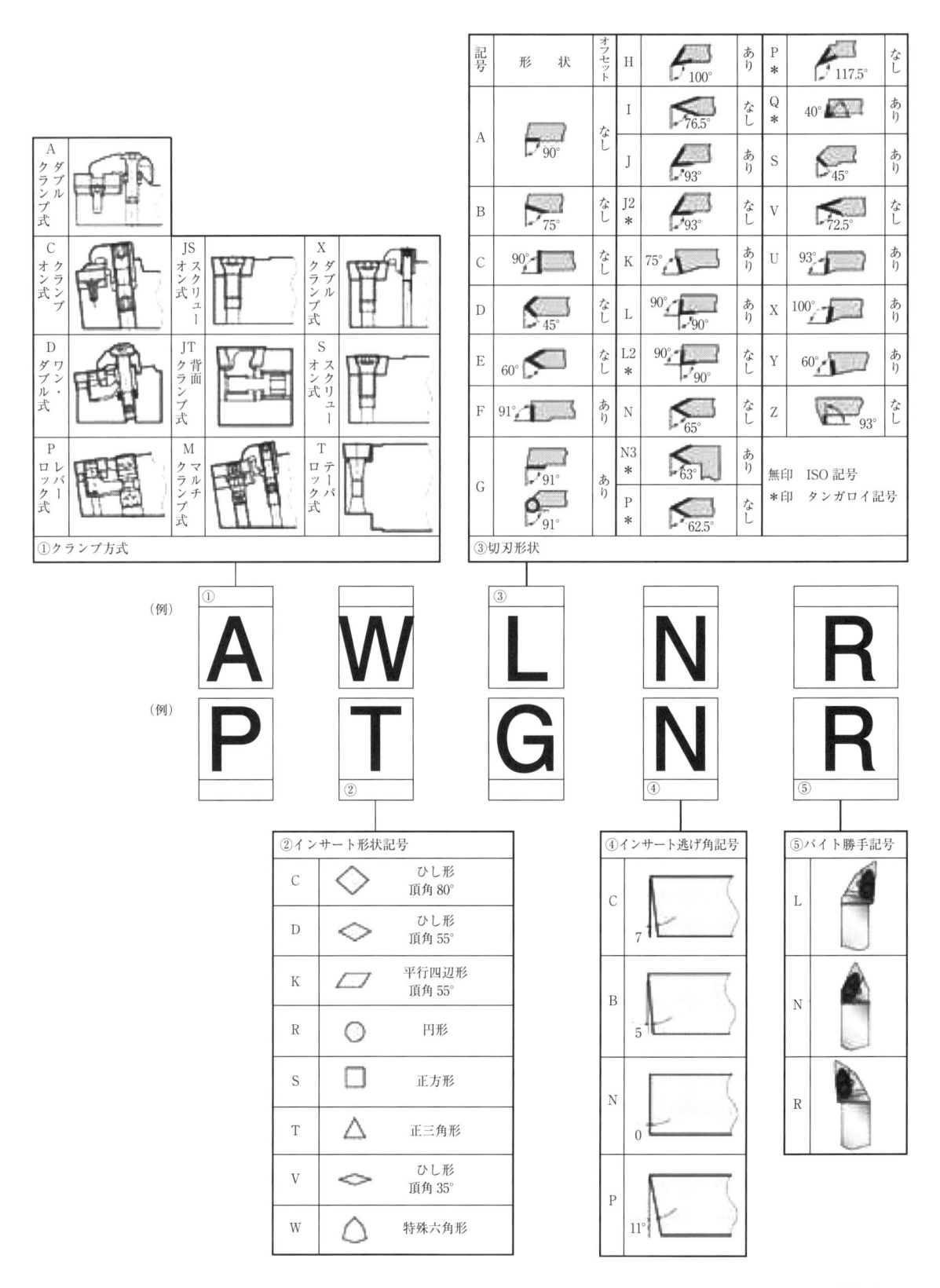

C	◇	ひし形 頂角80°
D	◇	ひし形 頂角55°
K	▱	平行四辺形 頂角55°
R	○	円形
S	□	正方形
T	△	正三角形
V	◇	ひし形 頂角35°
W	△	特殊六角形

④インサート逃げ角記号

記号	角度
C	7
B	5
N	0
P	11°

⑤バイト勝手記号

L
N
R

図7.15　外径加工

7.3 バイト　93

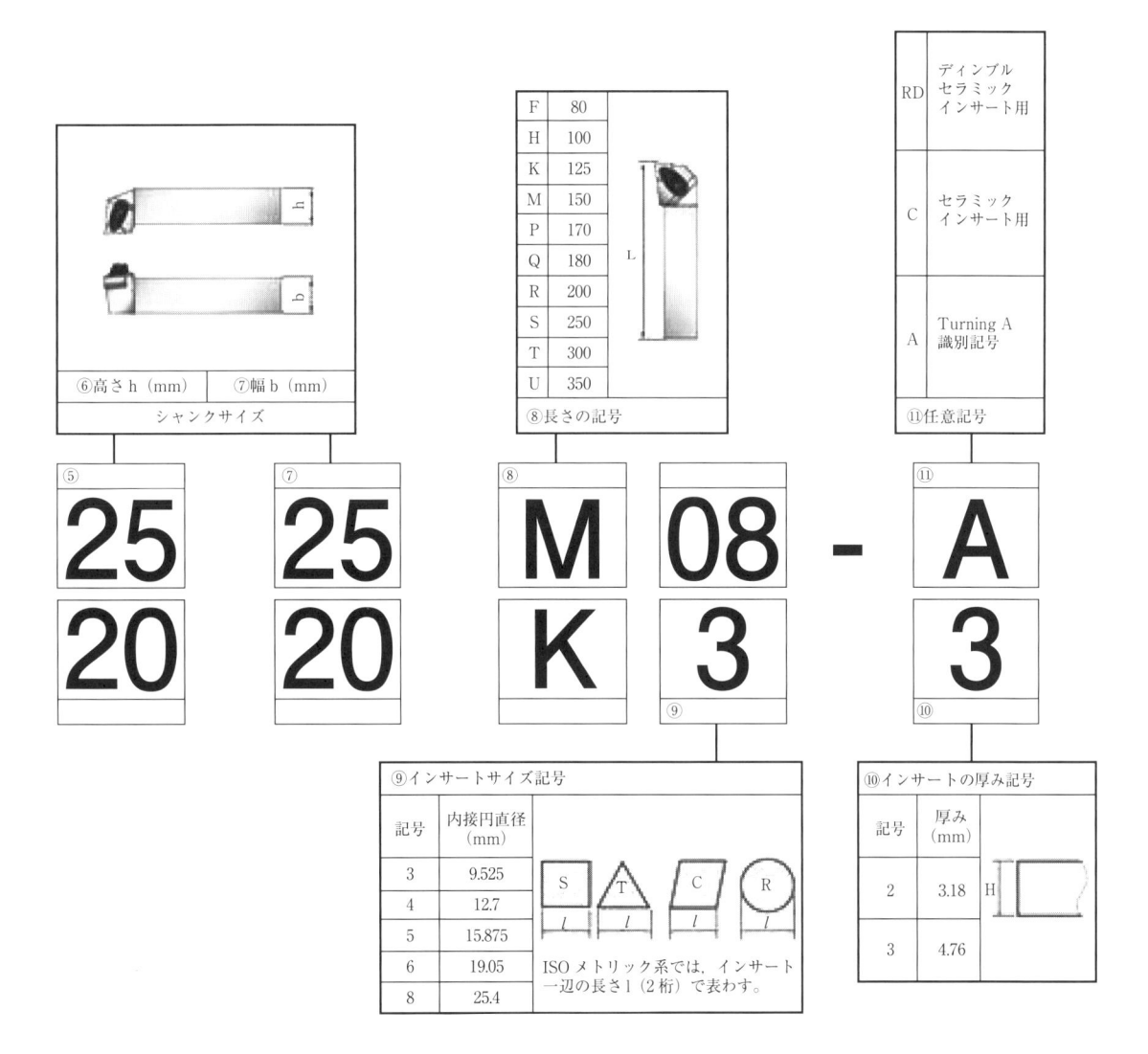

⑥ 高さ h (mm)	⑦ 幅 b (mm)
シャンクサイズ	

⑤ **25**　⑦ **25**
　20　　**20**

⑧長さの記号

F	80
H	100
K	125
M	150
P	170
Q	180
R	200
S	250
T	300
U	350

⑧ **M** ⑨ **08** — ⑪ **A**
　　K　　**3**　　　**3**
　　　　　　　　　　　　⑩

⑪任意記号

RD	ディンプル セラミック インサート用
C	セラミック インサート用
A	Turning A 識別記号

⑨インサートサイズ記号

記号	内接円直径 (mm)
3	9.525
4	12.7
5	15.875
6	19.05
8	25.4

ISO メトリック系では，インサート一辺の長さ l (2桁) で表わす。

⑩インサートの厚み記号

記号	厚み (mm)
2	3.18
3	4.76

用バイトの呼び方

① 形状記号

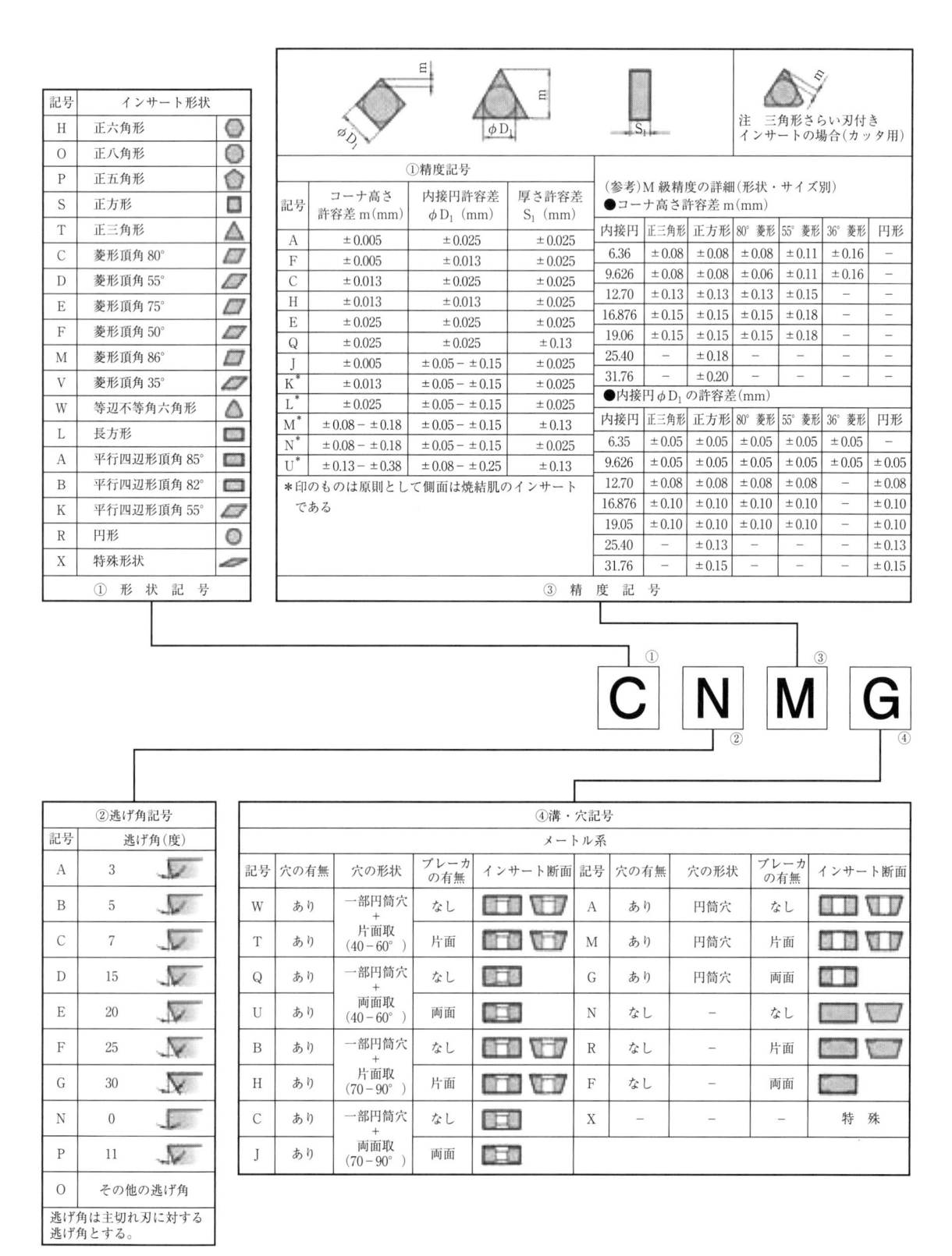

記号	インサート形状
H	正六角形
O	正八角形
P	正五角形
S	正方形
T	正三角形
C	菱形頂角 80°
D	菱形頂角 55°
E	菱形頂角 75°
F	菱形頂角 50°
M	菱形頂角 86°
V	菱形頂角 35°
W	等辺不等角六角形
L	長方形
A	平行四辺形頂角 85°
B	平行四辺形頂角 82°
K	平行四辺形頂角 55°
R	円形
X	特殊形状

③ 精度記号

記号	コーナ高さ許容差 m(mm)	内接円許容差 ϕD_1 (mm)	厚さ許容差 S_1 (mm)
A	±0.005	±0.025	±0.025
F	±0.005	±0.013	±0.025
C	±0.013	±0.025	±0.025
H	±0.013	±0.013	±0.025
E	±0.025	±0.025	±0.025
Q	±0.025	±0.025	±0.13
J	±0.005	±0.05 − ±0.15	±0.025
K*	±0.013	±0.05 − ±0.15	±0.025
L*	±0.025	±0.05 − ±0.15	±0.025
M*	±0.08 − ±0.18	±0.05 − ±0.15	±0.13
N*	±0.08 − ±0.18	±0.05 − ±0.15	±0.025
U*	±0.13 − ±0.38	±0.08 − ±0.25	±0.13

*印のものは原則として側面は焼結肌のインサートである

(参考) M級精度の詳細(形状・サイズ別)
● コーナ高さ許容差 m(mm)

内接円	正三角形	正方形	80°菱形	55°菱形	36°菱形	円形
6.36	±0.08	±0.08	±0.08	±0.11	±0.16	−
9.626	±0.08	±0.08	±0.06	±0.11	±0.16	−
12.70	±0.13	±0.13	±0.13	±0.15	−	−
16.876	±0.15	±0.15	±0.15	±0.18	−	−
19.06	±0.15	±0.15	±0.15	±0.18	−	−
25.40	−	±0.18	−	−	−	−
31.76	−	±0.20	−	−	−	−

● 内接円 ϕD_1 の許容差 (mm)

内接円	正三角形	正方形	80°菱形	55°菱形	36°菱形	円形
6.35	±0.05	±0.05	±0.05	±0.05	±0.05	−
9.626	±0.05	±0.05	±0.05	±0.05	±0.05	±0.05
12.70	±0.08	±0.08	±0.08	±0.08	−	±0.08
16.876	±0.10	±0.10	±0.10	±0.10	−	±0.10
19.05	±0.10	±0.10	±0.10	±0.10	−	±0.10
25.40	−	±0.13	−	−	−	±0.13
31.76	−	±0.15	−	−	−	±0.15

C N M G
① ② ③ ④

② 逃げ角記号

記号	逃げ角(度)
A	3
B	5
C	7
D	15
E	20
F	25
G	30
N	0
P	11
O	その他の逃げ角

逃げ角は主切れ刃に対する逃げ角とする。

④ 溝・穴記号

メートル系

記号	穴の有無	穴の形状	ブレーカの有無	記号	穴の有無	穴の形状	ブレーカの有無
W	あり	一部円筒穴+片面取(40-60°)	なし	A	あり	円筒穴	なし
T	あり	一部円筒穴+片面取(40-60°)	片面	M	あり	円筒穴	片面
Q	あり	一部円筒穴+両面取(40-60°)	なし	G	あり	円筒穴	両面
U	あり	一部円筒穴+両面取(40-60°)	両面	N	なし	−	なし
B	あり	一部円筒穴+片面取(70-90°)	なし	R	なし	−	片面
H	あり	一部円筒穴+片面取(70-90°)	片面	F	なし	−	両面
C	あり	一部円筒穴+両面取(70-90°)	なし	X	−	−	特殊
J	あり	一部円筒穴+両面取(70-90°)	両面				

図 7.16 旋削用

7.3 バイト

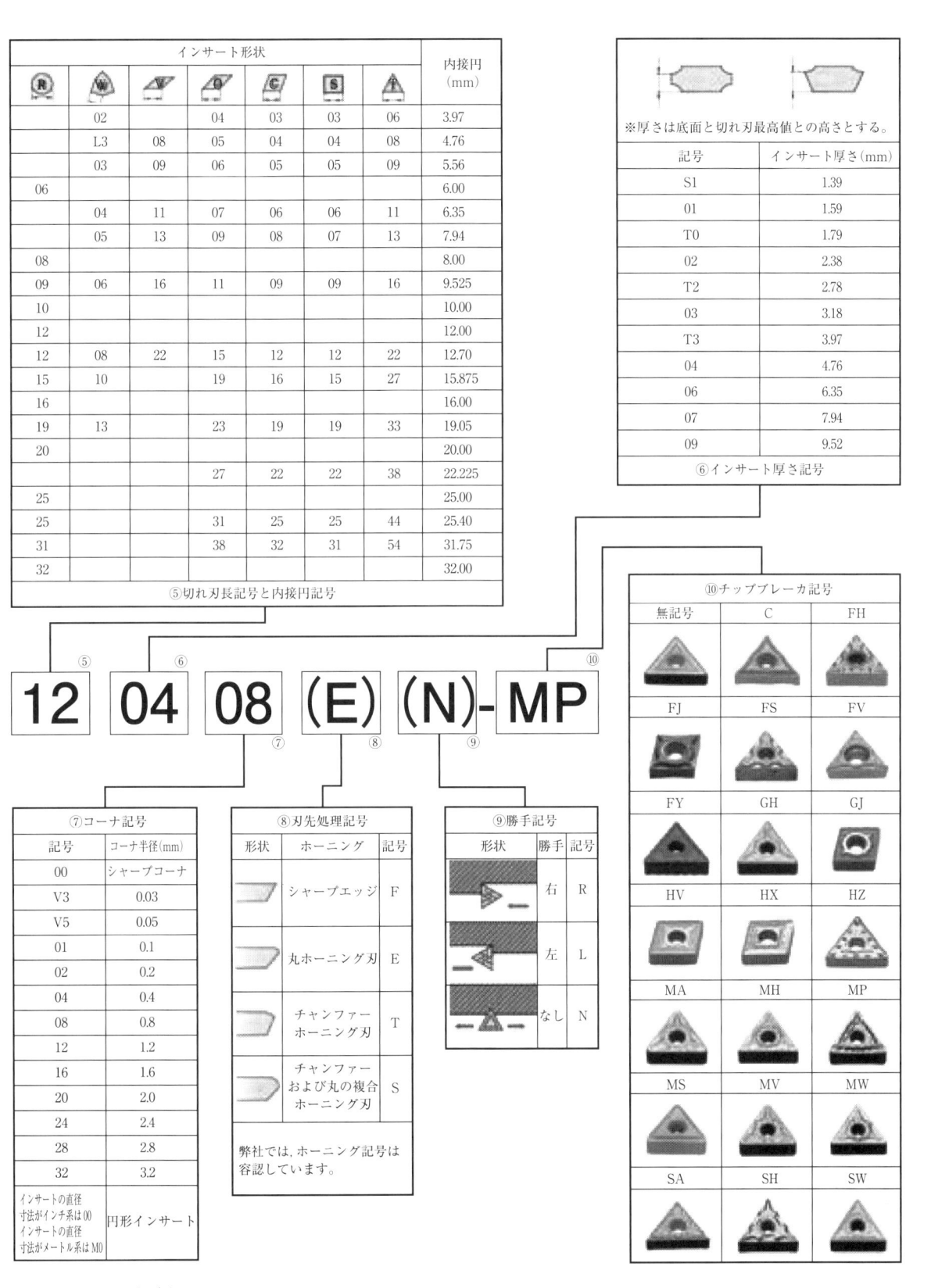

⑤切れ刃長記号と内接円記号

	インサート形状						内接円(mm)
R	W	V	D	C	S	T	
	02		04	03	03	06	3.97
	L3	08	05	04	04	08	4.76
	03	09	06	05	05	09	5.56
06							6.00
	04	11	07	06	06	11	6.35
	05	13	09	08	07	13	7.94
08							8.00
09	06	16	11	09	09	16	9.525
10							10.00
12							12.00
12	08	22	15	12	12	22	12.70
15	10		19	16	15	27	15.875
16							16.00
19	13		23	19	19	33	19.05
20							20.00
			27	22	22	38	22.225
25							25.00
25			31	25	25	44	25.40
31			38	32	31	54	31.75
32							32.00

⑥インサート厚さ記号

※厚さは底面と切れ刃最高値との高さとする。

記号	インサート厚さ(mm)
S1	1.39
01	1.59
T0	1.79
02	2.38
T2	2.78
03	3.18
T3	3.97
04	4.76
06	6.35
07	7.94
09	9.52

⑤ ⑥ ⑦ ⑧ ⑨ ⑩
12 04 08 (E) (N) - MP

⑦コーナ記号

記号	コーナ半径(mm)
00	シャープコーナ
V3	0.03
V5	0.05
01	0.1
02	0.2
04	0.4
08	0.8
12	1.2
16	1.6
20	2.0
24	2.4
28	2.8
32	3.2
インサートの直径寸法がインチ系は00 インサートの直径寸法がメートル系はM0	円形インサート

⑧刃先処理記号

形状	ホーニング	記号
	シャープエッジ	F
	丸ホーニング刃	E
	チャンファーホーニング刃	T
	チャンファーおよび丸の複合ホーニング刃	S

弊社では、ホーニング記号は容認しています。

⑨勝手記号

形状	勝手	記号
	右	R
	左	L
	なし	N

⑩チップブレーカ記号

無記号, C, FH, FJ, FS, FV, FY, GH, GJ, HV, HX, HZ, MA, MH, MP, MS, MV, MW, SA, SH, SW

インサートの呼び方

●インサートの呼び記号の付け方（JIS-B4120-1998 ISO1832/AM1:1998 準拠）

① 形状記号

記号	形状	頂角	図形
H	正六角形	120°	
O	正八角形	135°	
P	正五角形	108°	
S	正方形	90°	
T	正三角形	60°	
C		80°	
D		55°	
E	ひし形	75°	
F		50°	
M		86°	
V		35°	
Y	多角形(注)	25°	
W	六角形	80°	
L	長方形	90°	
A		85°	
B	平行四辺形	82°	
K		55°	
R	円形	-	

(注)ひし形および平行四辺形インサートでは，頂角は小さい方の角度を使用する。

② 逃げ角記号

記号	逃げ角
A	3°
B	5°
C	7°
D	15°
E	20°
F	25°
G	30°
N	0°
P	11°
O	その他

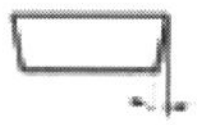

③ 等級記号

記号(級)	許容差(mm) コーナ高さ(m)	厚さ(S)	内接円直径(ϕD)
A	±0.005	±0.025	±0.025
F	±0.005	±0.025	±0.013
C	±0.013	±0.025	±0.025
H	±0.013	±0.025	±0.013
E	±0.025	±0.025	±0.025
G	±0.025	±0.13	±0.025
J	±0.005	±0.025	±0.005 – ±0.13
K	±0.013	±0.025	±0.05 – ±0.13
L	±0.025	±0.025	±0.05 – ±0.13
M	±0.08 – ±0.18	±0.13	±0.05 – ±0.13
N	±0.08 – ±0.18	±0.025	±0.05 – ±0.13
U	±0.13 – ±0.38	±0.13	±0.08 – ±0.25

(例) **T N M G 16**
① ② ③ ④ ⑤

(例) **C C G T 09**
① ② ③ ④ ⑤

④ 溝・穴記号

記号	穴の有無	穴の形状	インサートブレーカ	形状
N	なし	-	なし	
R	なし	-	片面	
F	なし	-	両面	
A	あり	円筒穴	なし	
M	あり	円筒穴	片面	
G	あり	円筒穴	両面	
W	あり	一部円筒穴 片面 40°～60°	なし	
T	あり	一部円筒穴 片面 40°～60°	片面	
Q	あり	一部円筒穴 両面 40°～60°	なし	
U	あり	一部円筒穴 両面 40°～60°	両面	
B	あり	一部円筒穴 片面 70°～90°	なし	
H	あり	一部円筒穴 片面 70°～90°	片面	
C	あり	一部円筒穴 両面 70°～90°	なし	
J	あり	一部円筒穴 両面 70°～90°	両面	
X		-		

⑤ 切れ刃長さまたは内接円記号

	R 記号	R 寸法	S 記号	S 寸法	C 記号	C 寸法	W 記号	W 寸法	T 記号	T 寸法	O 記号	O 寸法	記号	寸法	記号	寸法	内接円直径
			03	3.97	03	4.0			06	6.9	04	4.8					3.97
			04	4.76	04	4.8			08	8.2	05	5.8	08	8.3			4.76
*05	5		-	-	-	-	-	-	-	-	-	-	-	-			5
			05	5.56	05	5.56	03	3.8	09	9.6	06	6.8					5.566
*06	6		-	-	-	-	-	-	-	-	-	-	-	-			6
			06	6.35	06	6.35	04	4.3	11	11	07	7.8	11	11.2			6.35
			07	7.94	08	8.1	05	5.4	13	13.8	09	9.7					7.94
*08	8		-	-	-	-	-	-	-	-	-	-	-	-			8
09	9.525		09	9.525	09	9.7	06	6.5	16	16.5	11	11.6	16	16.6	16	19.7	9.525
*10	10		-	-	-	-	-	-	-	-	-	-	-	-			10
*12	12		-	-	-	-	-	-	-	-	-	-	-	-			12
12	12.7		12	12.7	12	12.9	08	8.7	22	22	15	15.5	22	22.1			12.7
15	15.575		15	15.875	16	16.1	10	10.9	27	27.5	19	19.4					15.875
*16	16		-	-	-	-	-	-	-	-	-	-	-	-			16
19	19.06		19	19.06	19	19.3	13	13	33	33	23	23.3					19.05
*20	20		-	-	-	-	-	-	-	-	-	-	-	-			20
			22	22.225	22	22.6			38	38.5	27	27.1					22.225
*25	25		-	-	-	-	-	-	-	-	-	-	-	-			25
25	25.4		25	25.4	25	25.8			44	44	31	31					25.4
31	31.75		31	31.75	32	32.2			55	65	38	38.8					31.75
*32	32		-	-	-	-	-	-	-	-	-	-	-	-			32

＊形番に MO を含む場合，内接円直径はメトリックです。

図 7.17 旋削用イン

7.3 バイト　97

＊J, K, L, M, N, U級の形状サイズ別精度
頂角から55°を超えるインサートの場合　　　　　　　　　　　　　　　（単位：mm）

基準内接円	内接円直径(ed)の許容差		コーナ高さ(m)の許容差		適用インサート形状
	J.K.L.M.N(級)	U(級)	J.K.L.M.N(級)	U(級)	
6.35	±0.05	±0.08	±0.08	±0.13	H, W
9.525					O, R
12.7	±0.08	±0.13	±0.13	±0.2	P
15.875	±0.1	±0.18	±0.15	±0.27	S
19.05					T
25.4	±0.13	±0.25	±0.18	±0.38	C, E, M
31.75	±0.15	±0.25	±0.2	±0.38	
32					

頂角が55°(形状D)、35°(形状V)、25°(形状Y)のM級インサートの場合(単位：mm)

基準内接円	内接円直径(ed)の許容差	コーナ高さ(m)の許容差	適用インサート形状
6.35	±0.05	±0.11	D
9.525			
12.7	±0.08	±0.15	
15.875	±0.1	±0.18	
19.05			
6.35	±0.05	±0.16	V, Y
9.525			

●インサート厚さについて
ブレーカ溝つきインサートの多くは切れ刃が右下りとなっています。その場合、以下のページで外形寸法図に図示れたインサートの厚さは図の寸法に相当します。

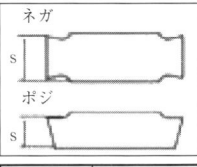

ネガ
ポジ

内接円直径(ed)およびコーナ高さ(m)

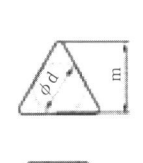

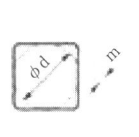

記号	厚さ(mm)
X1	1.39
01	1.59
T1	1.79
02	2.38
T2	2.78
03	3.18
T3	3.97
04	4.76
05	5.56
06	6.35
07	7.94
09	9.52

⑥厚さ記号

（例）
⑥ ⑦ ⑩
04 08 -TM
T3 04 F N -JS
⑥ ⑦ ⑧ ⑨ ⑩
　　　（任意記号）（任意記号）（補足記号）

⑦コーナ記号

記号	コーナ半径(mm)
00	0.03
02	0.2
04	0.4
08	0.8
12	1.2
16	1.6
20	2.0
24	2.4
28	2.8
32	3.2

⑧主切れ刃の状態記号

記号	切れ刃の状態	形状
F	シャープエッジ	
E	丸ホーニング	
W.T	チャンファホーニング刃	
S	コンビネーションホーニング刃	

⑨勝手記号

記号	勝手
R	右
L	左
N	なし

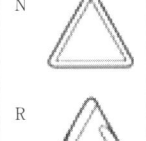

⑩ブレーカ記号

記号	用途	記号	用途
01(TF)	厳密仕上げ切削、基本選択	W	仕上げ切削、リード形
TS	仕上げ切削用、基本選択	PSF	仕上げ切削用、ポジインサート
TSF	仕上げ切削用、基本選択	PS	仕上げ～中切削用、ポジインサート、基本選択
TM	中切削用、基本選択	PSS	仕上げ～中切削用、ポジインサート
TH	中～重切削用、基本選択	PM	中切削用、ポジインサート
TU	中切削用	AL	仕上げ～中切削用、アルミ用
DM	中切削用	RS	中切削用、丸こま専用
HMM	中切削用	W	仕上げ切削、リード形
SS	仕上げ切削用、ステンレス中切削用	H	仕上げ切削、平行ブレーカ
SM	中切削用、ステンレス用	11	仕上げ切削
S	中切削用、ステンレス用	17	仕上げ切削、ゼブラブレーカ
SA	中切削用、ステンレス用	23	仕上げ切削、ポジインサート
ZF	仕上げ切削、倣い用	24	仕上げ切削、ポジインサート
ZM	仕上げ～中切削用、倣い用	27	仕上げ切削、ゼブラブレーカ
NS	仕上げ切削用、倣い用	33	中切削用、タフネスブレーカ
NM	仕上げ～中切削用、倣い用	37	中切削用、ゼブラブレーカ
AS	低切込み高送り	38	中切削用、低切削
APW	低切込み高送り、ワイパーインサート	51	低切込み高送り
ASW	低切込み高送り、ワイパーインサート	57	重切削
CB	中切削	61	丸こま専用、低切込み高送り
CM	中切削用、鋳鉄用	65	重切削用、三段ブレーカ
CN	中切削用、全周ブレーカ	S1	仕上げ切削、KNMX用
A	仕上げ切削、勝手つき	J08, J10	小型旋盤用
B	仕上げ切削、勝手つき	JS	小型旋盤用
C	仕上げ切削、勝手つき	JRP	小型旋盤用
D	仕上げ切削、勝手つき	JPP	小型旋盤用
P	仕上げ切削、アルミ用	JSP	小型旋盤用

サート型番の呼び方

8 ボール盤加工

8.1 ボール盤とその作業

8.1.1 ボール盤とは

ボール盤（Drilling machine, Drill press）は，**図8.1**に示すように工作物はテーブルに固定し，工具（ドリル）を主軸に取付け，工具を回転させる主（切削）運動と直線送り運動の両方を与えて，すなわち回転させながら工作物に穴あけをする機械である。

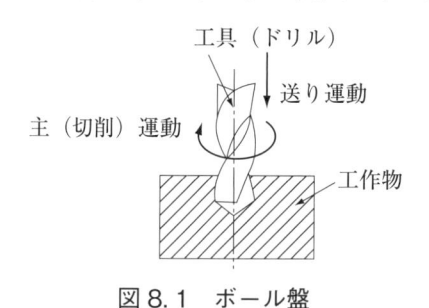

図 8.1　ボール盤

8.1.2 ボール盤作業の種類と特徴

ボール盤の主な作業は，ドリルによる穴あけである。それ以外に**図8.2**に示すように，リーマ仕上げ，タップ立て，中ぐり，座ぐりなどがある。

作業名	(a) 穴あけ (drilling)	(b) リーマ (reaming)	(c) タップ (tapping)	(d) 中ぐり (boring)	(e) 座ぐり (spot facing)	(f) さら座ぐり (counter sinking)	(g) センタ穴 (centering)
工具	ドリル	リーマ	タップ	中ぐりバイト	座ぐりバイト	皿小ねじ 沈めフライス	センタドリル
工具と加工形状							

図8.2　ボール盤作業のいろいろ

8.2 ボール盤の種類と特徴

ボール盤の種類には，直立ボール盤，卓上ボール盤，ラジアルボール盤，多軸ボール盤，多頭ボール盤，深穴ボール盤，ガータボール盤，ポータブルボール盤，タレットボール盤，NC（数値制御）ボール盤などがある。本書では主要なボール盤についてみておく。

8.2.1 直立ボール盤（Upright drilling machine）

図8.3は，最も一般的な直立ボール盤で，主軸が垂直になっているものである。ベース，コラム，主軸頭，テーブルなどの主要部分で構成され，床に据え付けて用いる。ベースは，機械を床に据え付ける部分である。コラムはベース上にあり，主軸頭やテーブルなどを支える柱である。主軸頭は，ドリルなどの工具を取り付ける主軸を支え，これに回転運動や送り運動を与える歯車装置などを内蔵している部分である。図8.4は主軸にドリルや保持具の取付け方を示す。テーブルは，工作物を取り付けるための台である。

テーブルには円形テーブル，角テーブルがある。角テーブルにはひざ形，ベッド形がある。テーブルは，コラムに取り付けられたニーに支えられ，ハンドルで上下に移動する。普通，工作物は，このテーブルの上面に固定した万力でつかみ固定する。工作物の穴あけの中心とドリルの中心を合わせる**心出し作業**には，**図8.5**に示すように，テーブルの中心(O_1)を軸にしてテーブル自体を回すことと，コラムの中心(O_2)を軸にして，ニーを回すことによって行う。ベースは，機械全体を基礎の上に安定させる役目をもち，また，大形で重量のある工作物はこの上面に取り付けることもある。直立ボール盤の大きさは，振り（主軸中心からコラムまでの距離の2倍），テーブルの大きさ，穴あけすることのできる最大直径，主軸穴のモールステーパ番号および主軸端よりテーブル面までの最大距離で表される。

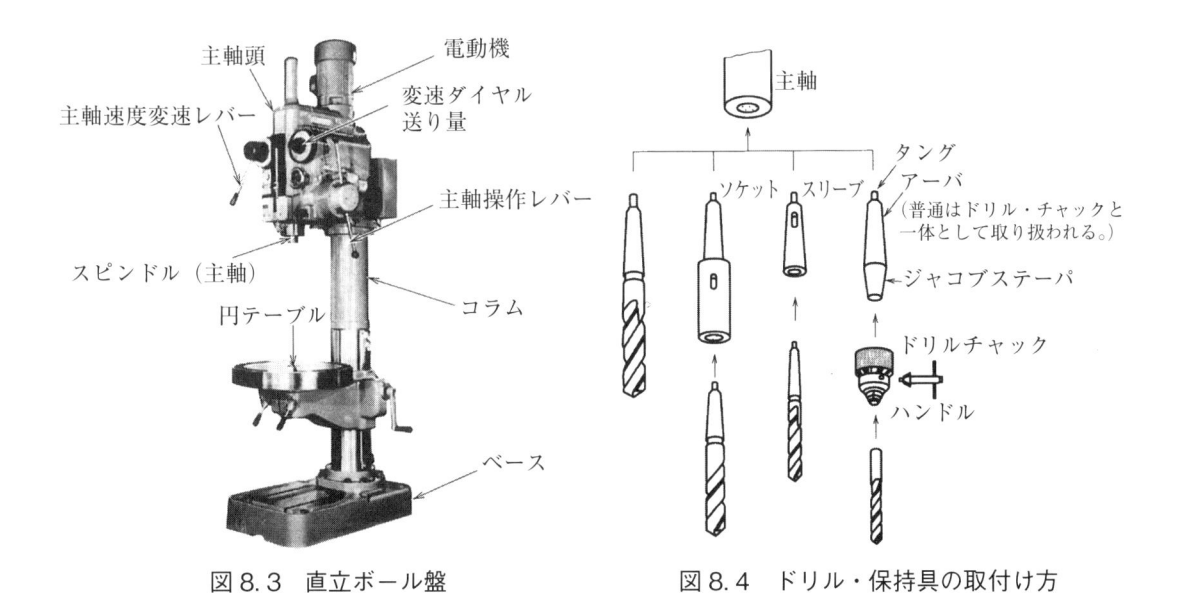

図8.3 直立ボール盤　　　図8.4 ドリル・保持具の取付け方

図 8.5　テーブルの中心　　　　図 8.6　卓上ボール盤

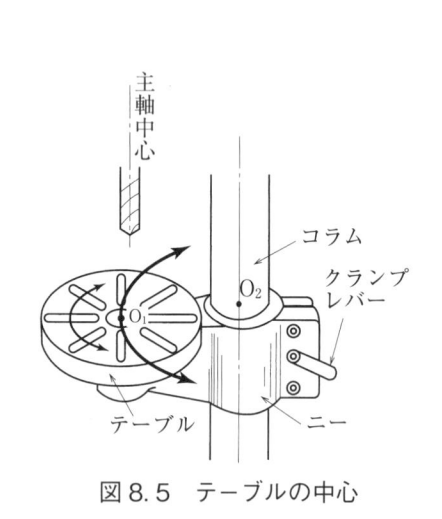

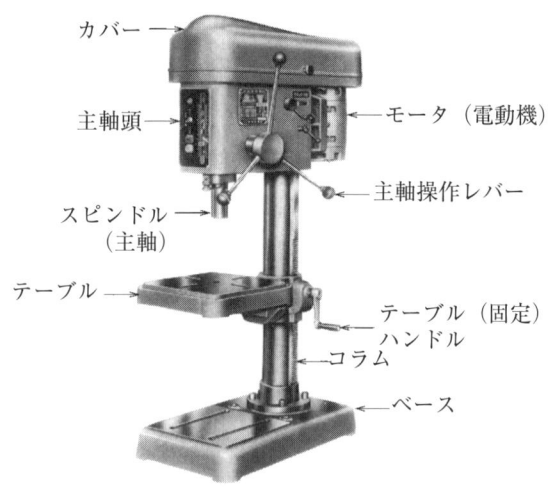

8.2.2　卓上ボール盤（Bench drilling machine）

図8.6に示す卓上ボール盤は，文字どおり作業台の上に据え付けて使用する直立ボール盤の小型のものである。一般に，使用できるドリルの直径は13 mmまでである。機械送り機構をもたず，送りは手動で行う。また，主軸回転速度の変換は主軸頭部のベルトプーリ径を換えて行う。

8.2.3　ラジアルボール盤（Radial drilling machine）

ラジアルボール盤は，図8.7に示すように，コラムを中心に旋回できる腕（アーム）に沿って，主軸頭が水平移動する直立ボール盤より大きなボール盤である。ラジアルボール盤は，ベース，コラム，アーム，主軸頭などからなる。アームは，コラムに沿って上下移動でき，コラムを中心に旋回できる。主軸頭は，アーム上を水平移動できる。したがって，心出しや加工するときは，工作物を動かさずにすむので，大形工作物の穴あけに適する。ラジアルボール盤は，穴あけ，タップ立て，リーマ仕上げ，座ぐりなどの穴加工のほかに，中ぐり，面削りなどの作業もできる。大物や重量のある工作物は，ベース上で取り付けるほか，小形の工作物は付属のテーブルを使って取り付けられる。

8.2.6　多軸ボール盤（Multiple spindle drilling machine）

多軸ボール盤は，多数の主軸があり，同時に多くの穴あけができるものである。特定の工作物を専用に加工するもので，多量生産に適する。

多軸ボール盤は，主軸の向きによって，立て形，横形，傾斜形，複合形がある。また，多軸ボール盤は，直立ボール盤と同様に主軸頭，コラム，テーブルからなる。特に，主軸頭には，一体形，分離（スライドヘッド）形がある。その主軸は，上下2個の自在継手で連結されているため，工作物の穴あけ位置によって，主軸の位置を変えることができる。この主軸の位置決めを行う方式には，スピンドルサポートによる可動腕（可動ブラケット，可変松葉式スピンドル）方式，クラスタプレートによる固定板方式とがある。

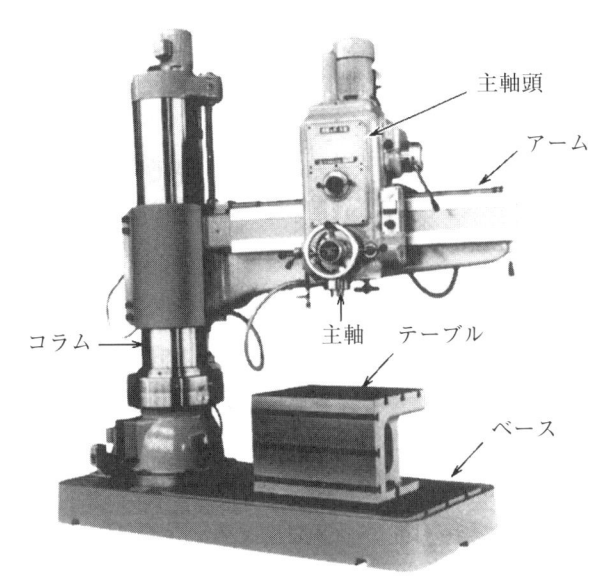

図 8.7 ラジアルボール盤

8.2.5 多頭ボール盤 (Multiple head drilling machine)

複数の直立ボール盤や卓上ボール盤のコラム，主軸頭を1つの台に並べたものである。それぞれの主軸頭は独立に動作するので，各主軸に工程の流れにあった工具と加工条件（回転速度，加工深さ）で，能率のよい穴あけ加工が実現できる。

8.2.6 深穴ボール盤 (Deep hole drilling machine)

銃身や油圧シリンダのように，直径に比べて深い穴の穴あけに用いるボール盤である。深穴ボール盤には，立て形，横形，傾斜形，複合形がある。また，深穴ボール盤は，深穴を加工するため，ドリル先端から油や空気を噴出して切屑を穴から取り除く装置やステップフィードという切屑排出のためドリルを自動的に穴から抜く装置を備えている。したがって，ドリル工具には，①ロングツイストドリル，②ガンドリル，③穴付きドリル，④BTA穴あけ工具などのような専用工具が使われる。深穴ボール盤は，深い長い穴を正確に開けるために，旋盤のような構造になっている。

9 フライス加工

9.1 フライス加工とは

フライス盤は，主軸に固定したフライス工具（図9.1）に回転する主（切削）運動を，テーブルに固定した工作物に直線送り運動を与えて，主に平面や溝を切削する機械である。この主軸回転運動と送り運動との相対運動を図9.2に示すように**アップカット（up cut）**と**ダウンカット（down cut）**に分けて使用する。送り運動を反対にした場合を，**ダウンカット**という。一般に，前者は荒加工に適し，後者は仕上げ加工に適する。

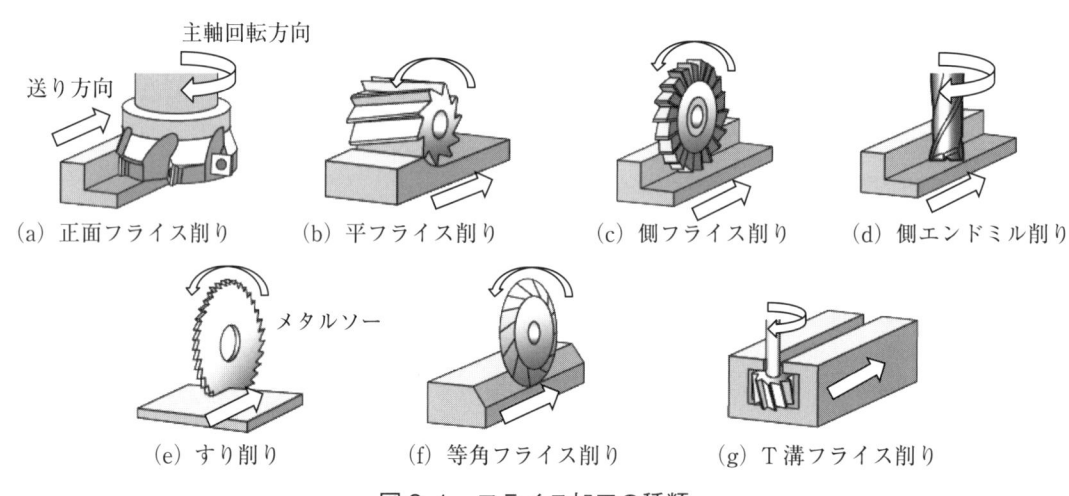

(a) 正面フライス削り　(b) 平フライス削り　(c) 側フライス削り　(d) 側エンドミル削り

(e) すり削り　(f) 等角フライス削り　(g) T溝フライス削り

図9.1　フライス加工の種類

図9.2でアップカットとダウンカットの説明をする。アップカットの場合は，切込量がゼロから始まり，最大となる方向に切れ刃が進む削り方である。切れ刃の回転方向と被削材の送り方向は反対となる。ダウンカットの場合は，切込量が最大のところで工作物に刃先が食い付き，切込量ゼロとなる方向に進む削り方である。切れ刃の回転方向と被削材の送り方向は一致する。

位置決め運動は，次の3通りの方式がある。
① 主軸側で行うもの
② テーブル側で行うもの
③ 主軸側とテーブル側の両方で行うもの

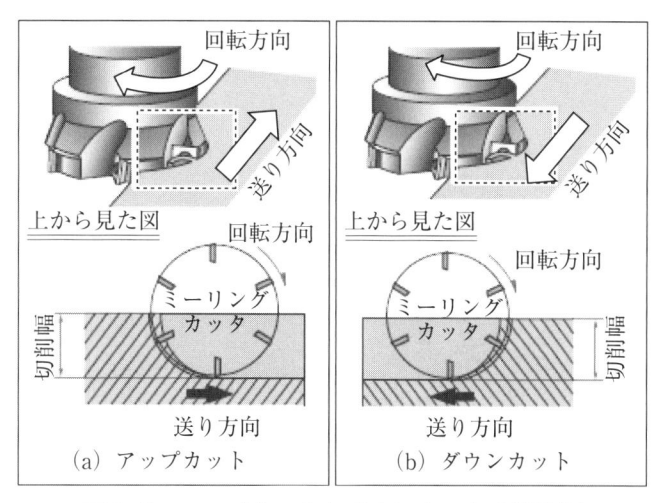

図9.2 アップカットとダウンカットの説明図

9.2 フライス盤の種類と構造

9.2.1 フライス盤の種類

フライス盤の種類は，①主軸の向き，②テーブルの支持方式，③用途，④名称などで分けられる。

① 主軸の向きでは，横形，立て形，万能（可変）形がある。
② テーブル支持では，ひざ形，ベッド形がある。

ひざ形はひざの上にサドルとテーブルを載せ上下移動できる。サドルはコラムに対して前後に移動でき，テーブルは左右に移動できる。ひざ形は，汎用フライス盤に多く用いられる。これに対し，ベッド形は，ベッドが接地しているため，前後・左右移動はできても上下移動はできない。後述の生産フライス盤，プラノミラーなどはベッド形である。

③ 用途では，汎用フライス盤，生産フライス盤，専用フライス盤がある。
④ 名称では，横フライス盤，立てフライス盤，万能フライス盤，卓上フライス盤，ならいフライス盤，プラノミラー，万能工具フライス盤，型彫り盤，彫刻機，生産フライス盤，ねじフライス盤，スプラインフライス盤，カムフライス盤，中ぐりフライス盤，NCフライス盤がある。

以下，代表的なフライス盤をみてみる。

9.2.2 横フライス盤

横フライス盤は，図9.3に示すように主軸が水平になっているひざ形の汎用フライス盤である。横フライス盤の主要構造は，①コラム，②ニー，③サドル，④テーブル，⑤オーバアーム，⑥ベースなどからなる。

横フライス盤は，平フライスや側フライスで工作物上面を削ったり，メタルソーでスリット加工や切断したり，さらに，正面フライスで工作物側面を削ったり，そのほか総形フライス，組合せフライスなどで目的形状を一度に削ったりできる。

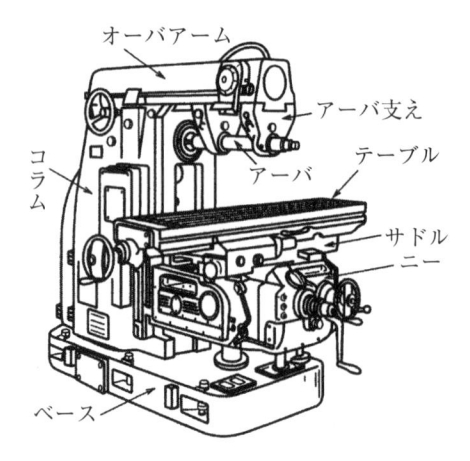

図9.3 横フライス盤

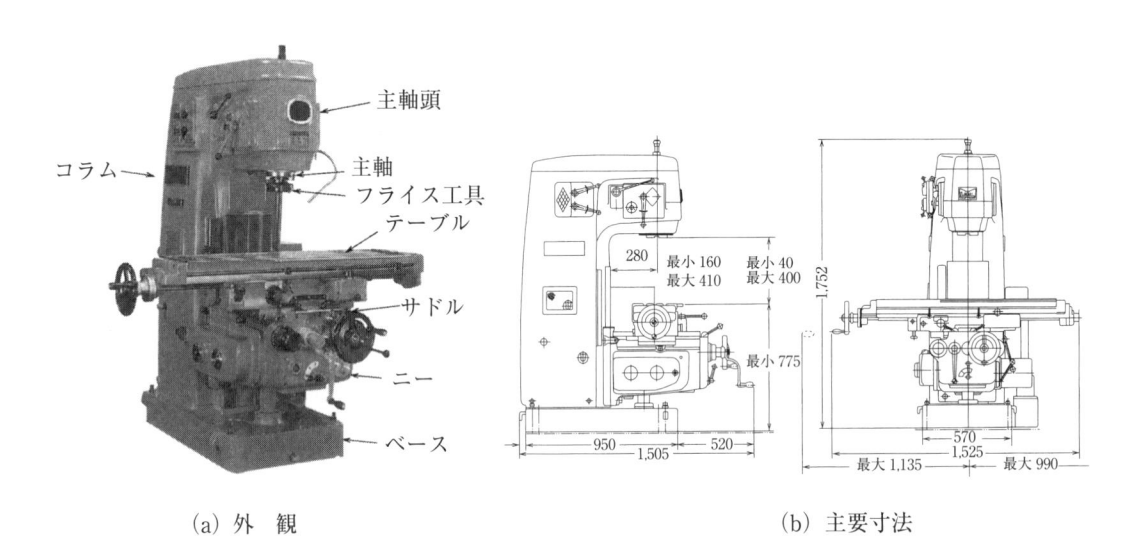

(a) 外 観　　(b) 主要寸法

図9.4 立てフライス盤

9.2.3 立てフライス盤

　立てフライス盤は，**図9.4**に示すように主軸が立て（垂直）になっているひざ形の汎用フライス盤である。機械の構造は，主軸が垂直になっているほかは，ほとんど横フライス盤と同じである。立てフライス盤には，主軸頭が固定されているもの，上下動できるものおよび垂直面内で旋回できるものがある。**図9.4**は主軸頭が上下動できる形式のものである。立てフライス盤では，図9.1(a)，(d)，(g) のように，正面フライスによる工作物の上面の加工，エンドミルによる工作物に溝加工や側面あるいはポケット加工，そして島のこし加工，角フライスによるあり溝加工，T溝フライスによるT溝加工ができる。そのほか，**図9.5**に示すようにボーリングヘッドやユニバーサルヘッドを用いて精密な穴加工も可能である。ボーリングヘッドは，片持ち中ぐり棒と同じ使用法であるが，バイト刃先の位置を微調整できるもので，精密な穴加工・中ぐり加工に用いられる。正確な刃先位置を調整するには，ツールプリセッタを使用する。ユニバーサルヘッドは，中ぐりや面削りができるボーリングヘッドである。さらに，割出台や円テーブルなどの付属工具を用いて割出作業など幅の広い加工ができる。

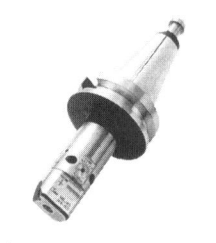

a) ボーリングヘッド　　b) ユニバーサルヘッド

図9.5　精密な穴加工・中ぐり加工用工具

表9.1　フライス用工具材種選定の目安

工具材料	超高圧焼結体	セラミックス	サーメット		コーティング（母材：超硬合金）		超硬合金	
組成	ダイアモンド	Si_3N_4	TiC-TiN	TiC-TiN	TiN PVDコーティング	TiC CVDコーティング	WC＋他炭化物	WC＋他炭化物
用途	仕上げおよび軽切削	軽〜中切削	仕上げおよび軽切削	軽〜中切削	仕上げ〜重切削	軽〜重切削	軽〜中切削	中〜重切削
軟　　鋼			◎	◎	○	◎		○
炭　素　鋼			◎	◎	○	◎		○
合　金　鋼			◎	◎	○	◎		○
ダイス鋼（HRC20〜30）			◎	○	○	◎		◎
ダイス鋼（HRC40〜50）					○	○	○	○
ステンレス鋼					◎	○		○
ダクタイル鋳鉄						◎	○	○
普通鋳鉄		○				◎	○	○
アルミニウム	◎						◎	
非鉄合金・非金属							◎	

（注）◎：推奨　○：準推奨

9.3　フライス加工の工具

9.3.1　正面フライス（使用機械：フライス盤，マシニングセンタ，プラノミラー）

　正面フライスは平面を仕上げるためのフライス工具であり，エンドミルと同様に切屑排出能力が工具選定のカギとなる。スローアウェイ（インサート）式の正面フライスのチップの材種は種類が多く，この中から最適のものを選定するには表9.1を目安とし，詳しくは工具メーカのカタログを参考にして決定する。

　図9.6に正面フライス各部の名称，表9.2にフライス刃先諸角度の呼び方とその機能を示す。

9.3.2　エンドミル（使用機械：フライス盤，マシニングセンタ）

　エンドミルは平面切削，側面切削および曲面切削を基本とするフライス工具で，金型加工では重要な役割を果たす工具である。エンドミルの刃先形状は，図9.7に示すようにいろいろな

形があり，これらによって切削される加工形状も，図9.8に例示したようにきわめて変化に富んでいる。

各部の名称は現場と対比して頭に入れよう。

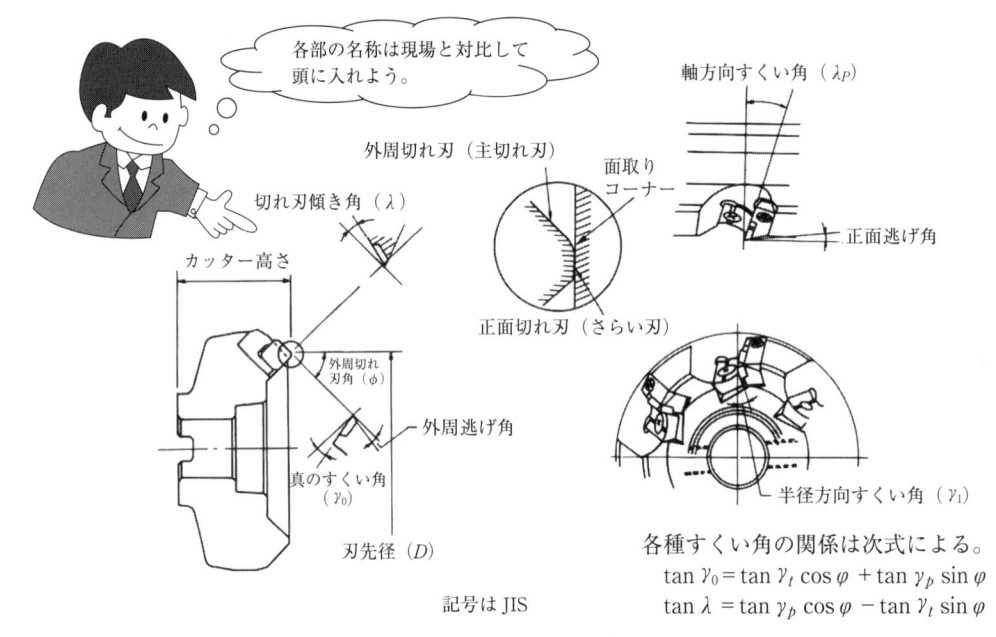

各種すくい角の関係は次式による。
$$\tan \gamma_0 = \tan \gamma_t \cos \varphi + \tan \gamma_p \sin \varphi$$
$$\tan \lambda = \tan \gamma_p \cos \varphi - \tan \gamma_t \sin \varphi$$

記号はJIS

図9.6 正面フライス各部の名称

図9.6の名称を確かめながらこの表をじっくり読んでみよう。

表9.2 フライス刃先諸角度の呼び方とその機能

	名　　称	略号	機　能	効　果
①	軸方向すくい角（アキシアルレーキ）	A.R	切屑排出の方向，溶着，スラストなどを支配	それぞれ正～負（大～小）のすくい角があり，正と負，正と正，負と負の組合せが代表的
②	半径方向すくい角（ラジアルレーキ）	R.R		
③	外周切れ刃角（アプローチアングル）	A.A	切屑の厚み，排出方向を支配	大きいとき…切屑厚みの減少　切削負荷の緩和
④	真のすくい角（ツルーレーキアングル）	T.A	実効のすくい角	正（大）のとき…切削性がよく溶着しにくいが切れ刃強度は弱くなる　負（小）のとき…切れ刃強度は上がるが溶着しやすい
⑤	切れ刃傾き角（インクリネーションアングル）	I.A	切屑排出の方向を支配	正（大）のとき…排出がよく切削抵抗は小，コーナー部の強度は劣る
⑥	正面切れ刃角（フェースアングル）	F.A	仕上げ面粗さを支配	小さいとき…面粗さ精度が向上
⑦	逃げ角（クリアランスアングル）		刃先強度，工具寿命，びびりなどを支配	

9.3 フライス加工の工具　107

スクエアエンドミル

ボールエンドミル　　テーパエンドミル

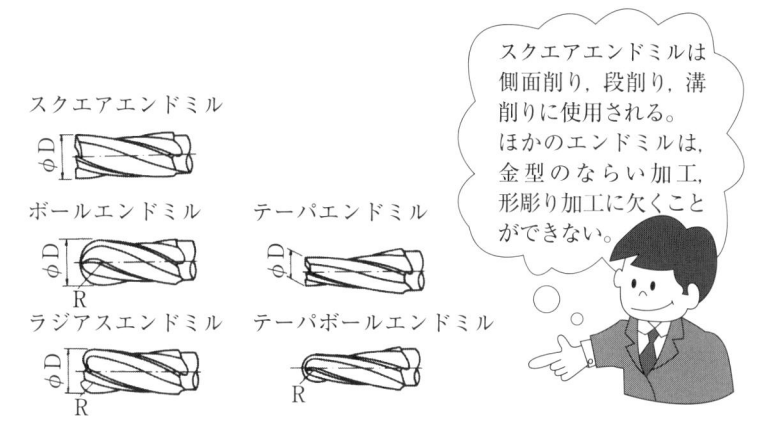

ラジアスエンドミル　テーパボールエンドミル

> スクエアエンドミルは側面削り，段削り，溝削りに使用される。ほかのエンドミルは，金型のならい加工，形彫り加工に欠くことができない。

図9.7　エンドミルの刃先形状

刃先形状	加工形状		
中心刃つきスクエア	穴あけ	肩削り	
	閉じた溝削り	輪郭削り	オープンスロット
中心刃なしスクエア	肩削り	オープンスロット	輪郭削り
ボールエンドミル	曲面削り	形彫り	

図9.8　エンドミルの使い分け

　最近のマシニングセンタにおける適用は，ますますエンドミルの用途を拡大し，その種類を増加させている．**図9.9**にエンドミル各部の名称を示す．また，**表9.3**にエンドミルの刃数とねじれ角の選定基準を示す．
　また，**図9.10**にはインサートエンドミルの使い分けを示した．

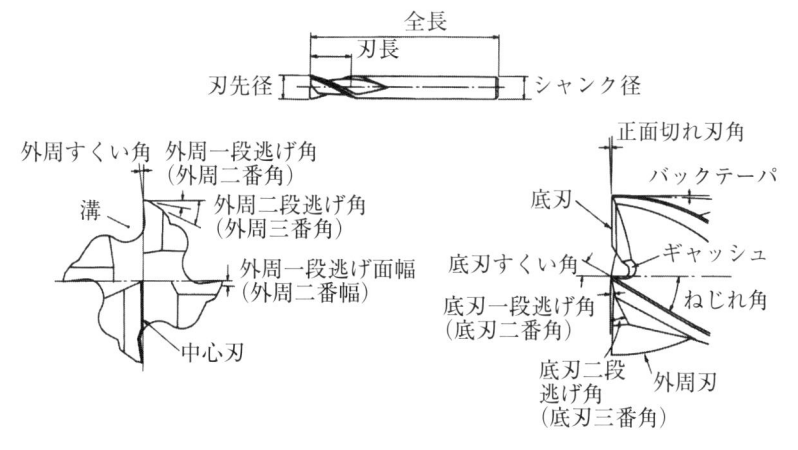

図9.9　エンドミル各部の名称

表9.3 エンドミルの刃数とねじれ角の選定

● 刃数の選定

条件区分	特性項目		刃数	
			2枚刃	4枚刃
工具の強さ	ねじり剛性		○	◎
	曲げ剛性		○	◎
加工面精度	粗さ		○	◎
	うねり		○	◎
	加工面のたおれ		○	◎
寿命 S50C(H_B200)〜SKD11(H_B320)	1刃送り一定	摩耗寿命	○	◎
		折損寿命	○	◎
	能率一定	摩耗寿命	○	◎
		折損寿命	○	◎
切削量	仕上げ切削		○	◎
	軽切削		○	◎
	重切削		○	◎

条件区分	特性項目	刃数	
		2枚刃	4枚刃
切屑処理	切屑の詰まり	◎	○
	切屑排出性	◎	○
穴あけ	座ぐり	◎	○
	加工面の粗さ	◎	○
	穴の拡大	◎	○
溝切削	切屑排出	◎	○
	溝の拡大・偏心	◎	○
	キー溝切削	◎	○
側面切削	加工面精度	○	◎
	びびり振動	◎	○
被削材材質	合金鋼	○	◎
	鋳鉄	○	◎
	非鉄	◎	○
	難削材(高硬度材を含む)	○	◎

◎:優 ○:良

● ねじれ角の選定

ねじれ角区分	切削抵抗			加工面精度			寿命		
	切削トルク	曲げ抵抗	垂直分力	粗さ	うねり	加工面たおれ	逃げ面摩耗	外径減耗量	折損
弱ねじれ角(15°)	○	○	◎	○	◎	◎	○	△	○
標準ねじれ角(30°)	◎	◎	○	◎	○	○	◎	○	◎
強ねじれ角(60°)	◎	◎	△	◎	△	○	○	◎	△

◎:優 ○:良 △:可

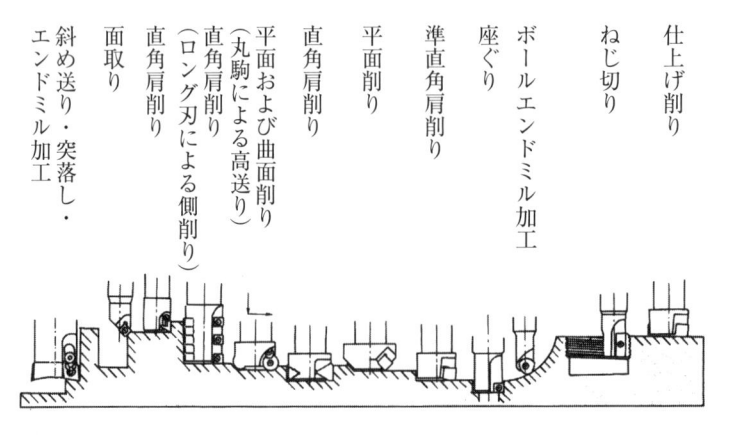

図9.10 インサートエンドミルの使い分け

(右から左へ:仕上げ削り／ねじ切り／ボールエンドミル加工／座ぐり／準直角肩削り／平面削り／直角肩削り／平面および曲面削り(丸駒による高送り)／直角肩削り(ロング刃による側削り)／面取り／直角肩削り／斜め送り・突落し・エンドミル加工)

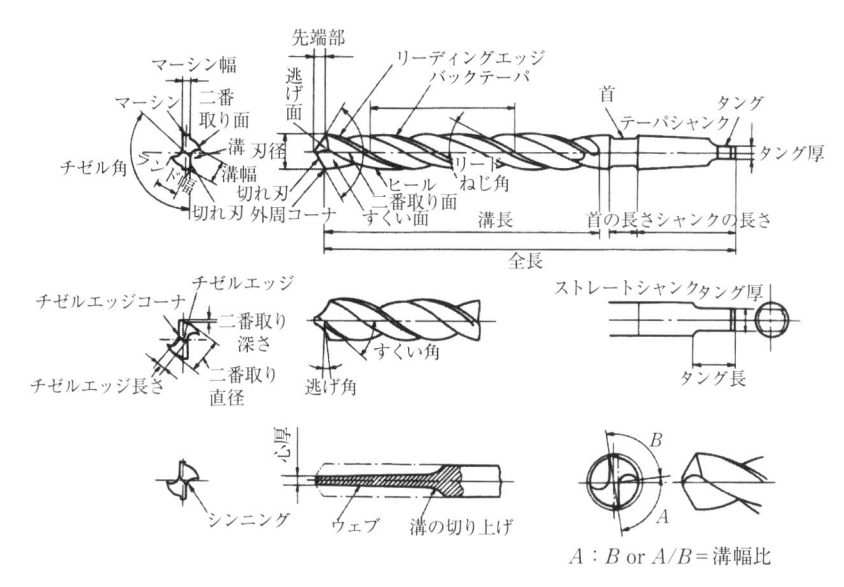

図 9.11 ツイストドリル各部の名称

9.3.3　ドリル（使用機械：ボール盤，旋盤，フライス盤，マシニングセンタ）

穴あけ加工の基本はハイスのツイストドリルであり，一番多く使われている。部品，金型の高品質，高機能化などの要求に合せて，ドリルも超硬合金，コーティングと材質も増え，インサートドリルも使用される。図9.11にドリル各部の名称，表9.4にドリル主要部とその作用を示す。

ドリルの刃先チゼル部は切削速度がゼロに近く，図9.12のC-C断面のように被削材を強引に押しつぶして進む状態である。この対策として，いわゆる**シンニング加工**をする。シンニングの形状は図9.13のようにいろいろあり，スラスト荷重を減少する目的のほか，センタリングの効果もある。

9.3.4　リーマ（手廻し作業，ボール盤，旋盤，フライス盤，マシニングセンタ）

リーマはあらかじめあけられた下穴を，広げながら所定の寸法に仕上げ，同時に滑らかな仕上げ面を得ることを目的とする工具である。JISのリーマ直径は，呼び径に対してm5の公差を通用しているが，加工穴の直径を指定公差内に仕上げるには，加工穴の公差，リーマの製作公差，リーマ加工による穴の拡大代を考慮して，適切なリーマ直径が決められる。

リーマは切削とバニッシングが同時に行われる加工であるため，切削油剤の影響が大きいことに留意しなければならない。

図9.14にリーマ各部の名称を示す。

9.3.5　ガンドリル，ガンリーマ（使用機械：ガンドリルマシン）

深穴加工では，切屑の排出と切れ方の冷却が大切である。ガンドリル，ガンリーマは高圧で多量の切削油剤を供給することで目的を達している。

ガンドリル，ガンリーマの特徴は，剛性の低下を補うために独特の切れ刃形状とガイド部をもちセルフプッシングを行わせるので，穴の曲がりが少なく，ガイド部によるバニッシング作

第9章　フライス加工

表9.4　ドリル主要部とその作用

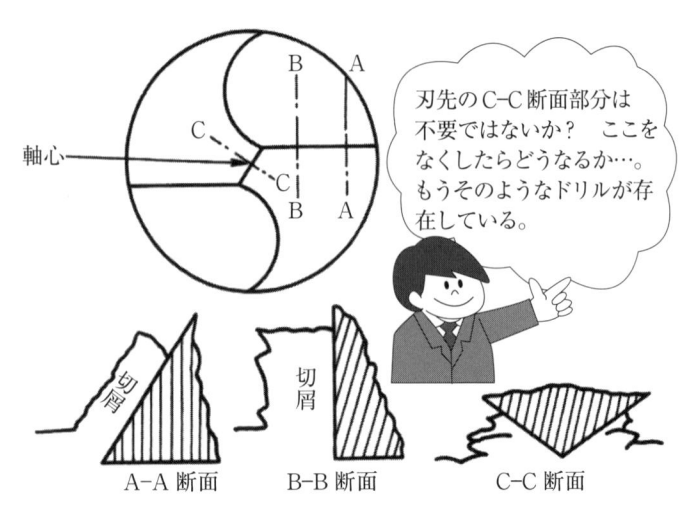

主要部	特性と傾向
先端角	150°／118°／70°　小←トルク→大／大←スラスト→小／小←バリ→大
ねじれ角	40°／30°／10°　良←切れ味→悪／悪←切屑排出→良／小←ねじれ剛性→大
バックテーパ	大／0　小←切削抵抗→大／少←再研削回数→多
逃げ角	15°／12°／10°／7°　小←刃先強度→大／小←工具摩耗→大／大←振動食付き→安定
心厚	30%／20%／10%（%はドリル径比）　大←スラスト→小／大←ねじれ剛性→小／大←曲げ強度→小
チゼル幅	大／0　大←スラスト→小／悪←食付き性→良／弱←中心部強度→強

図9.12　ドリル切れ刃各部の切削状態

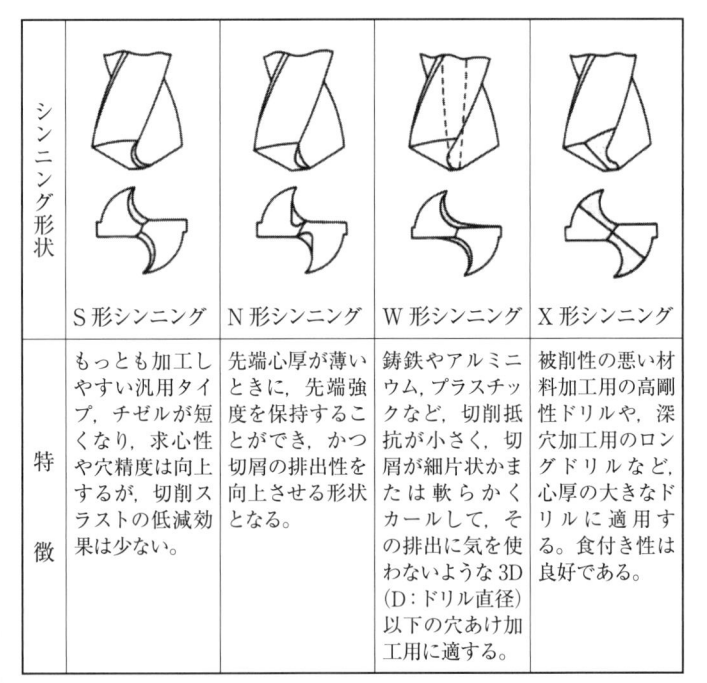

刃先のC-C断面部分は不要ではないか？　ここをなくしたらどうなるか…。もうそのようなドリルが存在している。

図9.13　代表的なシンニング形状

シンニング形状	S形シンニング	N形シンニング	W形シンニング	X形シンニング
特徴	もっとも加工しやすい汎用タイプ．チゼルが短くなり，求心性や穴精度は向上するが，切削スラストの低減効果は少ない。	先端心厚が薄いときに，先端強度を保持することができ，かつ切屑の排出性を向上させる形状となる。	鋳鉄やアルミニウム，プラスチックなど，切削抵抗が小さく，切屑が細片状かまたは軟らかくカールして，その排出に気を使わないような3D（D：ドリル直径）以下の穴あけ加工用に適する。	被削性の悪い材料加工用の高剛性ドリルや，深穴加工用のロングドリルなど，心厚の大きなドリルに適用する。食付き性は良好である。

シンニングをすると切削スラストは，このように減少する。

(a) シンニングしないドリル　(b) シンニングしたドリル

用で良好な仕上げ面が得られる。**図9.15**にガンドリル，**図9.16**にガンリーマのそれぞれの各部名称を示す。

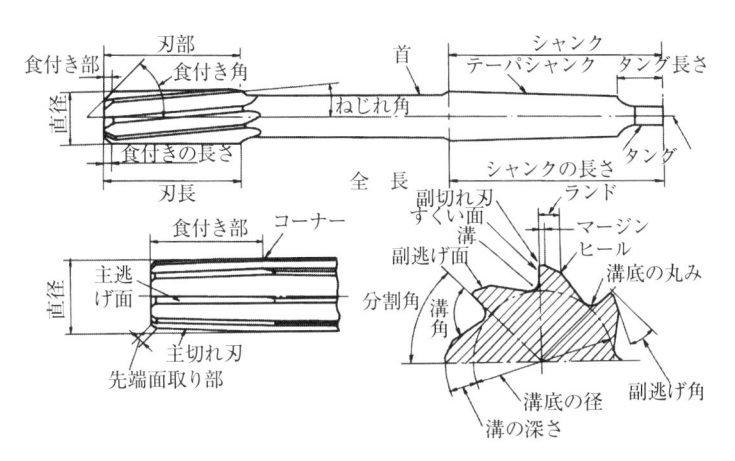

図9.14 リーマ各部の名称

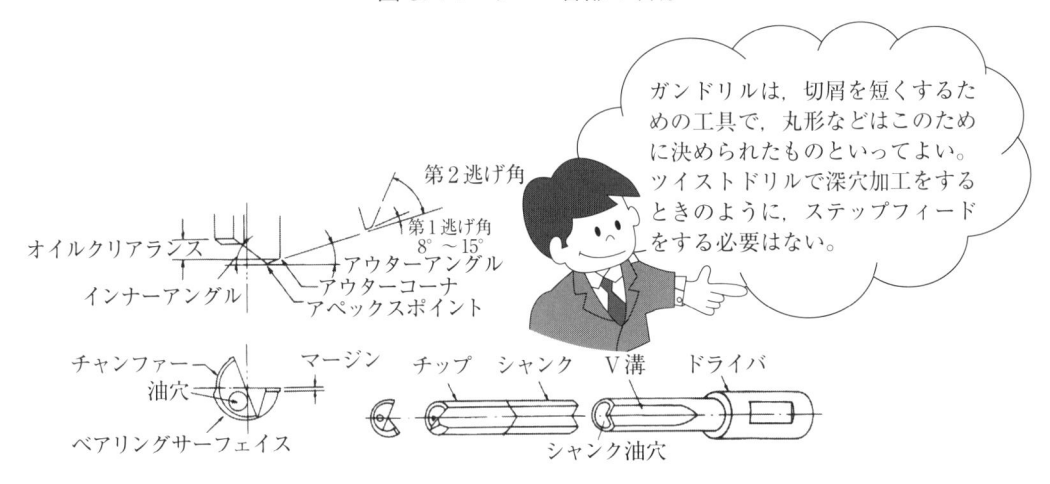

> ガンドリルは，切屑を短くするための工具で，丸形などはこのために決められたものといってよい。ツイストドリルで深穴加工をするときのように，ステップフィードをする必要はない。

図9.15 ガンドリルの各部の名称

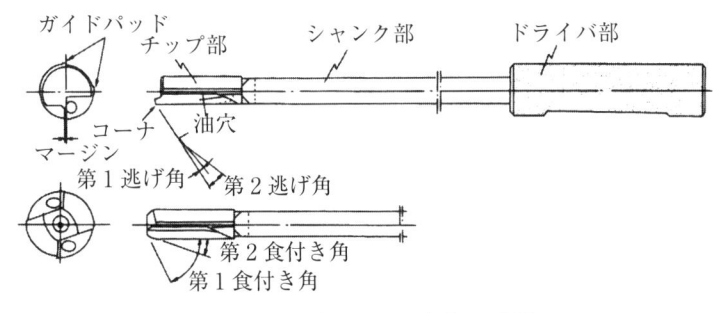

図9.16 ガンリーマ各部の名称

10 研削加工

10.1 研削加工の基礎と機械部品・金型製作

切削加工の作業内容には，切削仕上げのものと，研削の前加工のものとがある。研削加工は，一般に図10.1に示すように仕上げ面の表面粗さからみるとき，切削加工とみがき加工の中間に位置し，切削によって成形された加工物の寸法精度と仕上げ面の粗さを，さらに向上させることを目的とする場合と，みがきによる鏡面仕上げ作業の前作業となる場合がある。

表面粗さの表示	0.1-S	0.2-S	0.4-S	0.8-S	1.5-S	3.0-S	6.0-S	12-S	18-S	25-S	35-S	50-S	70-S	100-S
粗さの範囲(μm) / (旧)仕上げ記号	0.1以下	0.2以下	0.4以下	0.8以下	1.5以下	3.0以下	6.0以下	12以下	18以下	25以下	35以下	50以下	70以下	100以下
加工法		▽▽▽▽			▽▽▽			▽▽			▽			
切削							精密 ←———————→							
研削				精密 ←——→ 上 ←——————————————————→										
みがき		精密 ←——→ ←——→												

図10.1　加工方式による表面粗さ

10.2 研削盤とは

研削（grinding）とは，工具である研削砥石を回転させて，目的形状に工作物を除去加工する作業である。**研削盤**（grinder, grinding machine）は，研削砥石を回転させて，工作物を除去加工する工作機械である。研削盤は，フライス盤などで切削加工された工作物を寸法精度や表面品位などをさらに精密に仕上げる機械である。その種類もたくさんあり，各部の運動の様式にもいろいろある。図10.2にその代表的なものを示す。主（切削）運動は研削砥石を回転させる運動で，直線送り運動は工作機械のテーブル送り運動と切込運動である。

平面研削盤は，フライス盤と同様に，図10.2(a)，(b)に示すように砥石に回転する主（切削）運動と切込運動を，工作物に直線送り（往復・左右）運動を与えて，目的形状に工作物を除去加工する工作機械である。

円筒研削盤と**内面研削盤**は，図10.2(c)，(d)に示すように砥石に回転主運動を，工作物に回転送り運動と直線送り運動を与えて研削する工作機械である。

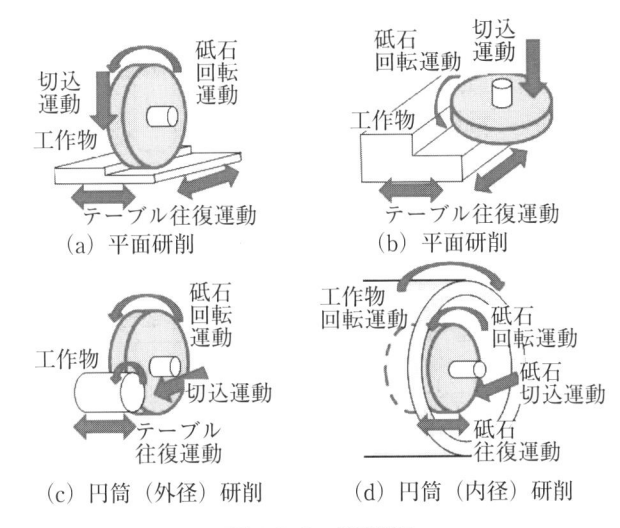

図10.2 研削盤

以上，代表的な工作機械の作用について述べたが，研削盤には，このほか歯切り盤で作成した歯車の歯面を研削する工作機械もある。

10.3 研削盤の種類と構造

研削盤には，機械の構造，研削方法などによっていろいろな種類がある。また，研削加工を必要とする工作物にはいろいろな形状のものがあるので，研削盤は，それぞれの作業に適した種類のものを用いる。**表10.1**に主な種類を挙げる。

以下，主要なものについてみていく。

10.3.1 平面研削盤

平面研削盤は，工作物の平面を研削する機械である。砥石と工作物との当て方によって，平面研削の方法にはいくつかの種類がある。

砥石軸の向きによって，①立て軸形，②横軸形，③可変形，④複合形，の4つに分けられる。

表10.1 研削盤の種類

①円筒研削盤（cylindrical grinder）	⑪ウォーム研削盤（worm grinder）
②万能研削盤（universal grinder）	⑫歯車研削盤（gear grinder, geargrinding machine）
③内面研削盤（internal grinder）	⑬クランク軸研削盤（crank shaft grinder）
④平面研削盤（surface grinder）	⑭クランク・ピン研削盤（crank pin grinder）
⑤心なし研削盤（centerless grinder）	⑮カム研削盤（cam grinder）
⑥ならい研削盤（contour grinder, profile grinder）	⑯スプライン研削盤（spline grinder）
⑦万能工具研削盤（universal tool and cutter grinder）	⑰ロール研削盤（roll grinder）
⑧工具研削盤（tool grinder）	⑱軸受みぞ研削盤（race way grinder）
⑨ジグ研削盤（jig grinder）	⑲卓上研削盤（bench grinder）
⑩ねじ研削盤（thread grinder）	⑳数値制御研削盤（NC grinder）

また，工作物を取り付けるテーブルの形とその運動形態から，①角テーブル往復形，②円テーブル回転形の2つがある。図10.3は，角テーブル形の平面研削盤である。平面研削作業では，工作物の取付けには，着脱が迅速な電磁チャックや永久磁石チャックが多く用いられている。

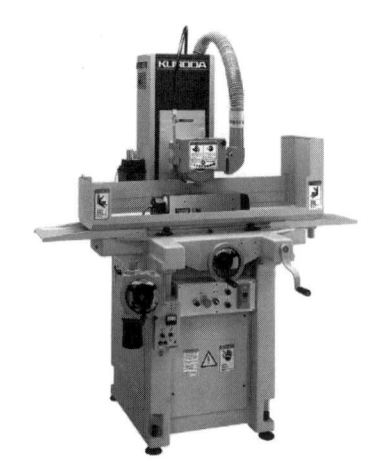

図10.3 平面研削盤（横軸角テーブル形，黒田精工㈱）

10.3.2 円筒研削盤

円筒研削盤は，円筒形の工作物の外周を研削する機械である。ちょうど，旋盤のセンタ作業のように，工作物を両センタで支えて，円筒やテーパなどの外周を研削する。

円筒研削の方式には図10.4に示すように，①**プランジカット**と，②**トラバースカット**とがある。プランジカットは砥石台の切込運動だけで研削する。トラバースカットは，砥石固定で工作物が移動する場合と，工作物固定で砥石台が移動する場合がある。円筒研削のほか，図10.5に示すように，テーパ研削，端面研削，総形研削などの作業ができる。また，付属装置を用いるとアンギュラスライド研削，複数枚の砥石を用いたマルチホイール研削がある。

図10.6は，最も多く用いられているトラバースカットで研削するテーブル移動形の円筒研削盤である。円筒研削盤は，主に工作主軸台，心押し台，テーブル，砥石台，ベッドからなっている。工作主軸台は，テーブル上に取り付けられ，工作物の一端を支持して，回転を与える駆動装置を備えた台である。心押し台は，テーブル上に取り付けられ，工作主軸台の反対側にあり，工作物の一端を支える台である。テーブルは，工作主軸台と心押し台をのせ，ベッド上

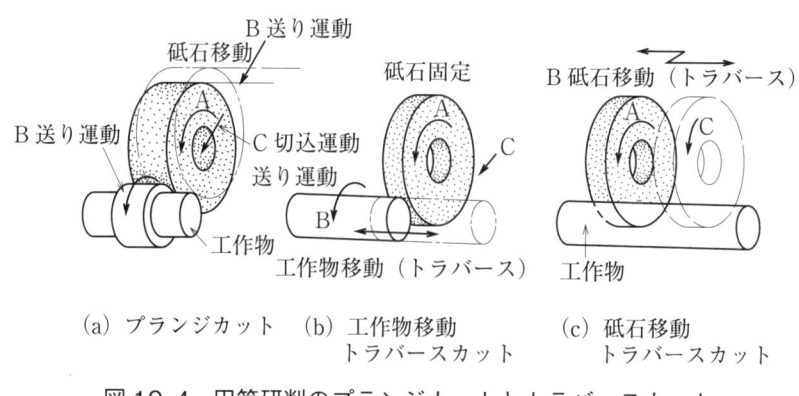

(a) プランジカット　(b) 工作物移動　トラバースカット　(c) 砥石移動　トラバースカット

図10.4 円筒研削のプランジカットとトラバースカット

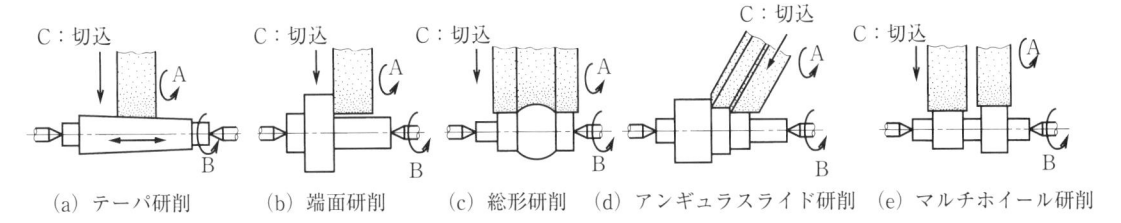

10.3 研削盤の種類と構造　115

(a) テーパ研削　(b) 端面研削　(c) 総形研削　(d) アンギュラスライド研削　(e) マルチホイール研削

図 10.5　円筒研削盤作業
(福田力也：工作機械, 理工学社, 1972, p.83 に加筆)

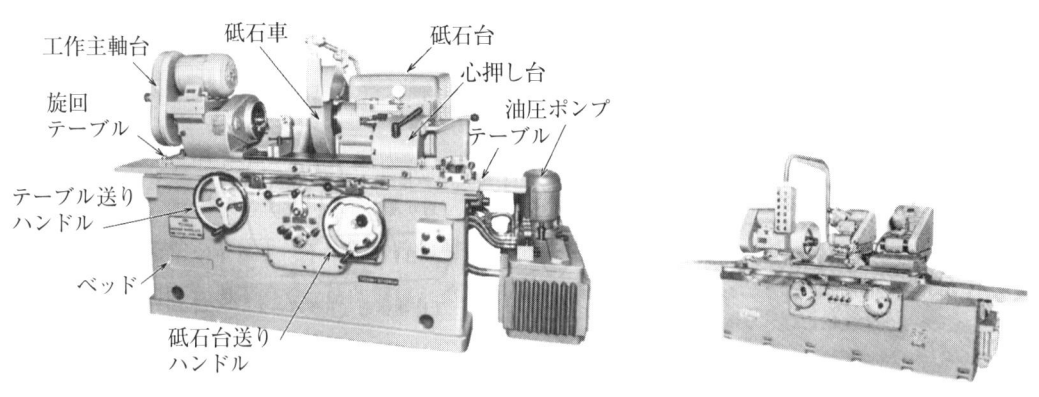

図 10.6　円筒研削盤

図 10.7　内面研削盤

を左右に移動する台である。テーブルは油圧送りで左右に動作する。砥石台は，砥石を回転させる装置を備え，工作物に切込を与える台である。砥石台は，手送りで移動できるほか，油圧送りなどによって早送り，早戻りができる。ベッドは，テーブル，砥石台を案内するすべり面をもつ機械本体をささえる台で，テーブル送り装置を備えている。

10.3.3　内面研削盤

内面研削盤は，図10.7に示すような工作物の円筒内面を研削する機械である。

工作物と砥石の運動方式で，図10.8に示すように，①通常の工作物回転形と，②砥石が回転運動と回転送り運動の両方をするプラネタリ形とがある。内面研削による作業は，トラバースカット，プランジカット，端面研削がある。トラバースカットの場合，工作主軸台が移動する形式の機械と砥石台が移動する形式のものがある。

工作物は，次のようなもので取り付ける。①スクロールチャック，②コレット，③ダイアフラムチャック，④クランプチャック，⑤油圧チャック。内面研削盤の砥石や軸はほかの研削盤よりも高速回転するため，精度のよい軸受と釣り合いのよくとれた軸やプーリが必要である。

10.3.4　心なし研削盤

心なし研削盤は，工作物をチャックで保持したり，センタで支えたりしないで研削する機械である。工作物は，図10.9に示すように，砥石車，調整車，支持刃で支える。工作物は，回転する調整車との摩擦で回転する。調整車はゴム主体の結合剤を用いた砥石の一種であるが，研削作用はない。工作物は砥石で通常の高速回転速度で研削される。

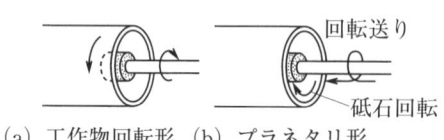

図10.8　内面研削方式　　（a）工作物回転形　（b）プラネタリ形

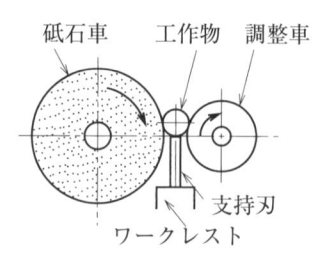

図10.9　心なし研削

10.4　研削砥石の選択基準

研削砥石の性質は，表10.2に示す3つの要素と5つの因子で構成される。これらは適当に組み合わせることにより，非常に多くの異なった砥石ができる。

したがって，要素・因子を理解することが，適正な砥石の選択と研削作業の基礎となる。図10.10は砥石の構成と研削の原理を示したものであり，図10.11は5因子を含む，研削砥石の表示方法を示したものである。

10.4.1　砥粒の選び方

砥粒は加工物より硬いことが必要であるが，適当に破砕して切れ刃を自生する性質（**自生作用**）と，それが過度にならないための適性とが要求される。砥粒はアルミナ質と炭化ケイ素に

表10.2　研削砥石の3要素と5因子

3要素	作用	5因子	内容
砥粒	切れ刃	砥粒の種類	切れ刃の種類
		粒度	切れ刃の大きさ
結合剤	切れ刃の保持	結合度	保持力の強さ
		種類	結合剤の特性
気孔	切屑の排除	組織	砥粒率

研削加工の第1のポイントは，砥石の性質を知っておくこと。そのためには砥石の3要素とその5因子をしっかりと把握しておくこと。

砥石の3要素は砥粒，結合剤，気孔である。

図10.10　砥石の構成と研削の原理

10.4 研削砥石の選択基準

```
1号平形   A   305×25×127.00   H   60   K   8   V   8J   2,000 m/min
```

形　状 (Shape)	縁　形※ (Face)	寸　法 (Size)	砥　粒 (King of Abrasive)	粒　度 (Grain Size)	結合度 (Grade)	組織 (Structure)	結合剤 (King of Bond)	補助記号 (Type)	最高使用 周速度 (Max.Speed)
1号　平　　形	A	外径×厚さ×穴径	A	10　240	E	0	V　ビトリファイド	結合剤の細分記号	1500
2号　リング形	B			12　280	F	1	B　レジノイド		2000
──　ディスク形	C	外周端面の形状を示す	WA	14　320	G	2　密	BF　レジノイド（補強入）		2400
3号　片テーパ形	D			16　400	H	3	R　ゴ　ム		2700
4号　両テーパ形	E		HA	20　500	I	4	RF　ゴム補強入		3000
5号　片へこみ形	F		PA	24　600	J	5	〔特殊結合剤〕		3600
6号　ストレートカップ形	N			30　700	K	6	S　シリケート		4800
7号　両へこみ形	M		C	36　800	L	7　中	Mg　マグネシアセメント		6000
10号　ドビテール形	P			46　1000	M	8	E　シェラック		
11号　テーパカップ形			GC	*54　1200	N	9			
12号　さ　ら　形				60　1500	O	10	M　メタル		
13号　鋸用さら形				*70　2000	P	11　組			
16号～19号　砲弾形			19A：AとWA	80　2500	Q	12			
20号～26号　逃付形			37A：AとC	*90　3000	R	13			
27号，28号　オフセット形			19H：HとA	100	S	14			
──　切　断　砥　石			38H：HとWA	120	T				
軸　付　砥　石			37H：HとC	150	U				
A　角　砥　石			39H：HとGC	180	V				
C　角　砥　石				220	W				
ホーニング砥石				*印使用しない	X				
超仕上砥石					Y				
セグメント					Z				

※標準縁形一覧表

No.	A	B	C	D	E	F	M	N	P
形状図	90°	65° 3	45° 3	R 60° $R=\frac{3}{10}T$	60° 60°	R 30° 3 $R=\frac{T}{2}$		X 90° V X,V 任意	45° 45°

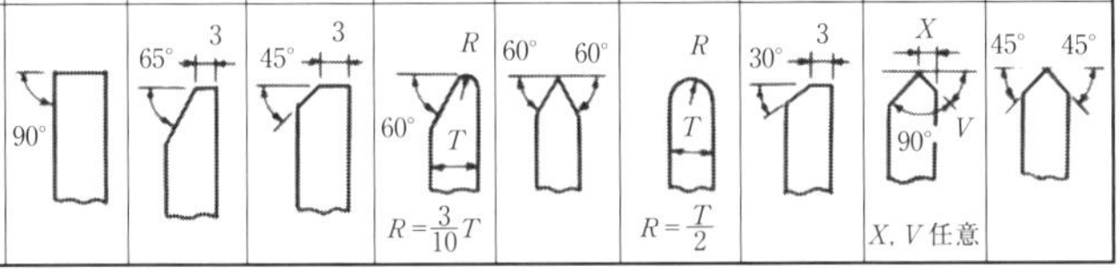

図 10.11　研削砥石の表示方法

区分されるが，**表10.3**にその種類と選び方の基準を示す．

10.4.2 粒度の選び方

粒度の選定は，加工物の仕上げ面粗さと研削量が基本となる．**図10.12**は，研削作業に対する粒度の適合範囲を示している．**表10.4**は，粒度と研削条件の関係を示す．

10.4.3 結合剤の選び方

砥粒と砥粒を結びつけているのが結合剤で，研削の作業目的と使用周速度を基本として選定する．

一般に，ビトリファイド結合剤とレジノイド結合剤が主体で，そのほかの結合剤（たとえばゴム，マグネシア，シリケート，シェラック樹脂など）は，特定の用途に限定される．結合剤の特性をよく理解して，作業目的に適した選定をすることが必要である．

どのような金型材料を研削するかで，砥粒の選択は変わる。

表 10.3　砥粒の選択基準

区分	種類	記号	性質	用途
アルミナ質研削材	かっ色アルミナ質研削材	A	Al_2O_3 に TiO_2 を固溶し，衝撃を吸収し強靱。	一般鋼の自由研削，生鋼材の精密研削。
	白色アルミナ質研削材	WA	TiO_3 を含まず破砕性で切れ刃が鋭い。	合金鋼・工具鋼の精密・軽研削。
	淡紅色アルミナ質研削材	PA	Al_2O_3 に Cr_2O_3 が固溶し破砕性と靱性が両立。	合金鋼・特殊鋼の精密研削。
	解砕形アルミナ質研削材	HA	強靱で研削性がよい。破砕が少ない。	合金鋼の総形。ねじ，歯車，工具研削。
炭化ケイ素質研削材	黒色炭化ケイ素質研削材	C	硬度高く，切れ刃が鋭い。	非金属・非鉄金属・鋳鉄の精密研削。
	緑色炭化ケイ素質研削材	GC	硬度が高く，切れ刃が鋭くもろい。	超硬合金研削。

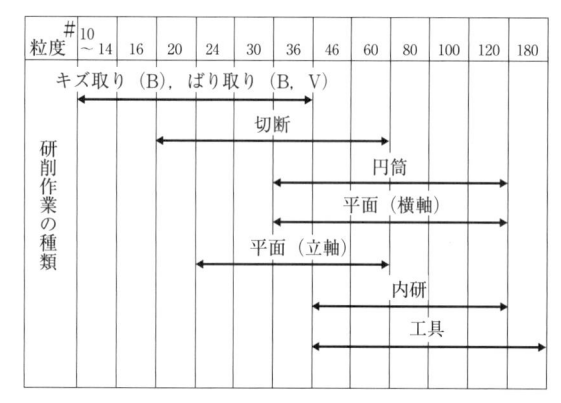

図 10.12　粒度の選択基準

表 10.4　粒度と研削条件

粒度	粗目　⟵⟶　細目
取り代	大　⟵⟶　小
仕上げ程度	荒仕上げ　⟵⟶　精密
被研削材	軟質，粘質　⟵⟶　硬質，脆質
接触面積	広い　⟵⟶　狭い
砥石の大きさ	大　⟵⟶　小
結合剤	粘質　⟵⟶　脆質

表10.5は，各種結合剤の特徴とその使用範囲を示している。

10.4.4　結合度の選び方

結合度は，研削作業においてもっとも重要な因子で，結合を固くすれば**目づまり**，**目つぶれ**を生じ，研削抵抗が大きくなってひび割れが発生し，仕上げ面が悪くなる。結合が軟らかければ，砥石の消耗が早くなって，寸法精度が低下する。結合度は切込量，加工物の硬さ，砥石と加工物の接触面積を基本として選定する。切込量の多い粗研削や自由研削は，一般に M 以上の硬い結合度を，切込量が小さい仕上げの円筒研削ではJ～N，調質鋼など軟質材料はM，焼入鋼などの硬質材料はKが選定の目安となる。

表10.6は研削条件と結合度の関係を，図10.13は研削作業と結合度の範囲を示している。

表10.5 各種結合剤の特徴

項目 種類	記号	主要成分	特　徴	用　途
ビトリファイド	V	長石，可溶性粘土。	もっとも一般的結合度・組織の調整容易，化学的に安定。	機械研削，自由研削（1周速2000 m/min以下），超仕上げ，ホーニング。
レジノイド	B	フェノール樹脂，そのほか人造樹脂。	比較的弾性あり，高速回転に耐える。	粗研削，自由研削，切断，機械研削，ラップ仕上げ用。
レジノイド補強	BF	フェノール樹脂，そのほか人造樹脂，ガラス繊維など補強材。	高速・衝撃・側圧に耐える。	自由研削。切断。

> 結合剤の選択に際しては，研削作業の内容を検討したうえで行うことが大切！

表10.6 研削条件による結合度の変化

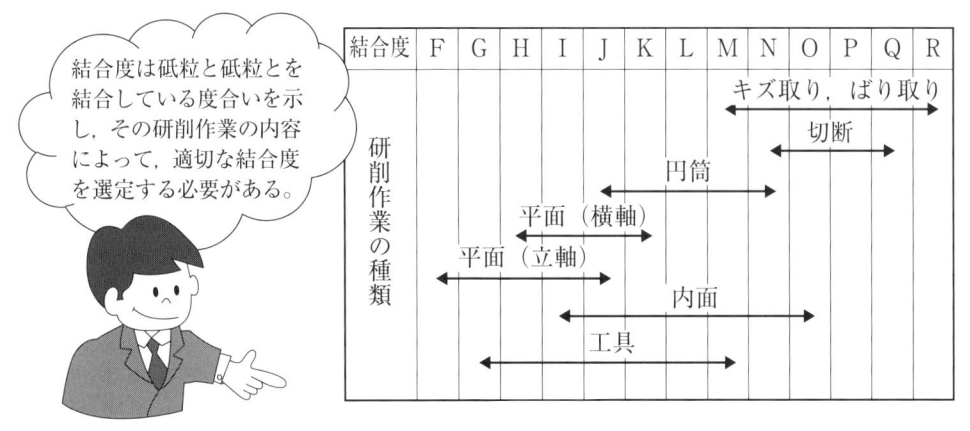

> たとえば結合度が硬目ならば，目づまり，目つぶれが生じる。逆に軟目だと消耗が大きくなり，粒度が上がらない。

結合度	軟目 ⟷ 硬目
被研削材	硬質，脆質 ⟷ 軟質，粘質
接触面積	広い ⟷ 狭い
砥石周速度	速い ⟷ 遅い
被研削材周速度	遅い ⟷ 速い
機械精度	良好 ⟷ 不良
作業者	熟練 ⟷ 未熟

> 結合度は砥粒と砥粒とを結合している度合いを示し，その研削作業の内容によって，適切な結合度を選定する必要がある。

図10.13 研削作業と結合度の範囲

10.4.5 組織の選び方

砥石の全容積中に占める砥粒の容積比を"**砥粒率**"と呼び，この大小で組織の粗密を表す。組織0～4を密，5～9を中，10～14を粗と区分けし，加工物との接触状態，加工物の材質，切込量を基本として選定する。円筒研削のように，接触面積の比較的小さい場合は7を標準とし，立軸平面研削のように，接触面積の大きいときは9とする。

図10.14は研削作業と組織の範囲を，**表10.7**は研削条件と組織の関係を示したものである。

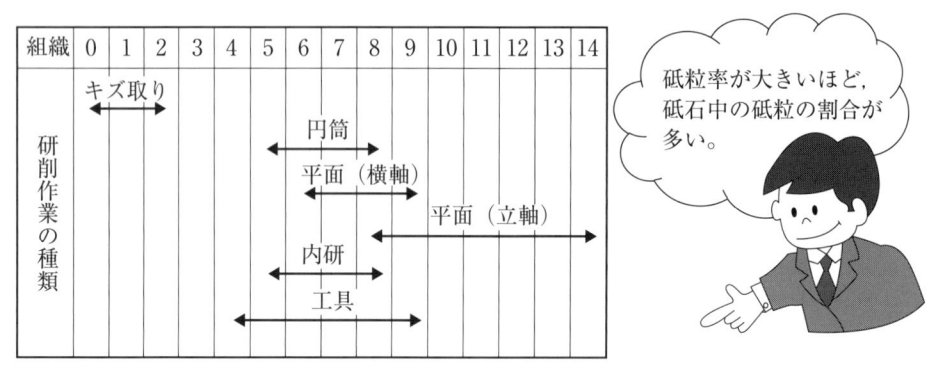

図10.14 研削作業と組織の範囲

表10.7 研削条件と組織の関係

組　織	粗 ⟵⟶ 密
仕上げ程度	荒仕上げ ⟵⟶ 精密仕上げ
接触面積	広い ⟵⟶ 狭い
被研削材	軟質，粘質 ⟵⟶ 硬質，脆質

10.5　ダイアモンド砥石とcBN砥石

最近は，研削の高能率化を図るうえで，ダイアモンドやcBN（cubic Boron Nitride：立方晶系窒化ほう素）など，いわゆる**超砥粒砥石**の利用が盛んになってきた。

表10.8にダイアモンド砥石の結合剤の適用範囲を示す。

表10.9には，ボラゾン砥粒の種類とその用途を表示する。また，**表10.10**には作業条件によって異なる砥石の周速度の目安を示す。

10.6　光学式ならい研削加工（プロファイル研削加工）

光学式ならい研削加工方式はコンタリング研削方式の一種であるが，一般的には「**プロファイル研削**」と呼ばれる。機械のスクリーン上に置かれた拡大図に，加工物と砥石を拡大投影する。投影画面を見ながら，左右それぞれのハンドルを操作して，砥石の先端を輪郭に正しく追従する作業は熟練を要する。

図10.15は，入力が簡易化されたCNCならい研削盤である。その操作は，投影スクリーンに取り付けた拡大図の形状に，砥石の先端を手動送りのハンドルによって合せる。この場合，加工形状にならう必要はなく，形状の変化点に砥石を合わせて早送りまたは研削送りの移動指令と入力ボタンを選択して押すだけでよい。

10.7　クリープフィード研削

クリープフィード研削は，"高切込－低速送り方式"といわれるもので，金型分野での採用

表 10.8 ダイアモンド砥石の結合剤の適用範囲

ボンド区分	適用範囲	
レジンボンド（B）	精密仕上げ研削（仕上げ全般）	超硬合金，セラミックス，フェライト，シリコン
	工具研削	超硬合金と鋼の同時研削
	軽研削	鋼，耐熱合金，フェロチック
メタルボンド（M）	中仕上げ研削	超硬合金，ホーニング，バイトの手とぎ用
	ならい研削	超硬合金
	仕上げ研削	超硬合金と鋼の同時研削
	中仕上げ研削	ガラス，フェライト，セラミック
	電解研削	超硬合金ほか
	平面研削	石材の中仕上げ研削
ビトリファイドボンド（V）	中仕上げ研削	超硬合金，ルビー，サファイヤ，貴石
電着ボンド（P）	総形研削 内面研削	超硬合金，鋼，そのほか

表 10.9 ボラゾン砥粒の種類とその用途

砥粒の種類	色調	金属被覆	特徴	結合剤	用途
CBN I	かっ色	なし	破砕性良好	ビトリファイド，レジノイド，メタル，電着	HRC50以上の鋼，仕上げ研削
CBN II	灰かっ色	Ni被覆	砥粒保持力良好	レジン専用	同上
CBN500	透明な薄茶色	なし	ブロッキーな双晶形，強固で電着性良好	電着専用	各種鋼材，CBN Iよりさらに長い寿命
CBN510	シルバーグレー	Ti表面処理	ブロッキーで強固な結晶，メタルボンド中では化学的に結合し砥粒保持力大	ビトリファイド，メタル，レジン	各種鋼材，軟鋼用にはメタルボンド

ボラゾンとはGE社（米国ゼネラルエレクトリック社）で製造するcBNの商品名である。

表 10.10 ダイアモンド，cBN砥石の周速度
（単位：m/min）

砥石	乾式研削	湿式研削
レジンボンド（ダイア）	700〜1000	1000〜1300
レジンボンド（cBN）	800〜1500	1500〜2500
メタルボンド（ダイア）	500〜700	700〜1100
電着（ダイア）	600〜1500	
電着（cBN）	900〜2000	

図 10.15　CNC 光学ならい研削盤

が急激に増えてきている。クリープフィード研削と一般の研削（レシプロ研削）との境界は明確ではないが，1 回の切込深さ数 $100\,\mu\text{m}$ 以上，加工物の送り速度 $10\sim500\,\text{mm/min}$ 程度の範囲が，クリープフィード研削といわれている。

＜クリープフィード研削の特徴＞
① 砥石の形状保持能力がよい。レシプロ研削に比べると，加工物と砥石の衝突がないため，砥石摩耗，特にエッジ部の摩耗が減少すると考えられる。総形研削に有効である。
② 加工効率がよい。レシプロ研削のように加工物の両端における砥石のオーバランがない。
③ 機械は高剛性，高出力が必要である。一定の材料除去率を考えた場合，クリープフィード研削は，総法線力が 2～5 倍と大きくなるためで，高出力のモータが必要となる。
④ 研削液を高圧で多量に注水すること。
　クリープフィード研削は，研削抵抗が大きく発生する研削熱が上昇するが，砥石と加工物の接触長さが長く研削液の供給が困難なため，この対策が必要である。

11 歯切り盤とそのほかの工作機械

11.1 歯切り盤の種類

歯車の歯を削りだすことを**歯切り**（gear cutting）という。歯切り盤は，歯切り専用の工具を使って歯切り加工をする機械である。歯切り盤は，加工する歯車の種類や歯切りの方法によって，次のような種類がある。

① ホブ盤（hobbing machine）
② 歯車形削り盤（gear shaper, gear planner）
③ 歯割り盤（gear milling machine）
④ ラック歯切り盤（rack cutting machine）
⑤ すぐばかさ歯車歯切り盤（straight bevel gear generator）
⑥ まがりばかさ歯車歯切り盤（spiral straight bevel gear generator）
⑦ ウォームホイールホブ盤（worm wheel hobbing machine）

歯車の製作方法には，上記の方法以外に鋳造や鍛造・転造などの塑性加工による方法もある。

また，上記の歯切り盤でつくられた歯車を，さらに高い精度の歯車にする場合，さらに歯車シェービング盤や歯車研削盤などで仕上げる。

11.2 歯切りの形式と原理

歯切り法には，図11.1に示すように，歯みぞと同じ形の工具で歯車の歯を1枚ずつ削り出す成形法と，図11.2に示すように，歯切りをしようとする歯車にちょうどかみ合うような歯車（ラック，ピニオン，ウォーム）状の工具と，歯車素材との間にかみ合っている状態と同じ運動をしながら歯を削り出していく創成法とがある。創成（generating）とは，工作物と工具

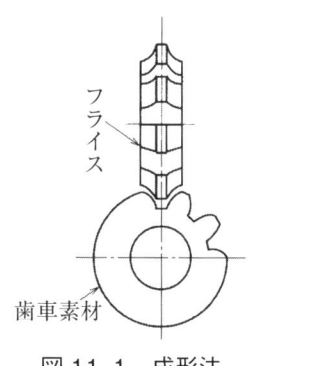

図11.1 成形法

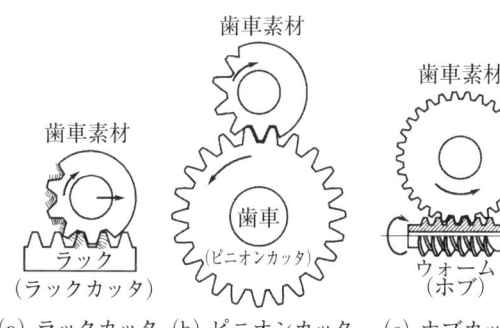

(a) ラックカッタ　(b) ピニオンカッタ　(c) ホブカッタ

図11.2 創成法

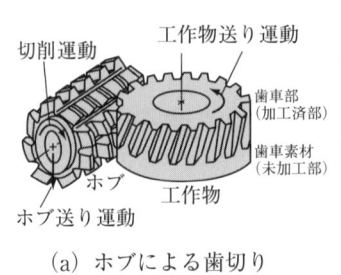

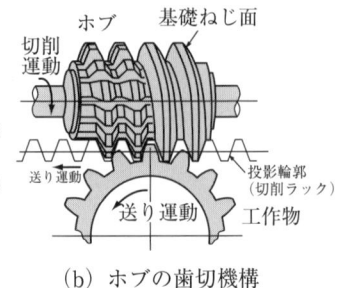

(a) ホブによる歯切り　　(b) ホブの歯切機構

図 11.3　インボリュート曲線の創成　　図 11.4　ホブによる歯切りの運動

との相対運動によって曲線を創り出すことをいう。創成法は成形法に比べて歯形が合理的に歯切りされ，また生産的であるから，ほとんどの歯切り盤は，創成法によって歯切りされる。

さて，図11.2(c)に示す一対のウォームとウォームホイールがかみ合うとき，ウォームのねじ山の断面がラック形であると，これに連続して接触するウォームとウォームホイールの歯の断面は図11.3に示すように，インボリュート曲線となる。このウォームのねじ山に直角に数本の溝を入れると，ラック形の切刃をもつ工具となり，これが歯車用ホブである。ウォームホイールの位置に工具を置くと，ホブによってインボリュート歯形の歯車が削られる。

この原理によって，ホブのリードに合わせて工作物を回転させ，ホブに回転を与えると，図11.4に示すように，歯車を削ることができる。

11.3　主な歯切り盤の種類と特徴

11.3.1　ホブ盤

ホブ盤は，図11.5に示すように，コラム，ベッド，ホブサドル，ホブヘッド，テーブルサドル，ワークテーブル，ワークアーバ，オーバアームから構成される。図11.2(c)に示したウォームとウォームホイールがかみ合っているような状態で創成歯切りを行う歯切り盤である。主に平歯車，はすば歯車，ねじ歯車，ウォームホイールなどの歯切りに用いられる。特殊な付属装置を用いると，やまば歯車，内歯車などの歯切り，また，特殊なホブを用いると，スプロケットホイール，スプライン軸を創成法で削ることもできる。

図11.6にホブ盤に使われる各種ホブ工具を示す。図11.7はそのホブ工具の名称を示す。ホブ盤で歯切りされた歯車は，連続的に歯数の割出し運動を行っているので，比較的均一なピッチが得られやすい。また，各歯の同一部分は，同一の刃で削られるので歯形の均一性もよい。ただし，ホブによる歯切りは一種のフライス削りであるから，歯車形削り盤で削られた歯車に比べて，やや仕上面が劣る。

ホブ盤には，工作物中心線の方向によって，①立て形，②横形がある。図11.5は立て形である。

また，工作物に切込を与える方式によって，①テーブル移動形，②コラム移動形，③ホブヘッド昇降形がある。

そして，工作物との間に送りを与える方式によって，①ホブヘッド昇降形テーブル移動形，②ワークヘッド昇降形，③ホブヘッド移動形がある。

図11.5 ホブ盤

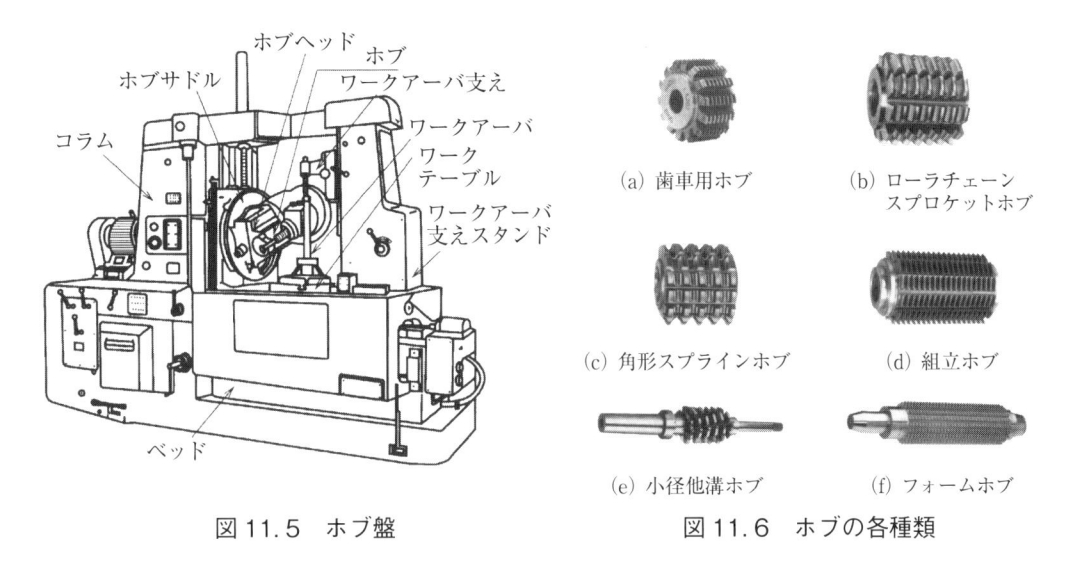

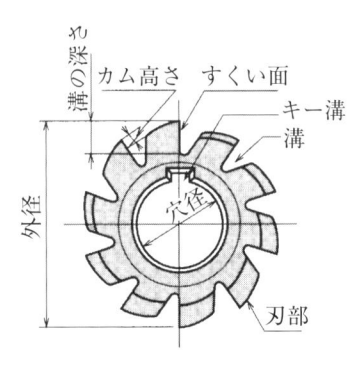

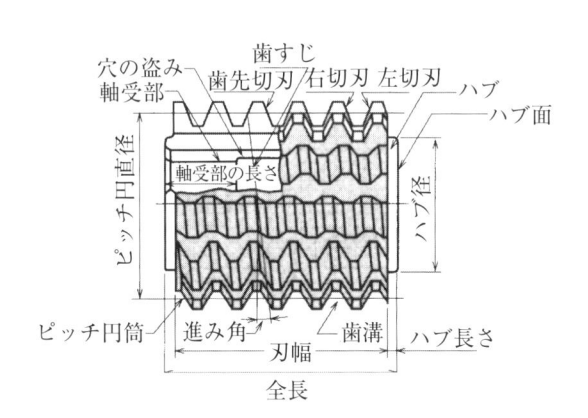

図11.6 ホブの各種類
(a) 歯車用ホブ
(b) ローラチェーンスプロケットホブ
(c) 角形スプラインホブ
(d) 組立ホブ
(e) 小径他溝ホブ
(f) フォームホブ

図11.7 ホブの各部名称

11.3.2 歯車形削り盤（ギヤシェーパ）

歯車形削り盤は，形削り盤や立削り盤のように，カッタに往復主（切削）運動を与えながら，図11.2(a), (b) に示したように，2つの歯車またはラックと歯車がかみ合っているような運動を行わせて創成歯切りをするものである。平歯車，はすば歯車，内歯車，ラックなどを加工できる。歯車形削り盤は，使用する工具の種類によって，①ピニオンカッタ形，②ラックカッタ形がある。

① ピニオンカッタ形歯車形削り盤

図11.8は，ピニオンカッタを用いて歯切りする歯車形削り盤を示す。

インボリュート歯形をもつカッタを**図11.9**に示すように往復運動させ，これとかみ合う歯車の代わりに工作物を置いて，カッタと工作物の歯がかみ合うような回転を与えると，カッタの端面によって歯が削りだされ，工作物が1回転すると，歯切りは完了する。

ピニオンカッタ形歯切り盤には，カッタが往復運動する方向によって，①立て形，②横形がある。立て形が一般的である。ピニオンカッタ形歯車形削り盤の主な構成は，①カッタヘッド，②クロスレール，③ワークテーブルなどからなる。

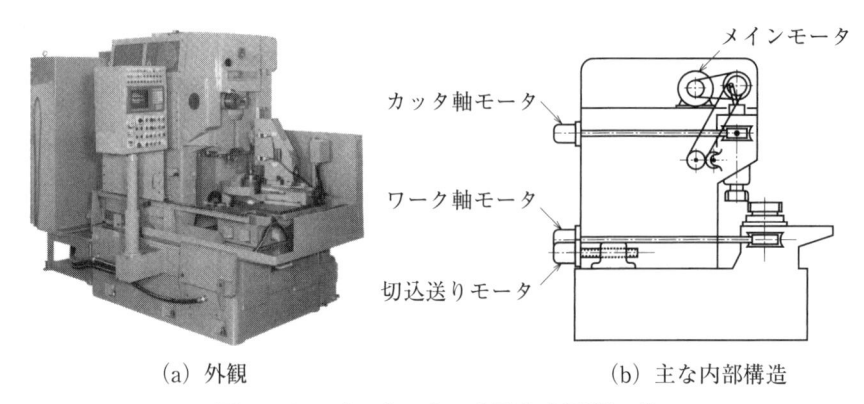

図 11.8　ピニオンカッタ形歯車形削り盤
(a) 外観　　(b) 主な内部構造

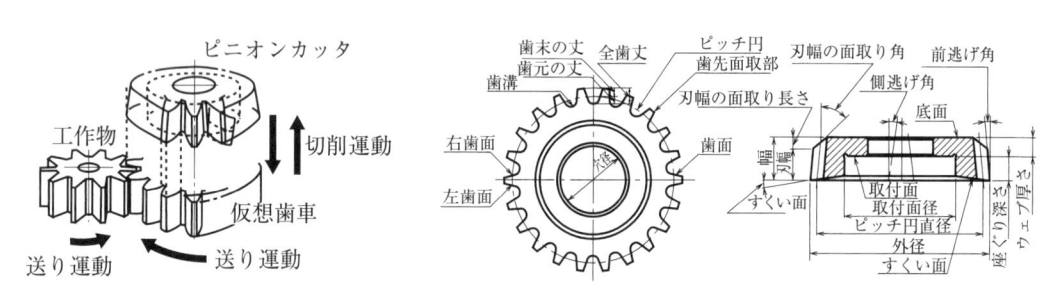

図 11.9　ピニオンカッタと工作物の運動

図 11.10　ピニオンカッタの各部の名称

図11.10にピニオンカッタの各部の名称を示す。

図11.11は，ピニオンカッタ形歯車形削り盤に用いられるカッタを示す。平歯車の歯切りの場合は，通常のピニオンカッタを用いる。はすば歯車の歯切りのときは，はすば歯車形のカッタを用い，ヘリカルガイドによってカッタにねじれ運動を与える（図11.12）。

また，ピニオンカッタは，カッタスピンドルに取り付ける仕組みによって，図11.13に示すように，①ディスク形，②ベル形，③ハブ形，④シャンク形などがある。

11.4　彫刻機

彫刻機は，モデルにならって，金属，プラスチックなどに複雑な彫刻模様を彫る機械である。

(a) ピニオンカッタディスク形　(b) ピニオンカッタベル形　(c) ピニオンカッタシャンク形
(d) メカニカルクランプ形ピニオンカッタ
(e) ホットピニオンカッタ

図 11.11　ピニオンカッタの種類

図 11.12　ディスク形ピニオンカッタによる歯車形削りの加工事例

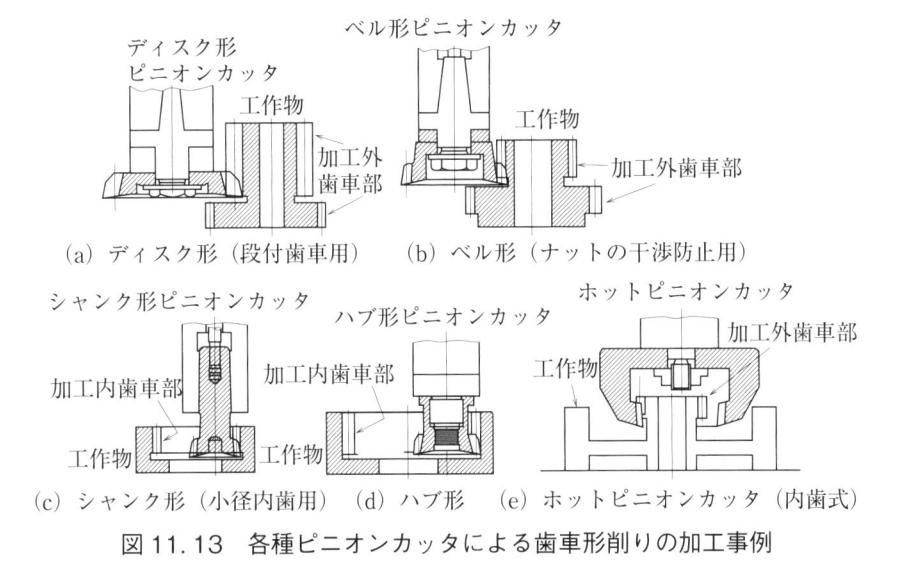

図11.13 各種ピニオンカッタによる歯車形削りの加工事例

(a) ディスク形（段付歯車用）
(b) ベル形（ナットの干渉防止用）
(c) シャンク形（小径内歯用）
(d) ハブ形
(e) ホットピニオンカッタ（内歯式）

その用途は，メダル，貨幣，光学機械のマーク，プレス型などの型彫り加工に広く用いられている．彫刻機構は，パンタグラフ機構になっており，モデルと工作物とは別々のテーブルに置かれ，パンタグラフ機構により，モデルを縮小または拡大して彫刻できる．

彫刻機の生命はスピンドルであり，回転数は10,000回転以上を必要とするため，心振れのない正確なものでなければならない．

彫刻機には，平面文字，数字の彫刻，そのほか平面上への模様彫り込みに用いる平面彫刻機，3次元の立体彫刻も可能な立体彫刻機，印刷活字専用の活字彫刻機などがある．

11.5 心立て盤

旋盤でのセンタ作業，あるいは研削盤での工作物の外径の仕上げ作業などでは，工作物を支持するためのセンタ穴をあける必要がある．このセンタ穴を最も能率的に精度よくあける機械が心立て盤である．心立て盤には，センタ穴だけ加工できるものと，端面を切削してセンタ穴加工ができるものとがある．

11.6 転造機

転造は，図11.14に示すように素材を回転させながら，それに型（ロールダイス）を押し付け，型の凹凸に対応して加工する方法で，ねじや歯車などの加工に用いられる．

熱間加工の場合もあるが，冷間加工の場合のほうが多い．転造ダイスの形状は，平ダイス式と丸ダイス式に大別される．平ダイス式は，小ねじ，ボルト類の大量生産に適する．丸ダイス式は，量産には向かないが，精度の高いねじを製作できる．

図11.15にねじ転造盤を示す．

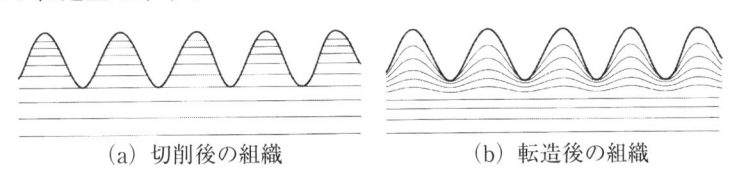

(a) 切削後の組織
(b) 転造後の組織

図11.14 転造の特徴

(1) 開始（荒）
(2) 加工中（中仕上げ）
(3) 終了（仕上げ）

(a) 転造（平ダイス）の加工の流れ

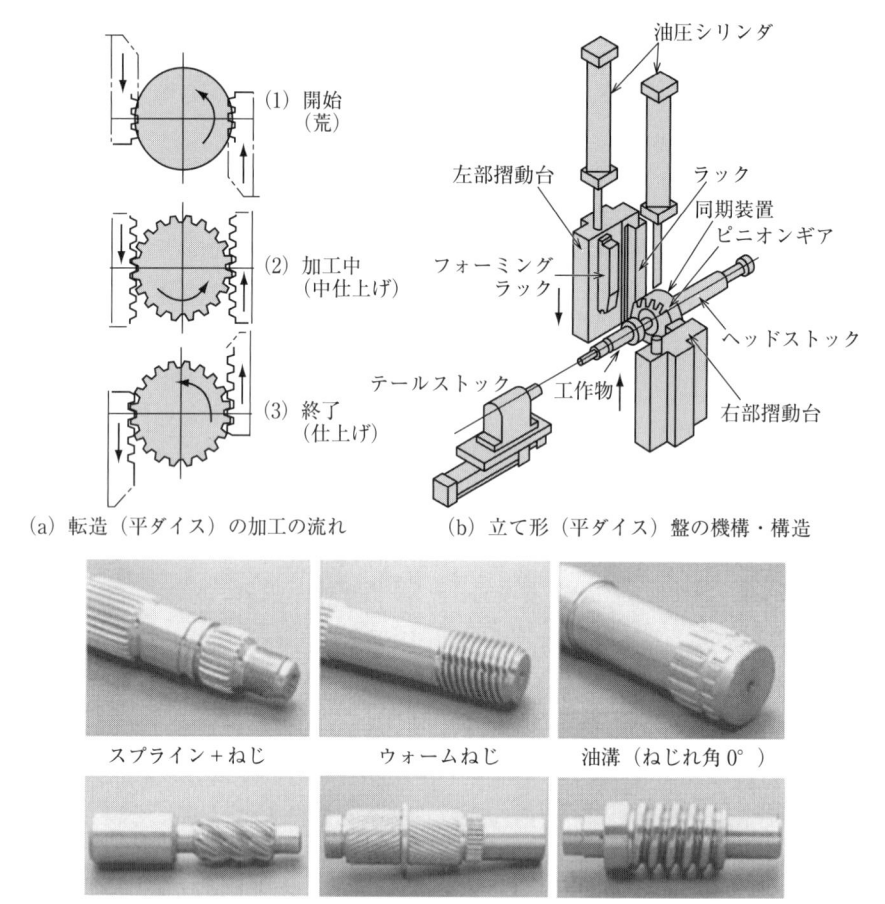

油圧シリンダ
左部摺動台
ラック
同期装置
ピニオンギア
フォーミングラック
ヘッドストック
テールストック
工作物
右部摺動台

(b) 立て形（平ダイス）盤の機構・構造

スプライン＋ねじ　　ウォームねじ　　油溝（ねじれ角0°）

少歯数ねじ歯車　　油溝（ねじれ角30°）＋スプライン　　ウォーム

(c) 転造（平ダイス）の加工例

インプットシャフト
ステアリングシャフト
ヨークシャフト
アクスルシャフト
ドライブピニオン
ドライブアクスル
メインシャフト

(d) 自動車部品に不可欠な平ダイス

油圧シリンダ
左部摺動台
テールストック

(e) 平ダイス立て形精密転造盤による転造事例

図 11.15　平ダイスによる転造

12 放電加工

12.1 放電加工とは

12.1.1 はじめに

　放電加工は，灯油のような絶縁性の加工液中に，工作物と電極を数μm（ミクロン：10^{-6} m，1/1,000 mm）から数10μmの間隙で対峙させ，両者を放電回路に結線して，その回路で作ったパルス状の電気エネルギー（電圧と電流）を印加させて，火花放電を発生させ，その放電現象で工作物を溶融，除去して，目的の形状の製品を得る加工法である。

　さて，**放電加工**は英語で Electric Discharge Machining といい，現場ではこれを EDM（イーディーエム）と略称する。Electric は電気，Discharge は放出という意味で，両者で放電と訳される。したがって，**ワイヤ放電加工**は WEDM（Wire Electric Discharge Machining）と略される。放電という言葉が歴史的に認知されるのは，米国の科学者（政治家）で，建国の立役者の一人でもあり，米100ドル紙幣の肖像になっているベンジャミン・フランクリンが1752年，凧を用いた実験で雷が放電現象であることを検証してからである。翌年，避雷針を発明する。ちなみに，雷の電圧は1億ボルトにも達するといわれる。**図12.1**に示すように雷雲がフランクリン凧を通過したとき，雲の陰電荷は，彼の凧，たこ糸，キー，そして細い金属線でキーに接続されたライデン瓶に流れた。このように，フランクリンの実験で，雷光が実際に静電気であることが実証されたのである。ドイツでは1919年頃にコンデンサと抵抗を使った放電回路（RC充放電回路，RCとは抵抗（Resistor）とコンデンサ（Condenser, Capacitor）のこと）を使って微少な粒状の金属の顔料が作製された。実用的な放電加工は，ロシア（旧ソ連）のラザレンコ夫妻によって1946年頃に行われた。スイッチなどで発生する火花の発生で接点が摩耗する現象を研究している時に，この摩耗現象を放電加工法としたのが最初とされる。

　1960年代になると，このRC充放電回路に代わって，トランジスタ電源のスイッチングをする回路（トランジスタ充放電回路）に移っていった。同時に，電極の送り込みも自動的に制御されるようになり，以降はトランジスタ電源が主流になっていった。

12.1.2 放電の種類

　放電と一口にいっても，**図12.2**に示すように種々の放電現象がある。冬の乾燥時に車から降りるときに発生する静電気[4]から，暗電，コロナ放電，火花放電，過渡アーク放電，溶接に

---

[4] 静電気とは，物体に電荷が蓄えられる現象（これを**帯電**という）および帯電した電荷のことで，紀元前600年頃ギリシャの哲学者タレスによって発見されたとされる。車を降りた時の「パチッ」には電圧が6,000 V以上，毛布を取り込むときには1万1,500 Vにも達するいわれるが，電流はほぼゼロアンペア）であるから生命にはかかわらないが，ショック死や火事の危険性はあるから注意を要する。金属以外の木片や紙石などをあらかじめ手に持って触れれば「パチッ」は防げる。

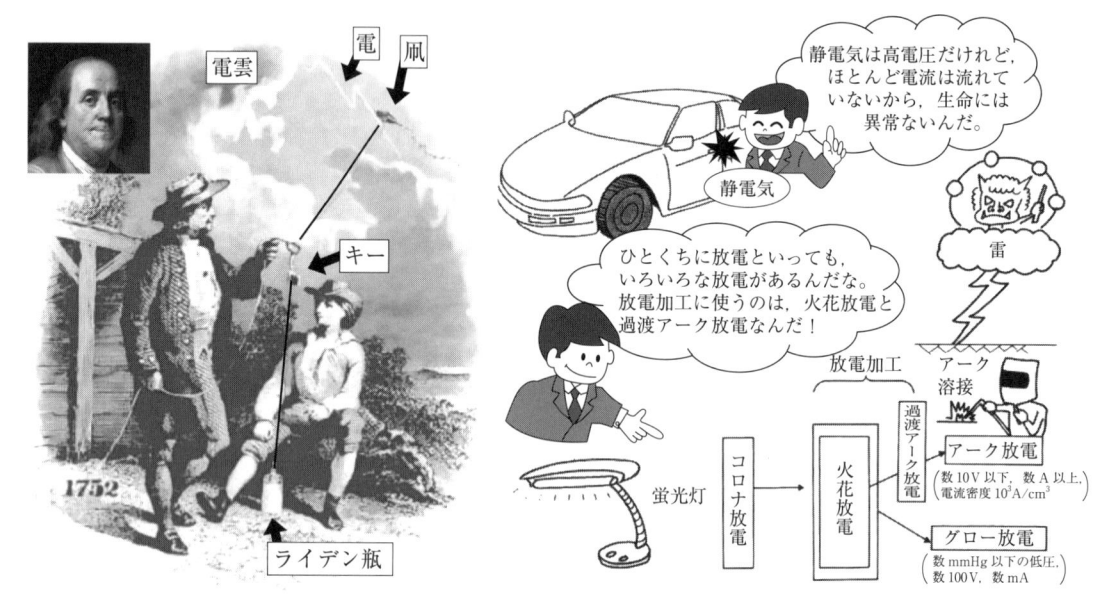

図12.1 雷を科学する
(http://www.thebakken.org/electdcity/franklin-kite.html に加筆)

図12.2 種々の放電現象

用いられるアーク放電，蛍光灯の点灯時やネオンに使われるグロー放電[5]，そして雷[6]までいろいろな種類がある。さて，一対の向かい合せた電極と工作物に徐々に電圧をかけたときの各種放電の電流と電圧の特性とその状態を図12.3に示す。**暗電**は，両電極から電子が連続的に放出される（これを電子放出という。）気体中の＋（プラス）イオンと－（マイナス）イオンが，それぞれ反対の極性の電極に引かれてバランスがとれた状態のことで，気体分子の電離によるきわめて微弱な電流が流れる。電圧を徐々にかけると，電極と工作物の一番尖った部分〔電位傾度の高い部分，つまり，イオン（電荷）が一番集中して貯っているところ〕だけにわずかな電流が流れる，これを**絶縁破壊**（絶縁状態が破壊されること，つまり，電気が流れること）といい，局部的な**コロナ放電（局部破壊放電）**が発生する。さらに電圧をかけると，電極と工作物内の電子が，マイナスの電極からプラスの工作物に向かって飛び出していき気体中のイオンにものすごい勢いで衝突する。このとき，電離作用が生じて，2の自乗で電子の数が増える。これを**電子なだれ**という。この電子なだれによる絶縁破壊が火花放電の初期的な**放電現象**といえる。

　火花放電（フラッシュオーバ，絶縁破壊あるいは全路破壊）は，ある限界の電圧に達するとその電子なだれが発生してから一定の電流値にまで達する火花状の，不連続で過渡的な放電をいう。火花放電が継続的に流れるようになるとアーク放電あるいは**グロー放電**となる。**アーク放電**は，過渡アーク放電とアーク放電に大別され，前者はアーク放電のはじめの部分で電流密度の変化が大きい放電で，後者は電流密度の変化のない定常的な放電である。**アーク放電の電**

---

[5] グロー放電は，数 mmHg 以下の低圧で，数 100 V 数 mA のときの現象で，**真空放電**とも呼ばれる。ネオンランプ，ネオン管，整流管などに用いられている。飲食店に掲げられているネオンはこの放電を利用している。

[6] 雷は，火花放電の一種で，火花の長さは 1〜数 km にまでおよび，地域，気象条件などで種々の様態をなす。そこで発生する放電電流は通常 20〜40 kA であるが，まれに 100〜200 kA まで達することもある。

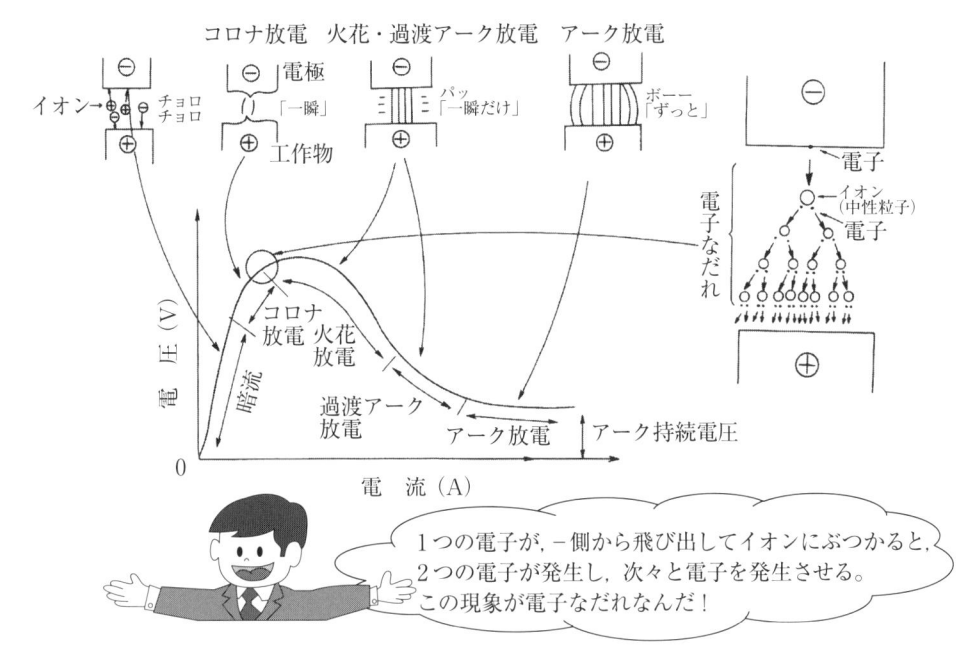

図12.3 各種放電の電流と電圧の特性とその状態

流密度は 10^3 A/cm^2，加工電圧は15〜16 V，融点温度は2,000〜3,000℃である。アーク放電の持続時間はずっと長いので溶接などに利用されるが，それゆえに，放電加工では利用されない。電気アーク炉，アーク溶接，アーク溶断などに利用されている。さて一般に，**放電加工に使用される放電**は，放電が断続的でしかも分散して発生する必要があるため，**火花放電と過渡アーク放電**が用いられる。火花放電の持続時間は 10^{-9}〜10^{-5} 秒と短く，電流密度は 10^6〜10^9A/cm^2 と大きく，加工電圧は20〜30 Vと比較的低い。ピーク電流は1〜200A程度と幅の広い放電である。

12.1.3 放電加工の加工原理

さて，放電加工の加工原理として，放電の1サイクルを**図12.4**に示す。各工程についてみてみよう。

① **加工液**（通常，**白灯油**）中の電極と工作物の間（これを**放電間隙**あるいは単に**極間**という。通常の極間は1/100〜2/100 mm程度）に，パルス状の高電圧（通常100〜200 V・I（電圧と電流の積：電力）をかける。これを**印加状態**という。

② それによって，極間に**火花放電**が発生し，**放電柱**（プラズマの1種で，アーク柱ともいう）が生成され，**過渡アーク放電**に移る。放電が発生した部位を**放電点**という。
放電の発生（放電柱生成）状態である。アーク柱は電子の径方向に膨張することがいろいろな研究でわかっている。また，アーク柱の温度は，放電が発生して4〜5μs後には鋼材の蒸発点を遥かに超えることもわかってきている。

③ **過渡アーク放電**によって発生した熱が，電極と工作物を同時に溶かす。このときの熱の温度は，一般に10,000℃あまりにも達するといわれる。**蒸発・溶融状態**である。
筆者らの研究によると，SKD11のような鋼を工作物としたときは，工作物の溶融温度は

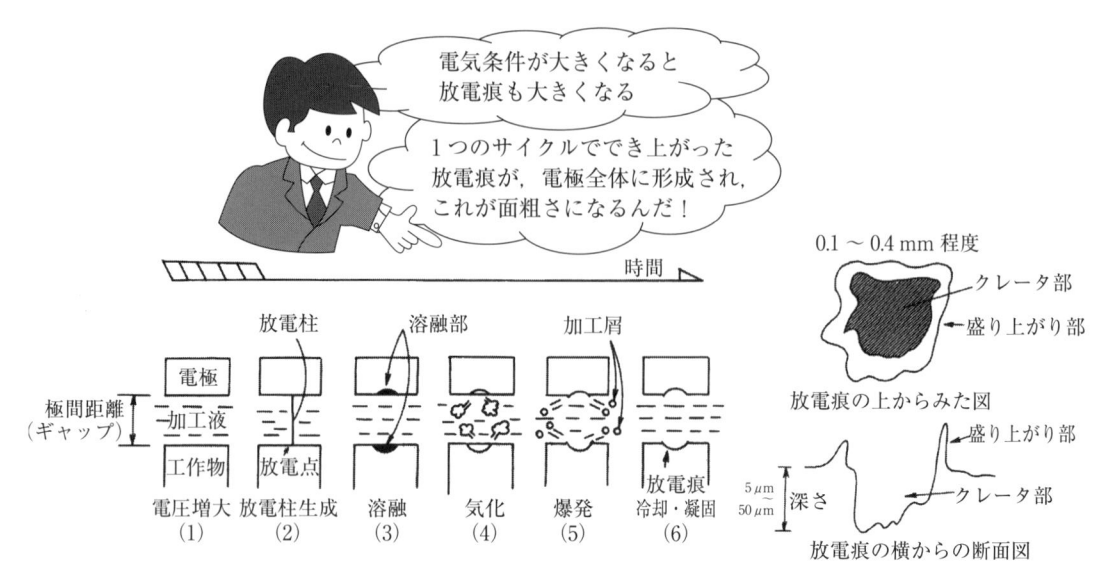

図12.4 放電加工の加工原理（1サイクルの過程）

4,000 K から 5,000 K の高温になって，金属が蒸発・溶融状態になり，一部はイオン化する。アーク放電柱の熱はさらに加工液も気化し，急激な体積膨張をともなって局部的な爆発現象が引き起こされ，溶融状態にある電極と工作物の一部が吹き飛ばされ，加工面に**放電痕**（盛上部＋クレータ）が形成される。

④ この熱は，電極と工作物だけでなく，周囲の加工液を瞬間的に気化させる。**加工液の気化・蒸発状態**である。

⑤ 気化させるときの機械的な圧力によって，溶融状態にある電極と工作物の一部が吹き飛ばされる。吹き飛ばされた電極と工作物を，**加工屑**という。このとき，ガスも発生する。電極側が減ることを**電極消耗**という。切削でいう工具摩耗に相当するものである。工作物側が減ることを除去量という。放電加工では，この電極消耗が少ないことがよいとされる。**加工屑の飛散・除去状態**である。

⑥ 放電で吹き飛ばされたところに，周囲からの冷たい加工液が流れ込んで，次の放電が可能になる状態，すなわち**絶縁回復**がなされる。吹き飛ばされた放電の痕跡を放電痕（クレータ）という。**放電痕の生成，絶縁回復の状態**である。

12.1.4 放電加工の熱解析シミュレーション

近年，熱解析シミュレーションの研究の結果，放電開始直後から蒸発領域が明らかになった。以下，著者らの研究結果[*]を紹介する。膨張を考慮したアーク柱直径の時間変化モデルとして「**アーク柱の膨張領域モデル**」と「**アーク柱膨張パターン**」を提案した。アーク柱の熱解析モデルはアーク柱直径と放電痕の大きさとの関係で**図12.5**に示すように5つのmodel（以下，Mと略す）M1～M5に分けた。M1はアーク柱が膨張しない場合，M2はアーク柱の膨張領域がクレータよりも小さい場合，M3はクレータ直径と等しい場合で，M4は放電痕（クレータ

---

[*] 風間豊：放電加工の熱解析に関する研究，平成14年度職業能力開発総合大学校研究課程修士論文，2002年3月より．

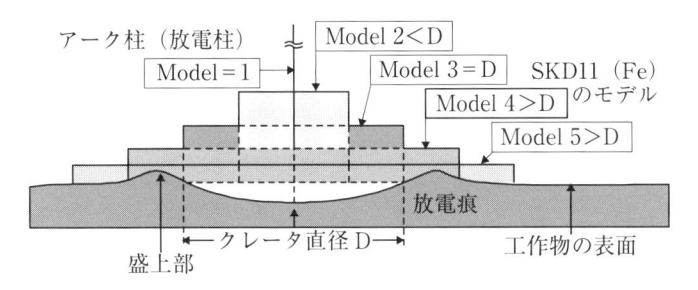

図12.5 放電柱の膨張変化の5つのモデル

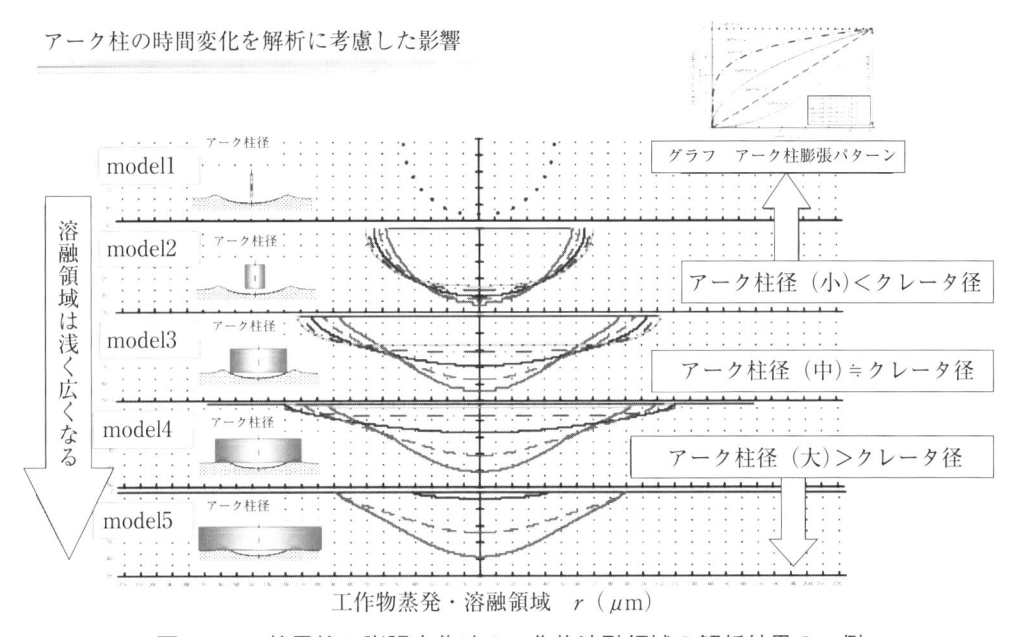

図12.6 放電柱の膨張変化時の工作物溶融領域の解析結果の一例

＋盛上部）とほぼ等しい場合，そして M5 は放電痕よりも大きい場合である。また，ここでは，モデル M3 を基準モデルとした。M2～M5 のクレータ直径の大きさは，M3 の直径を基準としてそれぞれ 0.5，1.5，2 倍とした。また，各 M の高さはエネルギー密度を表す。M の高さと直径との積は放電加工による工作物に流入する熱エネルギーである。また，各 M1～M5 の熱エネルギーの総量はそれぞれ等しいと仮定した。本解析では，市販の非線形非定常熱伝導解析有限要素法プログラム MARC をメインルーチンとして用い，これに実際の単発放電加工時における放電エネルギーの時間的な変化やアーク柱の膨張などを考慮できるサブルーチンを FORTRAN で作成して MC に組み込めるように新しい熱解析アルゴリズムを考案し，熱解析を行った。**図12.6** はアーク柱が膨張したときの解析結果の一例を示す。解析結果から SKD11 はアーク柱領域モデル M3 および M4，アーク柱膨張パターン P1～P3 に近似し，アーク柱消沈時の最高温度は 4,009 K で，Fe の融点 1,810 K に達する熱領域と単発放電実験後のクレータ直径とはほぼ等しく，また溶融深さは実験結果とほぼ同じ結果が得られた。SKD11 の溶融領域は図 12.6 に示すように，アーク柱膨張にともない工作物の深さ方向に深く，クレータ直径方向に大きく広がる傾向がわかった。**図12.7** は，放電発生から放電終了までの工作物の蒸発

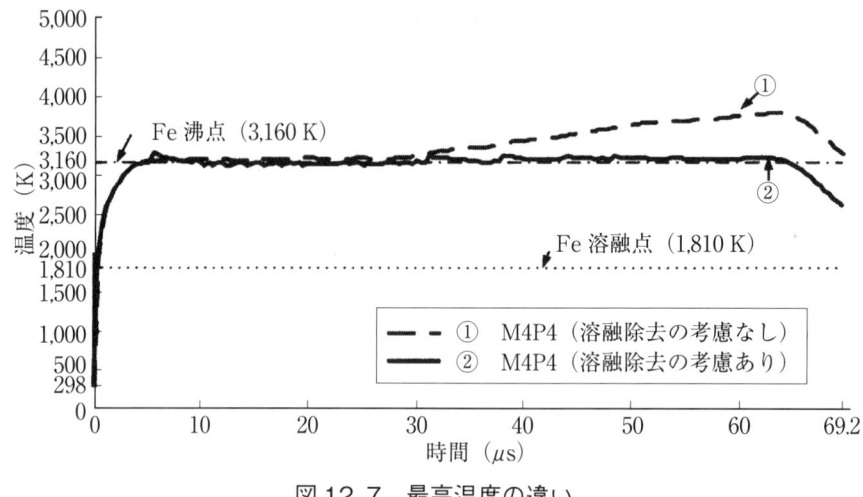

図12.7 最高温度の違い

および溶融除去の過程における最高温度の履歴を示す。図をみると，半径方向の蒸発および溶融変化が大きく，放電終了間際には蒸発および溶融領域が縮小している。Fe は 1,810 K が溶融点であるが，蒸発除去を考慮しない場合，溶融点に達するまでに 46.4 μs 時間がかかっている。蒸発除去を考慮した場合では，放電直後にわずか 4～5 μs 程度で沸点近くの 3,160 K になることがわかる。

図12.8 は，放電発生から放電終了までの工作物の蒸発および溶融除去の過程を示す。横軸には工作物の蒸発および溶融半径がミクロン（μm）単位で示され，縦軸には工作物の蒸発および溶融の深さをミクロンで示している。

工作物の蒸発除去を考慮した解析結果についてみてみる。図 12.8 はアーク柱領域モデル M4 におけるアーク柱膨張パターン P4，すなわち M4P4 における工作物の蒸発除去を考慮しない場合図(a) と，考慮した場合図(b) のシミュレーション結果の比較である。図(b)は考慮した場合で，図中の薄い灰色の表示は工作物の融点 1,810 K 以上の領域を表す。また，濃い灰色の表示は工作物の沸点 3,160 K 以上の蒸発除去した領域を表す。ここでの蒸発除去アルゴリズムを考慮した解析では，図 12.8 から蒸発除去ありの場合，なしの場合と比べて，工作物の融点 1,810 K 以上の領域は深く大きく，半径方向の蒸発および溶融変化が大きく，放電終了間際には蒸発および溶融領域が縮小している。単発放電実験データから得られた近似クレータ形状を1つの評価基準としているので，工作物の蒸発除去を考慮した解析結果についてみてみる。

一方，蒸発除去の考慮の有無という視点から検討すると，蒸発除去を考慮した解析結果では工作物表面の最高温度は沸点に近くなることがわかる。

図12.9 は単発放電を行った後のクレータ(放電痕)のSEM像を示す。工作物は鋼材(SXD11)で，放電電流ピーク値 (b) 51A，放電時間 (τ on) 64 μs の加工条件で加工した結果の一例である。図 12.9 中の A-A' は，クレータのプロフィル（断面形状）を測定した方向と部位を表しており，図 12.10 中の表記では X 方向である。**図12.10** は図12.9 に示した A-A' 部のクレータのプロフィルの一例を示す。高精度な表面粗さ計で測定したものである。図 12.10 中の内径がクレータ径を，放電で除去されたくぼみがクレータの深さを表す。図 12.10 中のクレータ径は約 0.23 mm，クレータの深さは約 0.023 mm である。**走査型電子顕微鏡（SEM：Scannig**

12.1 放電加工とは

(a) 蒸発除去を考慮しない解析結果

(b) 蒸発除去を考慮した解析結果

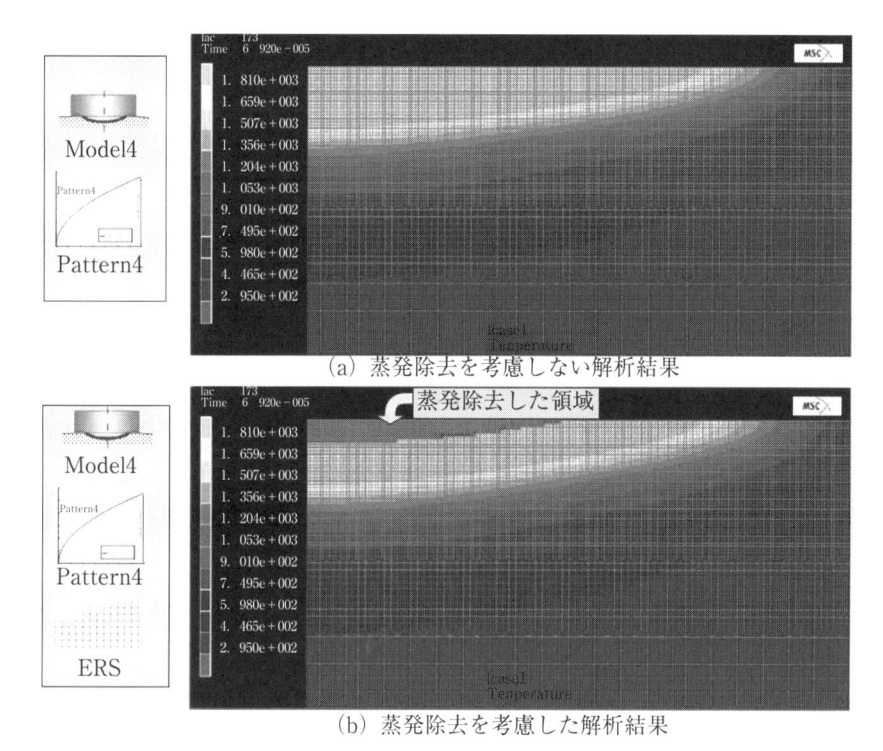

図12.8 放電発生から終了までの工作物の蒸発・溶融除去の過程

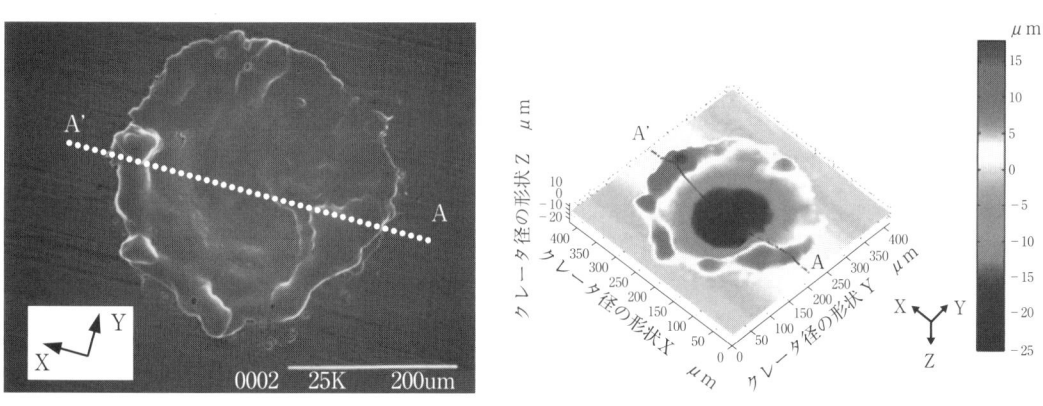

図12.9 放電痕のSEM像
（鋼材 Ip = 51 A, τ on：64 μs）

図12.11 放電痕の3次元表示

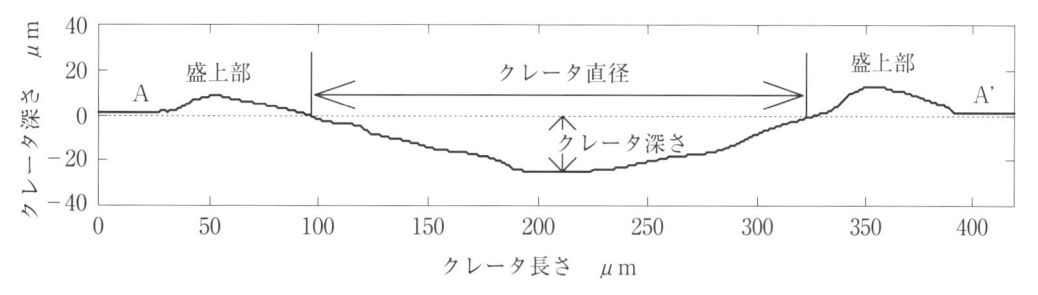

図12.10 図12.9中のA-A'部のクレータのプロフィル

Electron Microscope）では，電子線の照射位置をブラウン管（CRT）上の点に，発生した2次電子の量をその点の輝度に対応させて表示する。このとき得られる画像を2次電子像ないしSEM像という。この画像から，対象物の形がわかる。

図12.11は放電痕の計測データを3次元的に表示・評価するために，MATLAB言語で開発したソフトを用いて図12.9の全体のプロフィルを3次元表示したものを示す。

さて，前節で述べた①から⑥までの1つの放電サイクルが，1秒間に何千回，何万回と繰り返され，同時に電極が工作物に送り込まれて，加工が進行する。この1つの放電サイクルを**単発放電**といい，1秒間に何千回，何万回と繰り返される放電を**連続放電**という。放電加工では，それぞれの単発放電を分散させて加工を進行させるようにすることが重要なポイントである。すなわち，放電が一局集中し，定常流のアーク放電にならないようにすることで，そのために放電加工の基礎知識が必要なのである。

12.1.5 機械工作法の分類と放電加工

第1章でみたように機械工作法の分類には，エネルギーなどいろいろな視点での分け方がある。表1.1に示したように，除去加工，付加加工法，変形加工法の3つに分類される。なお，放電加工は除去加工に分類される。除去加工法は，工作物（素材）の余分な部分を取り除いて目的の形状（製品）にする加工法である。製品形状以外の除去された部分は加工屑となる。切削で除去された部分を切屑（あるいは切粉）というが，放電加工では**加工屑**という。除去加工の短所は無駄な切屑が発生することである。この方法には主に機械的除去，熱的除去，化学・電気化学的除去の3つの方式がある。熱的除去および化学・電気化学的除去方式は，**特殊加工**あるいは**高エネルギー密度加工**と呼ばれる。また，放電加工はその熱的除去に分類される。

12.2　形彫り放電加工の基本知識

放電加工の実務に際して，重要なポイントは次の3つである。

1番目は，加工のファクタ（Factor：因子）が多くあるが，どれとどれが加工特性に大きく効いてくるかを的確に知っておくこと。

2番目は，荒加工と仕上げ加工ではねらいが違う，ということ。前者は加工速度を，後者は加工精度を重視しており，当然，最適加工条件は別個のものになる。

3番目は，工作物と電極の組合せによって，適切な加工条件が大きく違ってくるということ。

切削加工などでは，普段より硬めの材料を削るには加工条件をいくぶん控えめにすればよい。しかし，放電加工は物理・化学的加工なので，硬さも含めて物理・化学・電気的諸性質が加工に大きく影響するわけである。形彫り放電加工を行ううえでの基本知識として，ここでは，加工機の基本構成，その電源，電気条件，加工液についてみてみる。

12.2.1 形彫り放電加工機の基本構成

放電加工機には，形彫り放電加工機とワイヤ放電加工機とがある。ここでは，前者についてみる。

形彫り放電加工機の基本構成を図12.12に示す。図12.13は，形彫り放電加工機の実際の構成と配置を示す。おもに①**本体**，②**加工電源装置**，③**加工液供給装置**から構成されている。**本体**は，コラム，ベッドから構成され，コラムに電極の支持や送り機構が備えられ，ベッド上に

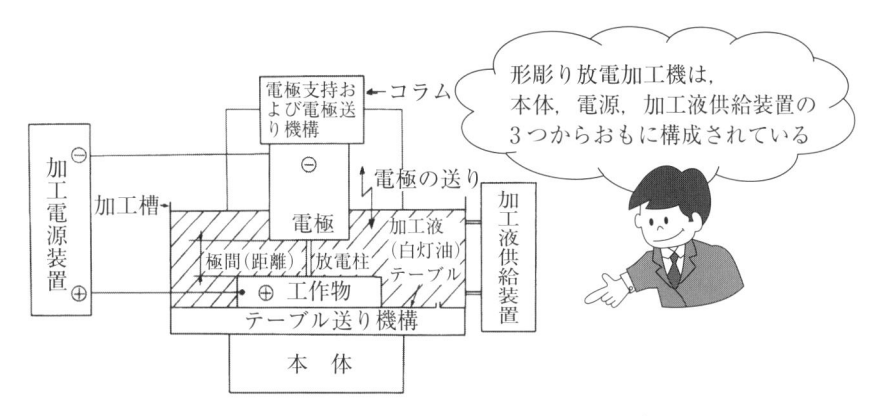

図12.12 形彫り放電加工機の基本構成

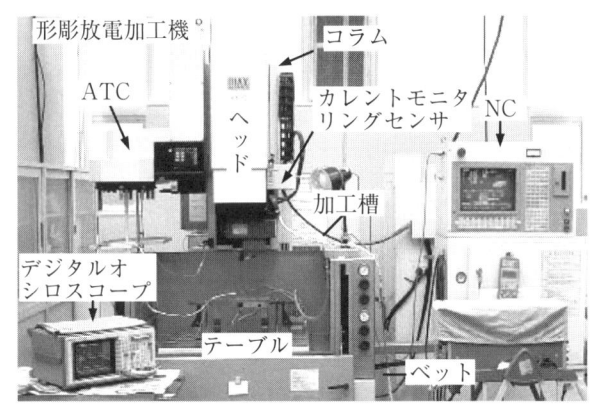

図12.13 形彫り放電加工機の実際の構成と配置

テーブルと一体形の加工槽が配置される。工作物はテーブル固定される。

加工電源装置には加工回路，電源，極性切替え，CNC（コンピュータ付き数値制御）装置などが配置される。**加工液供給装置**にはフィルタ，温度制御，液切替え装置などが配置されている。

12.2.2 放電加工機の種類（Z軸の電極の駆動方式）

日本国内の形彫り放電加工機メーカにはソディック，三菱電機，ファナック，牧野フライス製作所，西部電機，ブラザー工業，放電精密などがある。海外ではアジェ・シャルミー社などがあり，各メーカでは**表12.2**に示すように，機能工夫を凝らしている。

コラムに取り付けられたZ軸の電極の駆動方式には，主にモータ駆動方式と油圧駆動方式の2つがある。しかし，近年，応答性，位置決め精度などからモータ駆動方式が主流になっている。この代表的な駆動方式として**図12.14**に示すようにリニアモータ方式とボールネジ構造のACサーボモータ方式がある。前者は後者に比べて移動速度と位置決め精度に優れており，機械的接触も少ないため，高い応答性と長期的安定性がある。後者はボールネジ方式なのでバックラッシ等による遊びがあり，応答性，精度のうえで多少問題がある。したがって，前者は後者に比べて，放電加工特有の加工液中の加工屑やガスの排除に優れている。

表12.2 形彫り放電加工機のいろいろ

改善箇所	種　類	
電極駆動方式	サーボモータ	リニアモータ
加工電源	CR回路系	トランジスタ回路系
機械構造	片持ち	門形（両持ち）
制御方式	適応制御	ファジー制御
加工液	油系	イオン化水系

(a) リニアモータ方式　　(b) ボールネジ構造のACサーボモータ方式

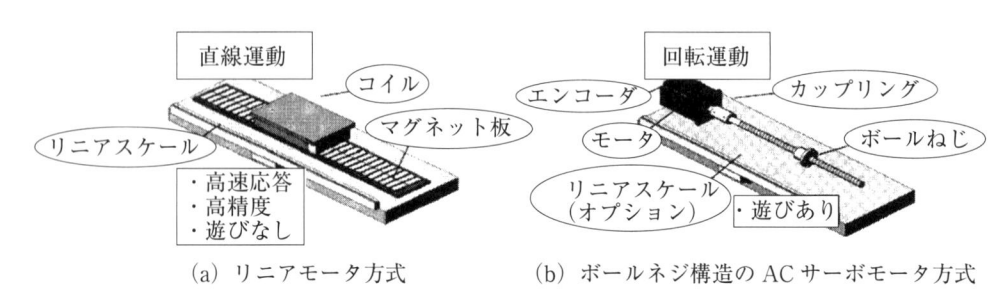

図12.14　Z軸の電極の駆動方式

12.3　形彫り放電加工の加工電源方式

　形彫り放電加工の主な加工条件は，(1) 電源，電極，加工液（12.5節で後述）などである．各々についてみてみる．

　本来，繰り返し放電を行うのに適した電源回路には，(a) RC回路，(b) LRC回路，(c) サイリスタ回路，(d) 高周波発信回路，(e) 発信回路，(f) トランジスタ回路，(g) トランジスタ制御式RC回路，などがある．形彫り放電加工の電源として，現在はトランジスタ回路が主流で，ワイヤ放電加工ではトランジスタ制御式RC回路が主流である．

12.3.1　RC（抵抗・コンデンサ）充放電回路

　RC充放電回路は，**図12.15**に示すように抵抗とコンデンサによる充放電回路である．抵抗は電源保護用の逆流防止のため，コンデンサはエネルギー蓄積のために用いられている．電源から供給されたエネルギーは，時間とともに放物線状に増大し，コンデンサに蓄えられる．この状態を**充電**という．さらにエネルギーが供給されると，コンデンサには蓄えきれなくなり，抵抗があるので電気の流れやすい電極と工作物に流れ始め，これが引金となって，コンデンサに蓄えられたエネルギーも，どっと一気に電極と工作物間に流れる．この状態が**放電**である．

　RC充放電回路の特徴は，大きな**加工電流ピーク値**（以下 Ip と略す）が得られることである．しかし問題点として，パルス幅や Ip を自由に設定することがむずかしく，アーク放電，すなわち使えない放電になりやすいので，放電の稼動率（後述してある）を大きめにすることができない，極間の状態で放電の発生が大きく左右され，加工安定性がよくないなどがある．

12.3.2　トランジスタ充放電回路

　トランジスタ充放電回路（以下，Tr回路と略す）は，Trの良好なスイッチング特性を利用

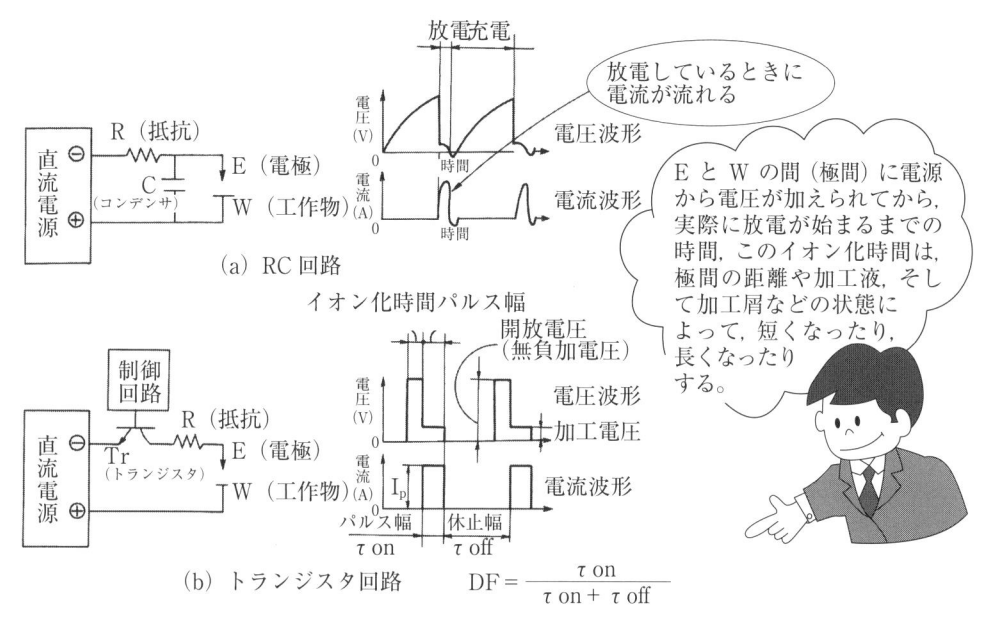

図12.15 RC充放電回路とトランジスタ充放電回路の電流・電圧波形

したもので，制御回路はこのスイッチングを行い，パルス幅や休止幅をコントロールするものである。供給電源側の電圧・電流波形は，**図12.16**に示すようにともに矩形波である。まず，開放電圧（100～200 V）が極間に加えられる。極間がイオン化され，続いて放電する。放電時は20～30 Vと低くなる。よって，階段状の電圧波形になっている。このイオン化時間は，極間状態に左右される。したがって，加工機に設定したパルス幅と実際のそれとは若干異なるのである。Tr回路の特徴は，パルス幅やIpを自由に選定できるだけでなく，大きめの稼働率も設定できる，などのメリットがある。さて，それぞれの電源から発生する電流・電圧波形をみておこう。形彫り放電加工用電源の主流は，Tr回路である。

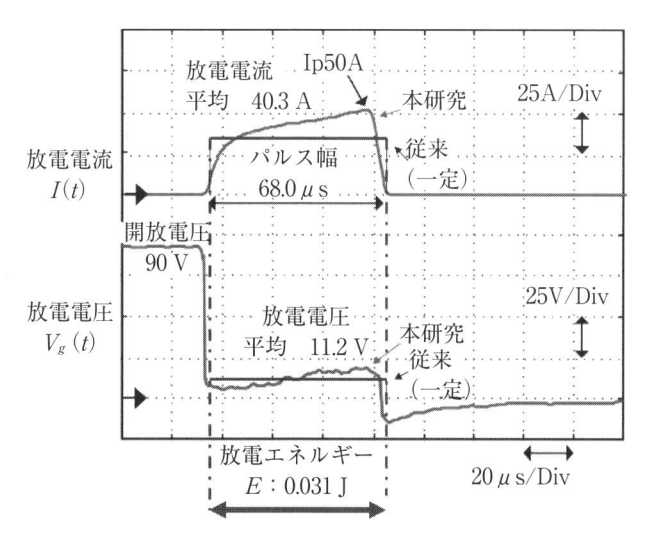

図12.16 単発放電加工を行った場合の実際と理論上の電流波形（Ip）と電圧波形（V）

12.4 形彫り放電加工の電気条件

ここでは Tr 回路における電気条件について述べる。主な電気条件としては，①**加工電流ピーク値**（Ip）[7]，②**加工電圧**[8]，③**パルス幅**[9]（オンタイムともいう，以下 τon（タウオン）と略す），④**休止幅**[10]（オフタイムともいう，以下 τoff（タウオフ）と略す），⑤**稼働率**〔Duty Factor；デューティファクタ（以下 DF と略す）〕，⑥**極性**[11]，⑦**ジャンプ**[12]，⑧**サーボ電圧**[13]などが挙げられる。

図12.16は，Ip = 51 A，パルス幅 64μs で機械に設定して，単発放電加工を行った場合の実際と理論上の放電波形，すなわち電流波形(Ip) と電圧波形(V) を示す。

理論上の放電波形は図 12.16 のように直線で示すような矩形波である。これに対して，実際の放電波形は理論上のそれとは大きく異なり，放電電流では，パルスはなだらかに立ち上がり，徐々に大きくなり，あるピーク値で急峻に降下し，理論上のパルス幅でゼロになる。電圧波形では，理論上は開放（無負荷）電圧から波線のように直角にある加工電圧になる。しかし，実際は無負荷電圧からダウンシュートし，放電電流に比例して電圧も徐々に大きくなり，降下し，大きくダウンシュートしてゼロボルトにゆっくり戻る。この場合の，実際の放電エネルギーは 0.0036 ジュール(J) である。

DF は，次式で表せる。**図12.17** に示すように，一般に DF 値は通常 50％（τon と τoff は同じ値）を基準とし，加工速度を大きめにしたい場合

$$DF = \tau on / \tau on + \tau off \times 100(\%)$$

は DF ＞ 50％にするが，加工状態は不安定になりがちになる。

図12.18 に示すように，電極消耗や後述する加工内容に関与する。

12.5 形彫り放電加工の加工液

12.3 節で述べたが，加工液は電極，工作物，放電加工の重要要素の1つである。一発一発のちゃんとした放電を次々に発生させるには，電極と工作物との間を絶縁回復させる必要がある。加工を長時間行うと加工液が汚れ，加工屑が加工液中に充満する。このような状態では，ちゃんとした放電を発生させることはできない。そのためには，加工液のことをよく理解することが必要である。以下，加工液についてみてみよう。

---

[7] Ip(加工電流ピーク値) は，電源側から極間に供給できる投入電流のピーク値のことで，実際に極間を流れる電流値そのものではない。
[8] 加工電圧は，実際に放電加工している電圧，すなわち負荷が加わった電圧のこと。
[9] パルス幅は，電圧を極間へ加えていない時間で，かつ正味の放電加工している時間（放電電流が流れている時間）のこと。荒加工の場合は大きめに設定し，仕上げ加工の場合は小さめに設定する。
[10] 休止幅は，電圧を極間へ加えていない時間で，上記の絶縁回復を行わせる時間のことで，大きめに設定すると加工速度は大きくなるが，加工状態は不安定になる。
[11] 極性 (Polarity；ポラリティ) とは，電極と工作物の電気的な極性のこと。工作物がプラスなら**正極性**といい，この反対を**逆極性**という。
[12] ジャンプとは，加工屑を排除するために，電極を強制的に引き上げる機能のことで，単位時間あたりの回数と引き上げ時間を設定する。もちろんこの値を大きめにすると加工速度は小さくなるが，安定した加工状態が得られる。
[13] サーボ電圧とは，放電加工を安定に行うために，電極と工作物との極間距離をつねに適正に調節するためのサーボ制御機構のことで，加工の進行にともなって電極を送ったり，異常な状態になったら電極を引き上げたりするもの。荒加工や仕上げ加工時のクリアランスの設定などに用いる。

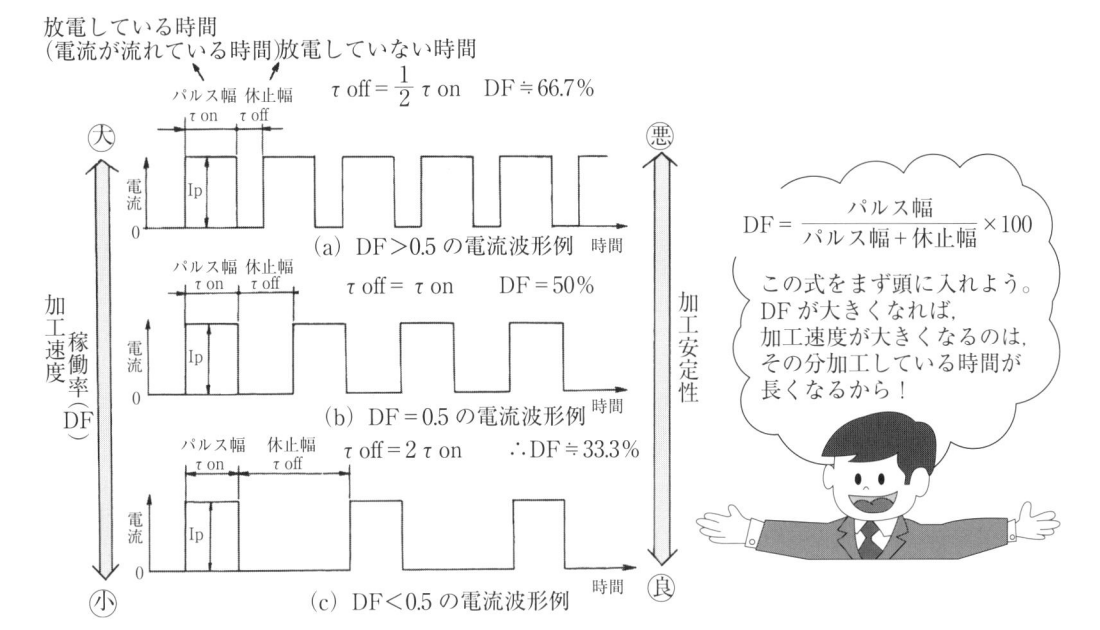

図12.17 稼働率（DF）と電流波形（Ip）と加工特性

図12.18 電極材料の適性（工作物がダイス鋼，軟鋼のとき）

さて，形彫り放電加工の加工液には白灯油がよく用いられるが，後述する加工特性を考慮すると，放電加工専用の加工液を用いたほうがよいと思われる。

放電加工での加工液の役割は，①冷却作用，②加工屑およびガスの排出作用である。

1）冷却作用

加工屑の除去・飛散に寄与し，放電点の冷却と合わせて絶縁回復（消イオン作用）をもたらす。

2）排出作用

図12.19に示すように，放電加工中の電極と工作物との極間は，おおむね20μm程度である。この極間で加工が行われ，多量の加工屑とガスが発生する。排出作用は，加工屑とガスを排除するだけでなく，放電を安定して行わせる。つまり，放電の一局集中（これを**集中放電**といい，

図12.19　加工屑の排出の仕方

放電加工にもっともよくないアーク放電のこと）や，加工屑を介しての2次的な放電を防ぎ，形状精度のよい加工を進行させるものである。

加工特性に影響を与える**加工液**のファクタとしては，**温度**，**加工液のかけ方**（噴流，吸引，方向）またその**圧力**，そして**加工液の種類**，**新旧**などに注意する必要がある。

加工液が古くなりすぎると，上記の2つの効果がなくなるだけでなく，加工屑混在による**2次放電**で炭化して，**形状精度**も保証されなくなる。**加工液の液圧**および**流量**は，大きめにすると**加工速度**は大きくなるが，適正値があるので，それ以上に設定しても，**電極消耗**や**加工精度**に悪影響をおよぼすことになるので，留意しなければならない。

12.6　形彫り放電加工の加工特性の基本知識

12.6.1　加工速度

形彫り放電加工における加工速度は，単位時間あたりの放電加工量（除去量）のことで，この表示法には，**重量加工速度**（g/min）と**体積加工速度**（mm^3/min）とがある。

電気条件のなかでは，特にIpの影響を受ける。通常は，電極の上下送り，すなわち加工深さ（マイナスZ方向）の値を読み取るわけであるが，近年の加工機には，これをグラフにしてディスプレイ上に表示するものもある。

12.6.2　加工精度

形彫り放電加工における加工精度としては，仕上面粗さ，寸法精度そして**クリアランス（拡大代）**などがある。

研削などの2次加工することが多いが，できるならば放電加工だけですませたいところである。製品加工面の仕上面粗さがよく効いてくるのは，抜型や押出・射出成形金型などである。

1）仕上面粗さ

バイトによる切削加工後の表面と異なり，放電加工後の加工表面が凹凸（梨地状）であるのは，上記の放電がいくつも重なってできているからである。この凹凸の面が面粗さで，仕上面粗さは通常R_aで表示される。

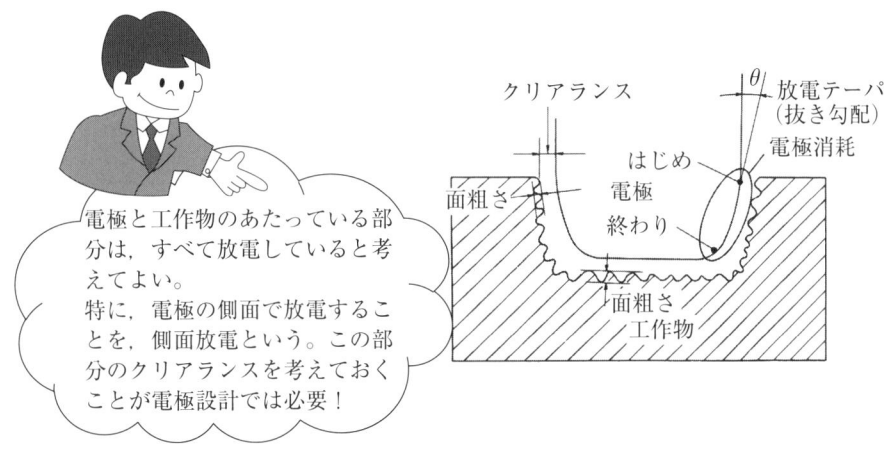

図12.20 クリアランスと放電テーパ

電極と工作物のあたっている部分は，すべて放電していると考えてよい。
特に，電極の側面で放電することを，側面放電という。この部分のクリアランスを考えておくことが電極設計では必要！

2）クリアランス

図12.20に示すように，片側の電極と工作物とのすき間のことで，加工はじめと終わりとでは異なる。つまり，図12.20に示すように，テーパ状（円錐状）になる。放電時間が長ければ長いほど，また加工深さが深ければ深いほど，放電加工の安定性がよくないほど大きくなる。クリアランスの管理は，電極設計のうえで大切である。

12.6.3 電極消耗比

電極消耗比は，図12.21に示すように電極の消耗量（$\triangle E$）と工作物の除去量（$\triangle W$）との比のことである。$\triangle E$ は，加工前の電極重量から加工後重量を引いた値で，$\triangle W$ は，加工前の工作物重量から加工後重量を引いた値である。鋼などの金属性の電極では重量比を表し，グラファイト電極では，加工前と後の電極の長さの比，あるいは加工深さの比で表す。電極消耗比は，電極材料を選定する際に重要である。

一般に，機器的な強度が強く，融点と沸点が高く，熱伝導率がよい。また，固有抵抗値の低い材料は，電極消耗が少ない。電極消耗は，電気条件のなかで，τ on にもっとも影響される。また，加工屑や炭化物が電極表面に付着・生成して，電極消耗比がマイナスになることもまれにある。実験データとして，実用の範囲ではつねにプラスである。

そのほかに，加工特性を表すものとしては，加工後の**加工変質層**[14]，**残留応力**[15]，**硬さ**[16] などがある。この加工後の表面は，数100 μm の熱変質層が形成されており，その際，表面は金型寿命にもっともよくない20～30 μm の白層ができているので，研削やみがきなどの2次加工

---

[14] 加工変質層は，工作物表面に溶融物付着するものと，急熱・急冷による熱変質の部分を含めた全体を指している。付着物は1～2 μm 程度の厚さで，溶けて残留する層は20～100 μm 程度になることが多い。その下に**熱変質層**が数100 μm ある，という状況である。この熱変質層が多いと，超硬合金などではクラック（割れ）を生じてしまうので，注意しなければならない。

[15] 残留応力とは加工後の変質層中に残る引張の応力のことをいっている。放電現象によって加熱された工作物表面が，加工液で急冷され体積を収縮しようとして応力を発生する。そのため，加工面に引張応力を，内部に圧縮応力を残すことになる。この応力は工作物の疲労強度を下げるなど，好ましくない。

[16] 硬さは，鋼の放電加工などでは一般に素材より高くなる。これは熱変質層のせいで，ビッカース硬さが1,000（Hv）程度になる。なお，放電加工後に研削加工をするときは，その後で研削加工の変質層の硬さを測ることになる。また，ワイヤ放電加工で超硬合金を加工すると，内部のコバルトが溶出して，加工後に軟らかくなる例もある。

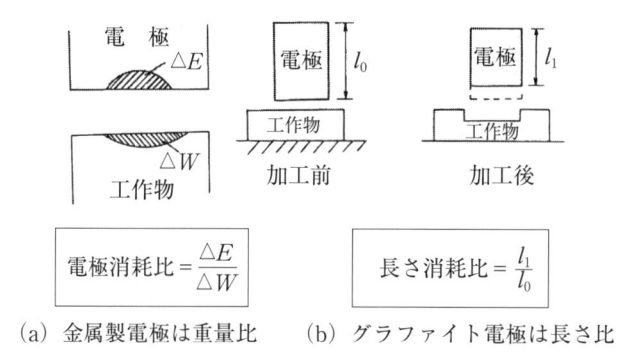

図12.21 電極の消耗量（$\triangle E$）と工作物の除去量（$\triangle W$）との比

(a) 金属製電極は重量比　　電極消耗比 = $\dfrac{\triangle E}{\triangle W}$

(b) グラファイト電極は長さ比　　長さ消耗比 = $\dfrac{l_1}{l_0}$

を行い，熱処理を行うのが一般的である．また，面粗さは，下記の電気条件に左右される．一般に，電気条件（放電エネルギー）が大きいと，面粗さは大きくなる．

12.6.4 加工特性の選定の目安

図12.22に示すように，たとえば，仕上げ面粗さはともかく，加工速度を上げる**加工速度重視の場合**には，加工の安定性が得られる範囲において，放電エネルギー（Ip, τ on, V），およびDFをできるだけ大きくし，休止時間（τ off）を小さめにすればよい．また，ジャンプの回数・時間を少なくし，加工屑排除のため，工作物などに下穴をあけて加工液の流れをよくするなどの工夫を行う（図12.19を参照のこと）．これとは反対に，**加工精度として形状・寸法あるいは面粗さを重視する場合**，加工速度はできるだけ低めに抑えること．具体的には，Ip, τ on, VそしてDFを小さくし，休止幅を大きめにする．

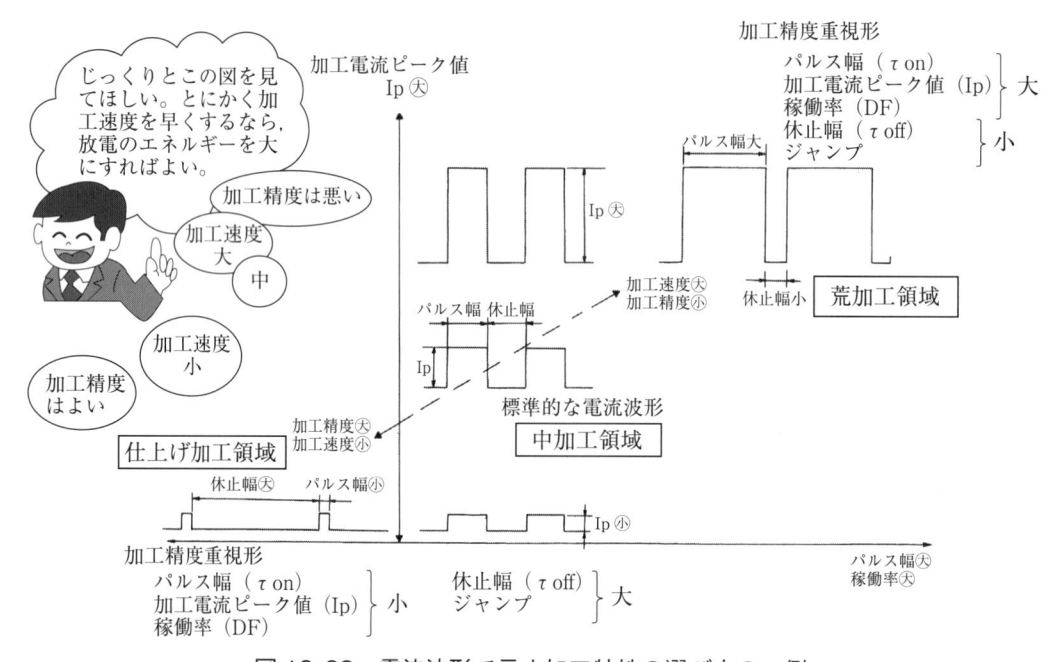

図12.22 電流波形で示す加工特性の選び方の一例

13 NC工作機械

13.1 NC[17]（数値制御）とは

13.1.1 NCとは

　数値制御の数値とは，図13.1に示すNCテープにおける，パンチ穴が開いているか否かの2つの状態，つまり穴あきのときを「1」という数値，穴なしのときを「0」という数値で表した2進数，すなわちデジタル量のことである。1つのパンチ穴が，デジタル量の最小単位を示す。これを**1ビット**（bit）という。NCテープは送り方向に対して1列に8つの穴，つまり8ビットのデジタル量がある。これを**1バイト**（byte）という。すなわち，デジタル情報である。時系列的に8ビットの情報が同時に処理される。一般に，これらの1と0からなる言語を機械語という。

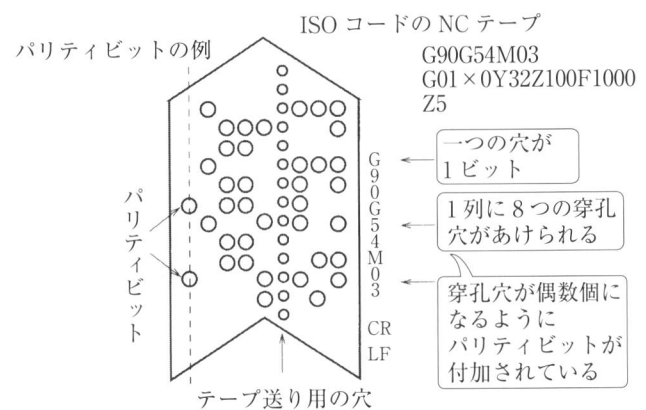

図13.1　ISOコードのNCテープ

　図13.1に示したテープ上の穴位置の組合せで，それぞれの数字や文字を表す。それらの数字と文字は，データの構成や制御または表現に用いる要素であり，これを**キャラクタ**という。このキャラクタのための穴の組合せを**コード**という。このコードと文字の関係の規約には，**ISOコード**と**EIAコード**がある。

　機械加工に必要な工作物や工具の位置，運動（回転速度，送り速度，移動経路など）などの情報を図13.1に示したようなコード，つまり数値（デジタル量）で表し，この数値で機械に命令し，制御することを**数値制御**という。このNC情報のフォーマットはJIS（Japanese

---

17) NCとはNumerical Controlの略で，数値（Numerical）で制御（Control）するという意味である。数値制御された工作機械をNC工作機（または，数値制御工作機械）という。

Industrial Standards：日本工業規格）で 1970 年代に決められてから，3 桁コード，小数点コード，マクロ化などが追加されたが，ブロック単位の指令の基本的仕様は何も変わっていない。

13.1.2　NC 工作機械

図13.2 は NC 工作機械の構成を，次のメカトロニクスの主な 6 要素に対応させて分類した例を示す。NC 工作機械の主な構成は，機械本体と NC 装置[18]（コントローラ）とからなる。機械本体は，数値プログラムを翻訳し機械本体の制御を行う NC 装置と，NC 装置からの指令によって工作物を加工する機械本体とで構成されている。なお，プログラム（または，パートプログラム）とは，作業手順や加工方法などを決められた約束に従って数値や記号で表したものをいう。

NC 工作機械の主な構成は，図 13.2 に示すように，NC 装置，サーボ機構，工作機械本体，センサ（検出器）などからなる。NC 装置は，工作機械やロボットなどの動作を数値情報とサーボ機構によって制御するシステムのことである。

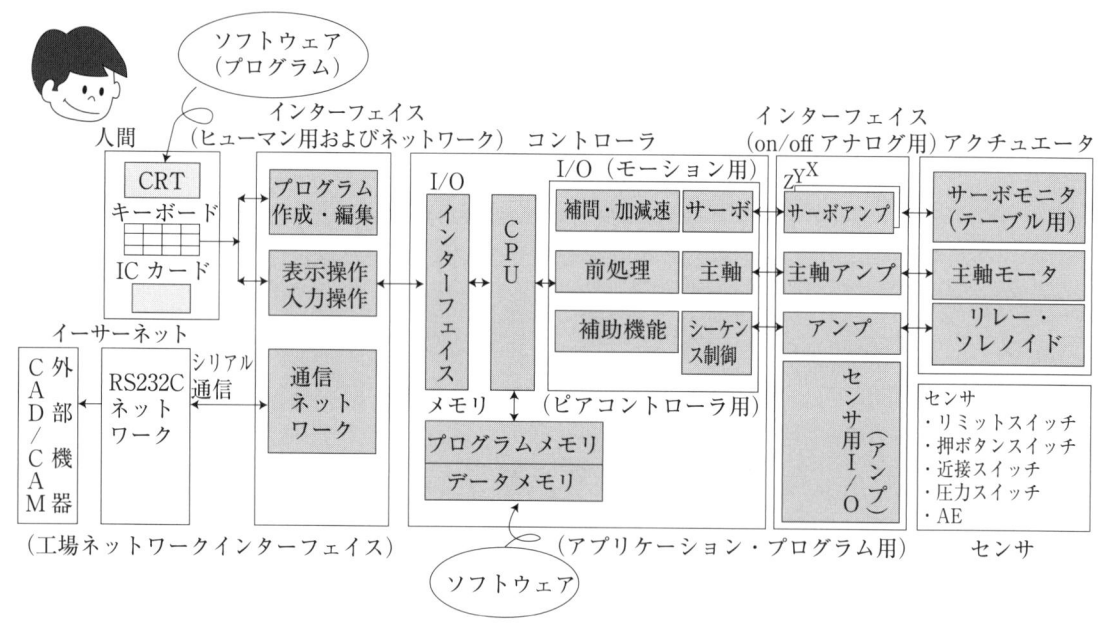

図 13.2　NC 工作機械の構成要素

13.1.3　NC 工作機械とその構成

① 頭脳〔コントローラ（controller）：NC あるいは CNC 制御装置〕
② 手や足〔アクチュエータ（actuator）：モータ，ソレノイドなど〕
③ 目や耳〔センサ（sensor）：リミットスイッチ，カメラなど〕
④ 神経系〔インターフェイス（interface）：I/O，アンプ，回路系〕

---

18) NC 装置は，数値プログラムを翻訳し機械本体の制御を行う。NC 装置からの指令によって工作物が取り付けられたテーブル駆動用のモータであるアクチュエータを動かし，目的の形状を指令したプログラムどおりに工作物を加工する。なお，プログラム（またはパートプログラム）とは作業手順や加工方法などを，決められた約束に従って数値や記号で表したものをいう。NC 装置（コントローラ）の内部は，主に CPU，I/O（入出力）装置，メモリから構成される。その基本構成はほとんどパソコンと変わらない。

⑤ 脳の中味〔ソフトウェア（software）：プログラム〕
⑥ 通信〔ネットワーク（network）：インターネット，RS232C など〕

機械本体には，アクチュエータ（駆動モータ），センサ（検出器），インターフェイス（電子回路・信号処理系）が備えられている。それぞれの役割を簡単にみておく。

（1）NC装置（コントローラ）

NC装置の主な役割は，次のようになる。①**テーブル駆動制御**，②**主軸回転制御**，③**油圧空圧関連機器のシーケンス制御**（よく，PLC；Programmable Logic Controller と略される）。NC工作機械の主な信号の流れは，**図13.3** に示すように，①テーブル駆動制御系と②主軸回転制御系とが組み合わされて行われる。つまり，①は，NC装置，センサ（検出器），アクチュエータ（サーボ機構駆動モータ），テーブル（工作物）の左右運動あるいはZ軸の上下運動という流れ，そして②は工具の径が変われば主軸回転数も変える主軸回転の制御である。

テーブル駆動制御系では，NC工作機械のテーブル（または工具）の移動量などは，電気パルスであるデジタル信号によって制御される。この制御を実行する機構（メカニズム）を**サーボ機構（servo mechanism）**という。詳細は後で述べるが，サーボ機構では，工具やテーブルの前後・左右の移動量および移動速度をセンサで読み取った値と，NC装置からの既設定パルスの数値とが同じ値になるように制御する。つまり同じ値に修正できるように**フィードバック（feed back：帰還）**制御が用いられている。たとえば，この制御装置から電気パルス1個が出力されると，テーブルが規定量（たとえば1/1,000 mm）だけ動くように，サーボ機構および機械本体が構成されている。

（2）アクチュエータ技術

アクチュエータとは電気的な信号を物理量に変換するものである。工作機械では，ソレノイ

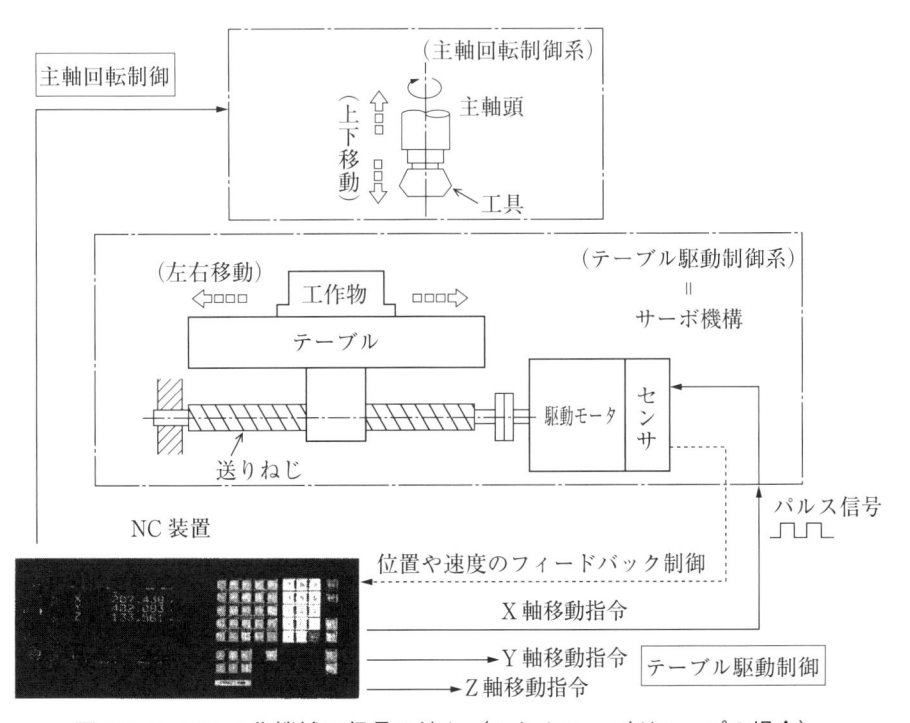

図13.3　NC工作機械の信号の流れ（セミクローズドループの場合）

ド装置，モータあるいは油圧装置や空気圧装置で動くシリンダなどである。最近のCNC工作機械の新しいアクチュエータとしては，高速切削加工用のマシニングセンタなどの主軸では空気静圧軸受や動圧軸受あるいは磁気軸受，テーブル送りでは磁気方式のリニア駆動などが用いられている。また，高精度・高速度制御を行うのに，各軸専用のモータも高精度な位置決めや真円度が要求され，短時間精度±数μm，長時間精度±10数μmぐらいの精度レベルまでの加工精度（形状精度，表面粗さなど）と品質が，どのメーカでも保証されるようになってきている。

（3）センサ技術

センサとは，種々の物理量（あるいは化学量）を電気的信号として検出するものを指す。NC工作機械で使用されるセンサは，主にテーブル位置や移動量を検出するもので，光学式や磁界式などのロータリエンコーダ（回転形符号器）である。

（4）インターフェイス（電子回路・信号処理系）

① サーボ関連の軸制御や主軸回転制御を行うモーションインターフェイス（motion interface），
② 人（オペレータ）と機械との仲介をするヒューマンインターフェイス（human interface），
③ 企業内外との通信を行うネットワークインターフェイス（network interface）

がある。今後，上記の③はますます重要になる。

（5）ソフトウェア技術

図13.1に示したようなコード，つまり数値（デジタル量）で表し，この数値の集まりを**命令語**といい，この命令語の集まりを**プログラム**という。そして，このプログラムの集まりを総称して，**ソフトウェア**という。加工プログラムを**NCコード**といったりする。NC情報のフォーマットはJISで1970年代に決められてから，3桁コード，小数点コード，マクロ化などが追加されたが，ブロック単位の指令の基本的仕様は何も変わっていない。

13.1.4 NC工作機械の制御方式

（1）位置決め制御，直線制御，輪郭制御

NC工作機械の制御方式を大別すると，**図13.4**に示すように**位置決め制御**[19]，**直線制御**[20]，**輪郭制御（連続通路制御）**[21]の3つがある。

（2）補間について

輪郭制御を行うには工具が始点から終点まで指定形状から離れないように，階段状の経路を作る。この階段状の経路を**補間**という。補間には**図13.5**に示すように**直線補間**と**円弧補間**とがある。直線補間とは，始点と終点が直線で結ばれる方式である。円弧補間とは，始点と終点が円弧になっているものである。制御装置から電気パルス1個が出力されると，工具やテーブル（工作物）が規定量（通常の最小移動量単位：1μm = 1/1,000 mm）だけ動くように，駆動

---

[19] 位置決め制御は，工具の移動途中の経路に関係なく，加工すべき位置（点）に速く，正確に移動させるための制御方式である。ボール盤，パンチプレス，スポット溶接機などの工作物の位置を決めるのに用いられる（**図13.4(a)**）。この場合，移動経路に障害物などがないことに注意する必要がある。

[20] 直線制御は，運動経路は問題にしない位置決め制御に送り速度機能を追加したもので，ある点からある点までを結ぶ1つの軸上の直線を制御する方式である。**図13.4(b)**に示すようにフライス盤や旋盤などの加工に用いられ，あらかじめ切込量を設定して，工具や工作物をX軸あるいはY軸上に沿って加工を行う。

[21] 輪郭制御は，**図13.4(c)**に示すように移動の始点から終点まで工具が指定形状に沿って運動する制御方式である。同時に制御できる軸数により，直線形状はもちろん，円弧形状，放物線形状，自由曲面形状などの加工ができる。

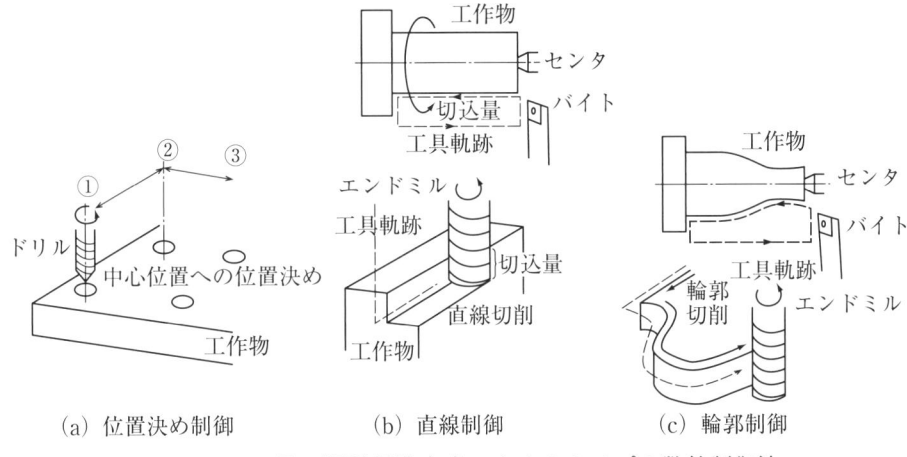

(a) 位置決め制御   (b) 直線制御   (c) 輪郭制御

図13.4 工具の運動経路方式による3タイプの数値制御法

モータが制御される。

13.1.5 サーボ機構の仕組み

図13.3で見たようにNC装置からのパルス信号を受けて，工具やテーブル（工作物）の位置や速度はサーボ機構で制御される。

さて，サーボ機構は，位置・速度検出信号の利用方法の違いにより，**図13.6**に示すように**オープンループ制御**[22]，**セミクローズドループ制御**[23]，**クローズドループ制御**[24]に分類される。

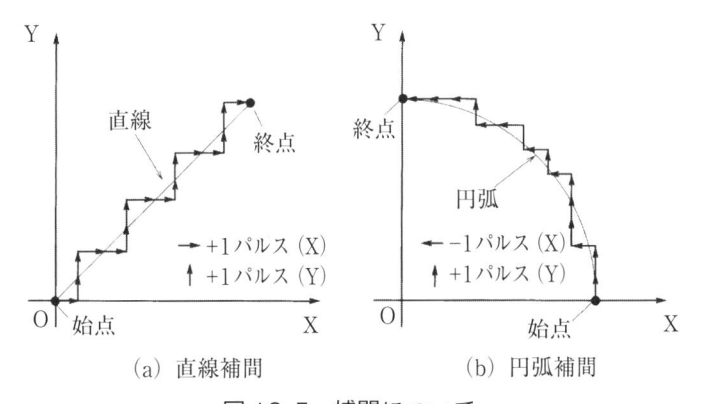

(a) 直線補間   (b) 円弧補間

図13.5 補間について

---

22) オープンループ制御は図13.6(a)に示すように電気パルスの数の分だけモータが回転して，ボールネジが回転し，工具やテーブル（工作物）が移動する方式である。主な特徴は，次の4つが挙げられる。①フィードバック経路がない。②1パルスでパルスモータが一定角度ずつ回転する。③構成が簡潔であるが，その分駆動系の誤差が発生しやすく，高い精度が出ない。④パルスモータの性能の制約で，高速運転が困難である。

23) セミクローズドループ制御は図13.6(b)に示すように工具やテーブル（工作物）の位置をモータ端に組み込んだセンサ（検出器）で回転した量を検出し，それを速度・位置情報としてフィードバックして利用する。通常のNC工作機械ではセミクローズドループ制御が多く利用されている。主な特徴は次のとおりである。①ボールネジのピッチ誤差やバックラッシュ誤差をなくす必要がある。②モータの出力軸までは，精度が保証される。それゆえ，セミの名がつく。③機械構造部分が制御対象系の外側にあるため，安定な制御系が構築できる。

24) クローズドループ制御（その1）は図13.6(c)に示すようにテーブルにセンサ（検出器）を取り付けるので，実際の位置を直接検出し，フィードバックする方式である。次のような特徴がある。①精度上問題となるボールねじのねじれ・バックラッシュなど機械的要因が，制御対象系の中に入るため，セミクローズドループ制御と比較すると制御が不安定になりやすい傾向がある。②テーブル端での位置を直接検出するため，制御精度は向上する。③検出器の取付けなど構造が複雑になる。

(a) オープンループ制御

(b) セミクローズドループ制御

(c) クローズドループ制御

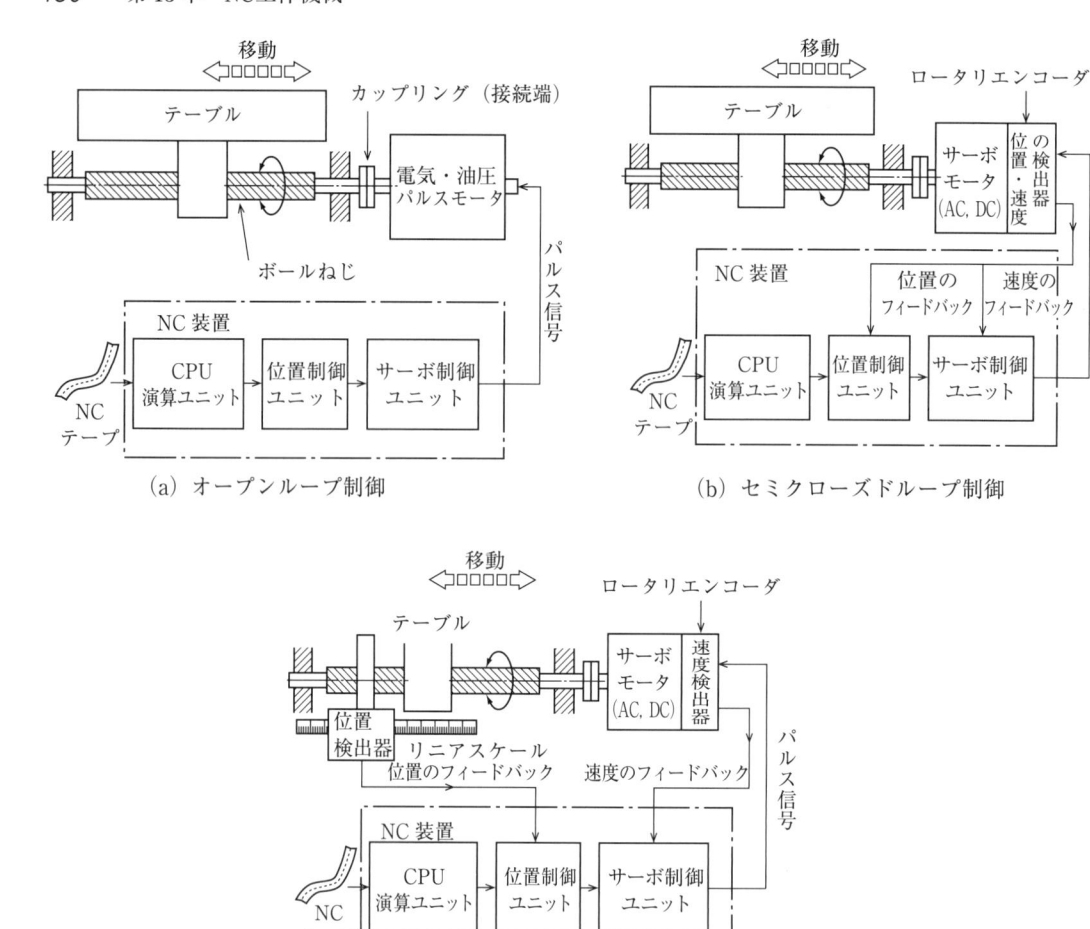

図13.6 サーボ機構の分類

13.1.6　NC工作機械の特徴と種類
（1）NC工作機械の主な特徴
　NC工作機械は，複雑な形状の加工を制御装置により自動的に行うのが最大の特徴であるが，現在のNC工作機械の主な特徴を次に挙げる．
　① 位置決めや輪郭切削を，プログラムにより自動的に高精度に制御できる．
　② 工具交換や切削液のオン・オフなどの補助的な作業がプログラムにより自動的に行える．
　③ 工具の寸法や取付け位置などにより，プログラムの変更を行う必要がないように数種類の工具補正機能がある．
　④ 旋盤とフライス盤，ボール盤とフライス盤などのように複数の異なる工作機械の機能を1つのNC工作機械がもつ場合が多い．

　NC工作機械の主な種類を次に挙げる．切削加工関係では①NC旋盤，②NCフライス盤，③マシニングセンタ，④NCボール盤，⑤NC中ぐり盤，⑥NCホブ盤などがある．
　研削加工関係では，①NC平面研削盤，②NC輪郭研削盤，③NC円筒研削盤，④NC工具研削盤，⑤NCカム研削盤などがある．放電加工関係では，①NC形彫り放電加工，②NCワ

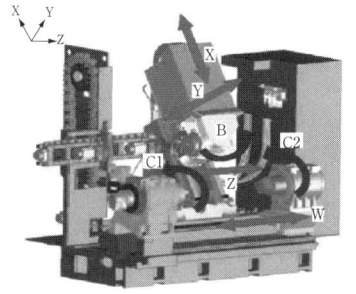

(a) 外観図　　　　　(b) 内部構造図　　　　(c) 加工機能

図13.7　ターニングセンタ（多軸自動旋盤）

イヤ放電加工がある。そのほか，①NCレーザ加工機，②NC超音波加工機，③NCパンチプレスなどがある。

NC工作機械の普及した大きな理由として次のことが考えられる。

1) 生産現場では，原価低減のために材料費，機械の償却費や人件費などで，いろいろと工夫や努力をしている。そうした工夫のなかで，特に重視しているのが自動化，省力化，無人化のための生産技術である。

2) 汎用工作機械では，作業者は経験と訓練によって，より高度で，高能率・高精度な加工の技術や技能を身につける。このような熟練者になるには長い時間と費用が必要である。しかしながら，NC工作機械では比較的短時間のうちに，精度的にも能率的にも，普通必要とされる水準までの技術や技能を身につけることができる。そればかりでなく，同じ加工の繰り返しならば，プログラムにより人手をかけずに加工を継続することができる。こうした理由から，生産現場ではNC工作機械が盛んに導入されている。

（2）NC旋盤

初期のNC旋盤は，六角刃物台が水平面を旋回するタレット形で，油圧ならい旋盤をNC化（同時2軸制御）したものであった。その後，サーボ機構やNC装置の発展により，信頼性，操作性，あるいは機能性が向上し普及した。最近は，旋盤でありながらフライス加工もできる，同時4軸加工を複合的に行うNC旋盤（ターニングセンタ）も登場し普及している。**図13.7(a)**にNC旋盤の外観を，図(b)に内部構造を示す。機械本体は主軸，往復台，刃物台などで構成される。主軸は中空のパイプ構造で，バーフィーダ（工作物の自動供給装置）が装備できる。刃物台は，六角のタレット形から，10数角のドラム形が主流で，多工程の加工が行える。また，作業者の対向する位置にテーブルがあり，このため刃物台に取り付けられるバイトの切れ刃は下向きになり，切屑の処理を容易にする構造になっている。制御軸は，主軸長手方向（Z軸）と主軸直角方向（X軸）の同時2軸制御である。ターニングセンタでは，工作物の回転割出し用として付加軸（C軸）がある。図(c)に示すようにエンドミルを刃物台に取り付けてフライス加工ができる。機能としては，工作物の直径変化にかかわらず切削速度を一定に保つ周速一定制御，刃先Rによって生ずる形状誤差を自動的に補正する刃先R補正機能，内外径切削，段付け切削，横切削，ねじ切りなどの各種旋削パターンの固定サイクルなどがある。

NC装置は，CRTディスプレイに表示される指示に従って入力すると，自動的にプログラムを作成する対話機能が強化されている。また，プログラムの登録・編集が容易にできるなど，

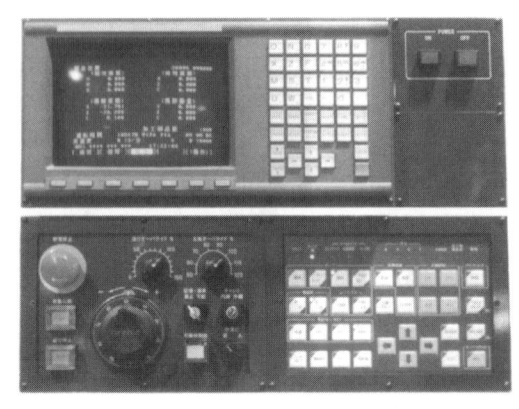

図 13.8　NC 旋盤の操作部　　　　図 13.9　対話形 NC 機能

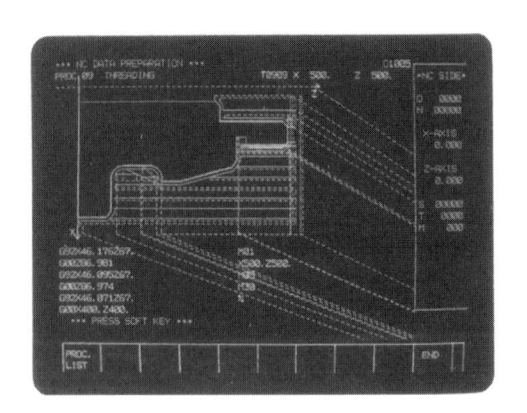

操作性が非常によくなっている。図13.8 に操作部，図13.9 に対話形 NC 機能の CRT 画面を示す。

(3) マシニングセンタ

JIS 規格では，マシニングセンタは「工作物の取り替えなしに，2 面以上についてそれぞれ多種類の加工を施す数値制御工作機械。工具の自動交換装置，または自動選択機能を備える。」と定義されている。工具の自動交換装置を ATC（Automatic Tool Changer）と呼んでいる。図13.10 に主軸が横軸の横形マシニングセンタ，図13.11 に主軸が縦軸の立て形マシニングセンタの例を示す。マシニングセンタは ATC を備え，それにテーブルの割出し機能を付加し，フライス加工，中ぐり加工，ドリル加工などを行う NC 工作機械といえる。機械本体の主な構成は，テーブル，主軸頭，ATC である。工作物はテーブル上のパレットに取付け具やジグを利用して取り付けられる。パレットが回転することによって工作物の多面加工ができる。ATC は，ATC マガジン（または，工具マガジン）に収納されている数 10 本の工具のうち，指定する工具を任意に呼び出し，ATC アームによって自動的に工具を主軸に装着する動作を行う。

図13.12 に ATC アーム，図13.13 に ATC マガジンを示す。

マシニングセンタは，テーブル割出し機能による工作物の多面加工，ATC による工具の自動交換，また場合によっては，APC（Automatic Pallet Changer）と呼ばれるパレットの自動交換装置などによって，長時間無人運転を可能にしている。マシニングセンタでは，工作物上で複数の座標系が設定できるワーク座標系，ボーリング，ドリリング，タッピング等各種の固定サイクルなどの機能が用意されているが，特徴的な機能は**工具補正機能**[25]である。

(4) NC フライス盤

NC フライス盤は数値制御される工作機械として世界で初めてアメリカで開発されたが，その目的からもわかるように，3 次元の複雑な形状をした航空機部品，カムや金型の加工に適している。

マシニングセンタのような多機能な NC 工作機械の登場によって，NC フライス盤そのもの

---

25) 工具補正機能は，工具交換による工具長や工具径の変化を自動的に補正する機能で，これによって使用する工具の長さや直径の大小を意識することなく，工作物の形状どおりにプログラミングができる便利さがある。

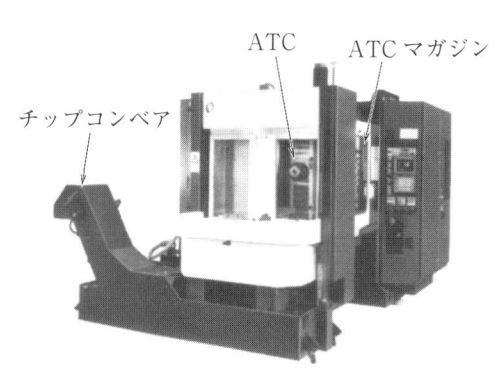

図 13.10　横形マシニングセンタ

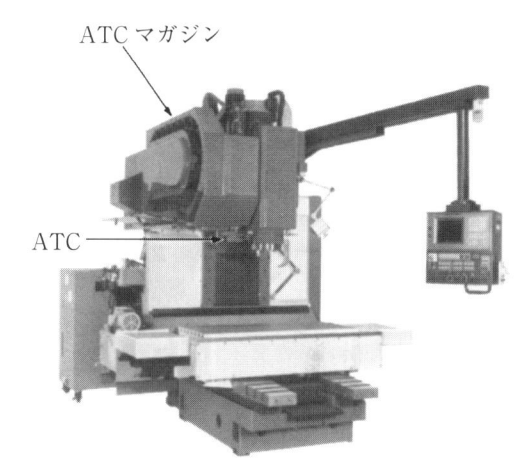

図 13.11　立て形マシニングセンタ

図 13.12　ATC アーム

図 13.13　ATC マガジン

がマシニングセンタ化する傾向にある。しかし，マシニングセンタに比べ，価格が安く，段取りの容易さ，操作性のよさなどから，NC フライス盤は重宝されている。特に，マシニングセンタを使わなくてもよいような部品加工を行っている中小企業では ATC を装備した，いわゆる小型マシニングセンタともいうべき NC フライス盤の需要が多い。図13.14～図13.16 に各種の NC フライス盤を示す。

（5）NC ボール盤

図13.17 に NC ボール盤を示す。ドリル加工やタップ加工がおもで，簡単なフライス加工もできる。タレット式の主軸頭に数本の工具を収容し，最大加工径は $\phi 20\,\mathrm{mm}$ くらいである。立て形と横形があり，高速，高精度，高剛性であり，価格がマシニングセンタに比べて安いので，軽合金の高速仕上げ加工など，小物作業を中心に利用されている。

（6）NC 研削盤

図13.18 に NC 平面研削盤と NC 成形研削方式，図13.19 に NC 円筒研削盤，図13.20 にNC 輪郭研削盤（NC プロファイルグラインダともいう）をそれぞれ示す。NC 研削盤は，その使用目的が工作物の最終仕上げ加工であることから，高精度加工が要求される。砥石を要求

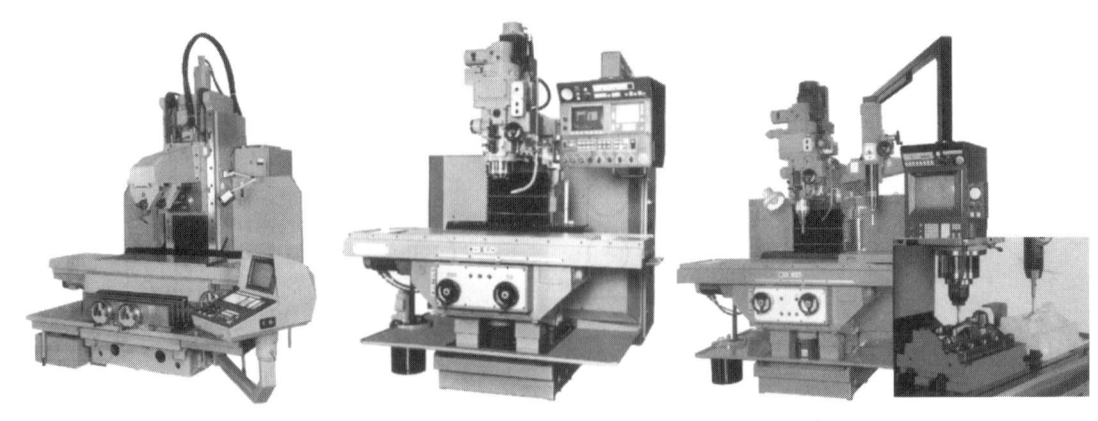

図 13.14　NC 横フライス盤　図 13.15　NC 立てフライス盤　図 13.16　NC ならいフライス盤

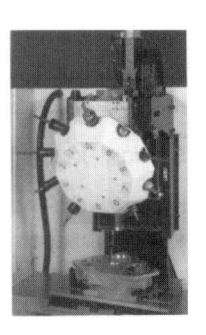

(a) 立て形　　　(b) 横形　　　(c) 立て形主軸

図 13.17　NC ボール盤

する形状に成形して加工する**プランジ研削**と，一定形状に整形した砥石を要求する形状に移動して加工する**コンタリング研削**，およびプランジ研削の応用で同一形状の繰り返し加工となる**複合研削**ができる．そのほか，砥石の送り機構，砥石の自動定寸装置，砥石の自動修正機能，研削パターンの固定サイクル化など構造，機能ともに改善されるにつれ，NC 研削盤は急激に

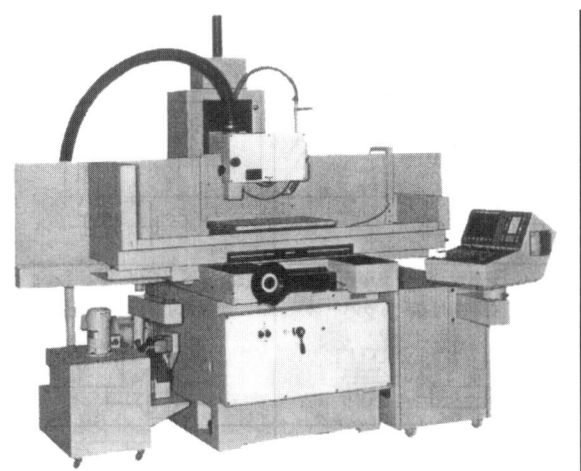

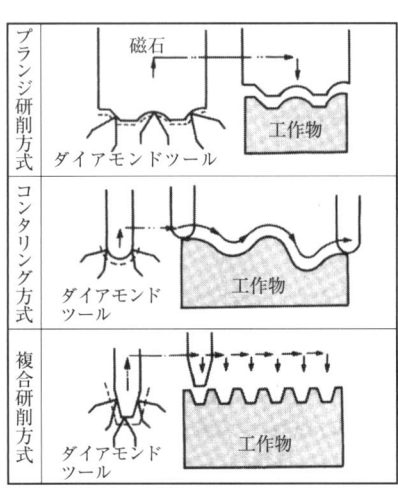

図 13.18　NC 平面研削盤の外観と NC 成形研削方式

普及している。**図13.21** に NC 円筒研削盤の固定サイクルを示す。

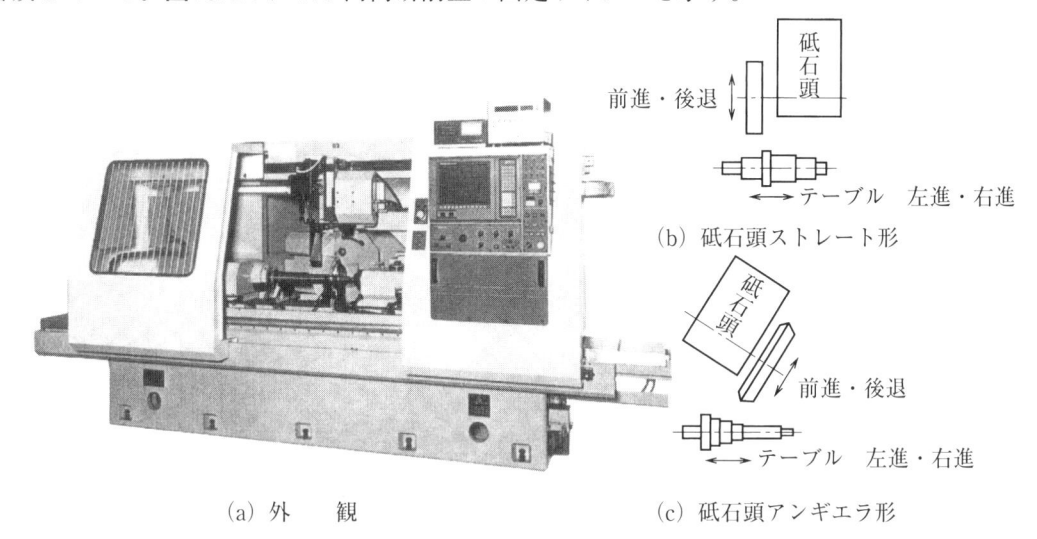

(b) 砥石頭ストレート形

(c) 砥石頭アンギエラ形

(a) 外　観

図 13.19　NC 円筒研削盤

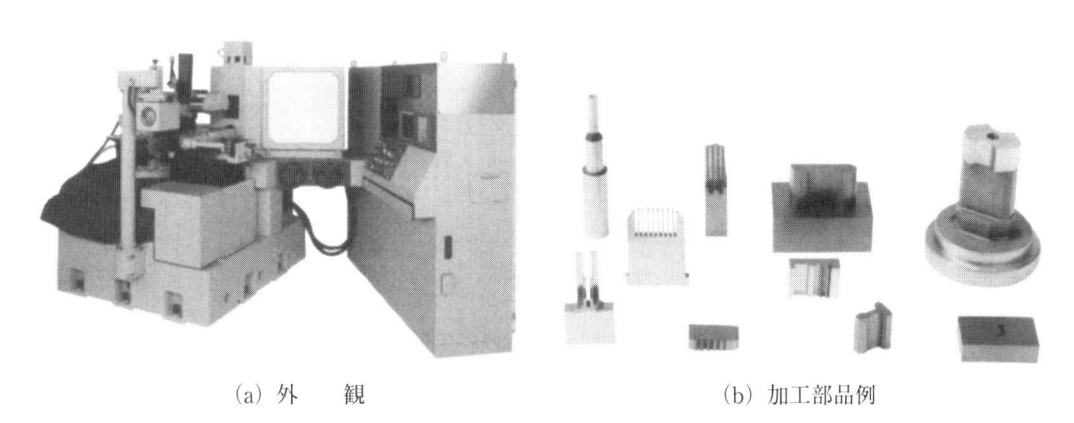

(a) 外　観　　　　　　　　(b) 加工部品例

図 13.20　NC 輪郭研削盤

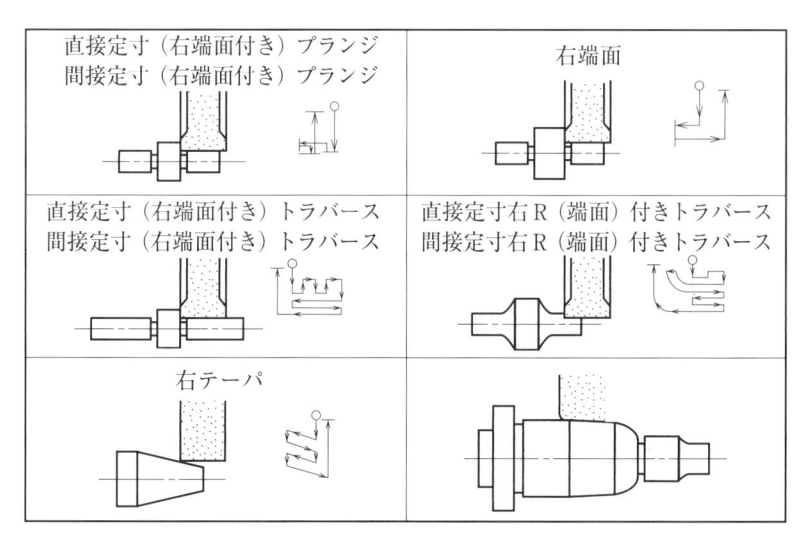

図 13.21　NC 円筒研削盤の研削固定サイクル

13.2 プログラミング

　工作物の図面が与えられ，工作機械にその図面どおりに工作物を切削させるためには，加工に必要な情報を一定の約束に従ってNC媒体に書き込まなければならない．この作業（数値情報化）をプログラミング（programming）という．

　プログラミングによってNC機械の仕事の内容が決まってしまい，工作物の精度，加工時間などに大きく影響するので，NC工作機械作業では，プログラミングがたいへん重要な作業になってくる．プログラミングの順序としては図13.22に示すように，図面から，加工順序，加工基準の取り方，工具の選定，工具の移動経路，移動距離，切削条件などを定めてプロセスシートを作成し，これに従ってテープに穿孔するマニュアルプログラミングと，自動プログラミング装置やCAD/CAMシステムなどのコンピュータを利用して行うプログラミング方式がある．次にNC工作機械に工作物，工具を取り付け，指令テープをテープリーダに取り付け，操作盤によって工具を最初の出発点に合わせ，始動ボタンを押すことにより加工を行う．近年は，指令テープを必要としないインターネットによる直接制御，群制御（DNC）などの方式もある．

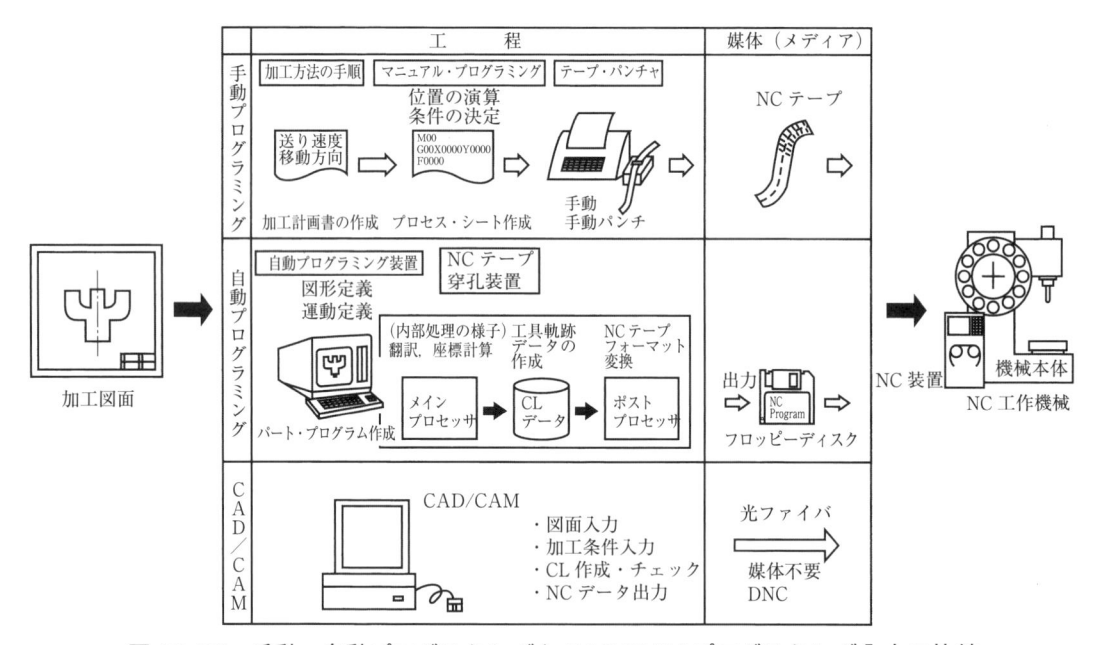

図13.22　手動・自動プログラミングとCAD/CAMプログラミング入力の比較

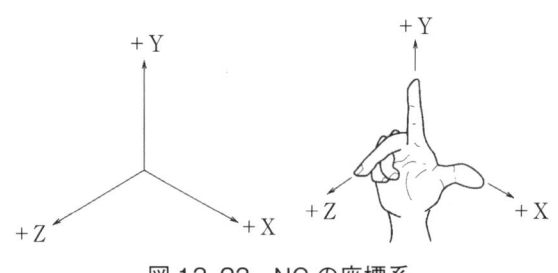

図13.23　NCの座標系

13.2 プログラミング　157

　プログラミングするときは，工具または工作物の移動方向を明確にする必要がある。プログラミングでは，すべて標準座標系（右手直交座標系）を用い，図13.23に示すように座標軸の記号はX，YおよびZを使用し，矢印の向きを正としている。

　また，主軸の方向をZ軸に取るのが普通である。図13.24に，NC旋盤やNCフライス盤をはじめとする各種NC工作機械の座標軸を示す。

(a) NC旋盤の座標系

(b) NC立て形フライス盤の座標系

(c) 立て形マシニングセンタの座標系

(d) 横形マシニングセンタの座標系

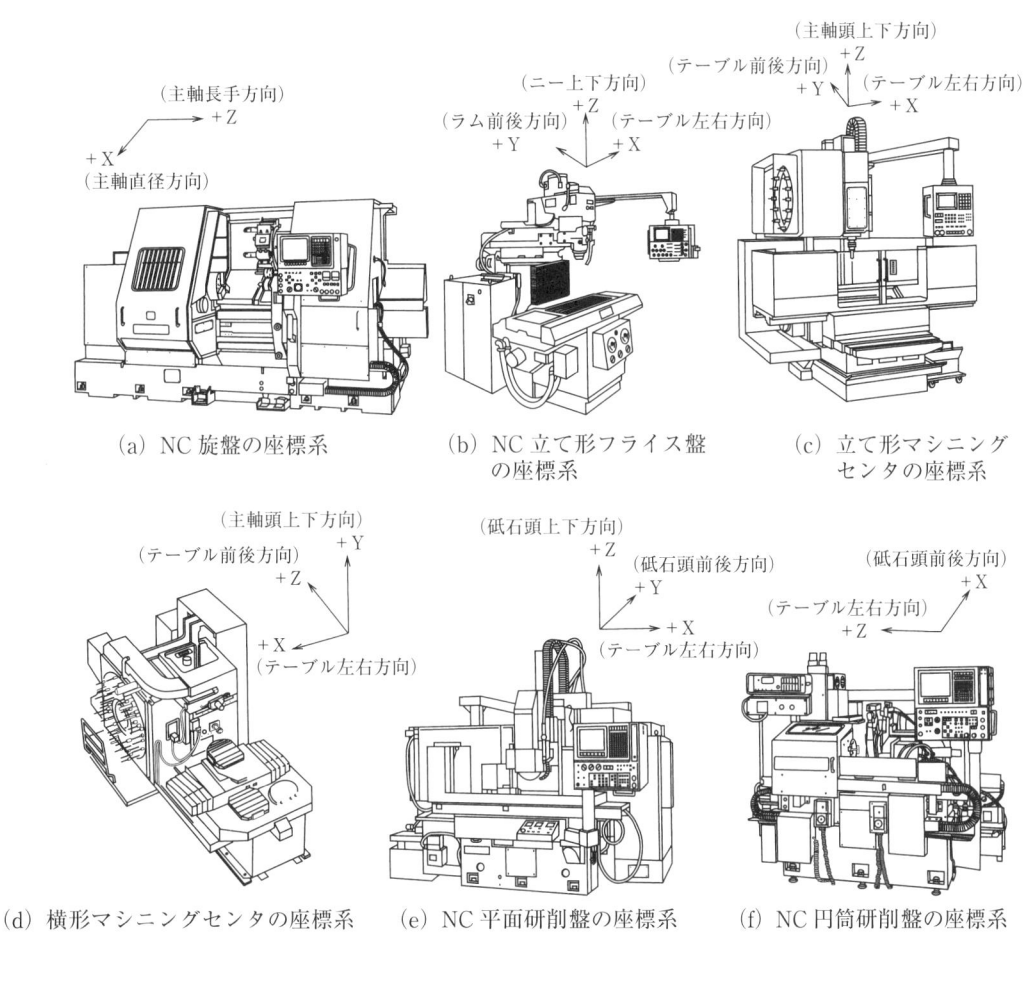

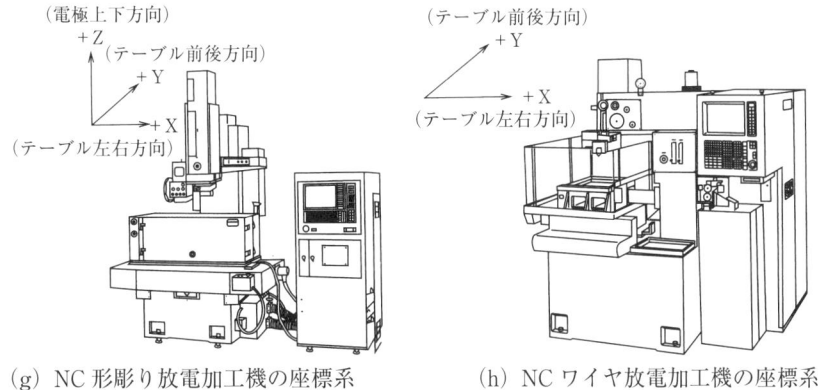

(e) NC平面研削盤の座標系

(f) NC円筒研削盤の座標系

(g) NC形彫り放電加工機の座標系

(h) NCワイヤ放電加工機の座標系

図13.24　各種工作機械の座標軸

13.3 座標系の指令方式

　工具の位置は，座標系で表される．その工具の座標，すなわち個々の点の位置情報の表し方には，**増分値方式（インクリメンタル方式）**と**絶対値方式（アブソリュート方式）**とがある．

　増分値方式は，各点の情報をその前の点からの増分量で表す方式で，機械の動きを示すために，"＋"または"－"を数値の前につける（**図13.25(a)**）．絶対値方式は，工具の移動すべき点が，固定された原点からの座標値で与えられる方式である．座標系の原点に対し，正負いずれの向きも取ることができる（**図13.25(b)**）．ただし，いずれの場合も"＋"の符号は省略することができ，プログラムのなかではインクリメンタル方式，アブソリュート方式のどちらを使用してもよい．NC工作機械には，NC旋盤，NCフライス盤，NCボール盤，マシニングセンタなどの各種工作機械がある．また，現在多く使われているNC工作機械は，コンピュータを内蔵しているため，プログラムの編集，グラフィック表示，対話式プログラミング機能などをもっており，このようなコンピュータを内蔵したNC工作機械をCNC工作機という．NC装置はそのほか，測定機，ロボットなどいろいろな機械に応用され，また，1台1台の機械の自動化だけでなく，数台あるいは数10台の機械群を一群として一緒に制御管理する後述の**FMS（Flexible Manufacturing System）**などにも用いられている．

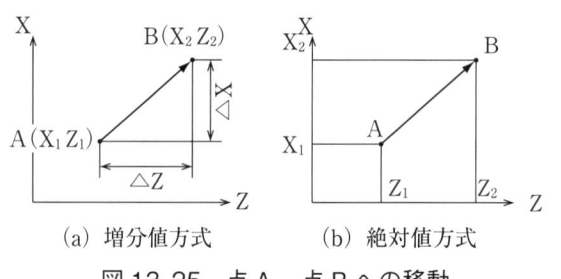

(a) 増分値方式　　(b) 絶対値方式

図13.25　点A－点Bへの移動

14 3D ソリッド CAD/CAE/CAM/CAT/Network システム

　従来 CAD/CAM[26] といわれているが，本書では 3D ソリッド CAD/CAE/CAM/CAT/Network[27]（以下，3D4CN と略す）システムについての基礎知識と基礎技術およびその必要性をみてみる。どうして今，部品，金型設計・製作に CAD/CAM が必要なのか？を従来の設計・製作技術と新しい 3D4CN システムによるそれとを比較して理解する。

14.1　3D4CN システムの必要性

　なぜ，これからの機械加工学には CAD/CAM が欠かせないのかを考えてみよう。大きな枠組みでみてみると，次のような理由が挙げられる。すなわち，
　① 技術的な背景（コンピュータ技術，メカトロニクス技術）
　② 社会的な背景（ダウンサイジング化と分散化）
　③ 経済・経営的な背景（自社の状態と景気）
ここでは，①と②について簡潔に述べる。

図 14.1　メカトロは機械とエレクトロニクスの合体

14.1.1　技術的な背景（コンピュータ技術，メカトロニクス技術）

　高度な機械加工技術の発展の背景として考えられるのは，エレクトロニクス技術，特に半導体技術を母体としたコンピュータ技術の進歩である。これによって，カメラや時計から始まり自動車，ロボット，そして工作機械に至るまで，日本では，社会全体が単なる機械技術から，

---

26) CAD/CAM（Computer Aided Design and Computer Aided Manufacturing）：コンピュータ支援による設計および生産・製造システム。
27) CAD/CAE/CAM/CAT（Computer Aided Design, Computer Aided Engineering, Computer Aided Manufacturing and Computer Aided Testing）：コンピュータ支援による設計，解析，生産・製造および計測・検査を1つのシステムで構成し，ネットワーク機能で，工程をさかのぼり，問題解決を素早く，効率よく実施する。

第14章 3DソリッドCAD/CAE/CAM/CAT/Networkシステム

表14.1 CAD/CAMの技術的背景

		1950年代	1960年代	1970年代	1980年代	1990年代	2000年代
		NC化	ロボット化	FMS化	FA化	CIM化	IT化
機械システム		ロボット誕生 NCの誕生 (MITで3D輪郭加工)	プレイバックロボット	CNC化 DNC化 APT化(自動プロ) PC(プログラマブルコントローラ) 産業ロボットの普及	自動搬送ロボット センサフィードバックロボット 自動倉庫 複合加工機	人口知能 知能ロボット MAP/TOP CAD/CAM	2足歩行ロボット BPR, ERP, SCM Remote制御
半導体		トランジスタ誕生	ICの誕生	LSI マイコン誕生 (4bit→16bit) 1KDRAM(メモリ)	VLSI パソコン 16bitマイコン主流 64KDRAM	V2LSI WS, EWS 32bit→64bit 4MDRAM	V4LSI 1Gパソコン 128bit 256MDRAM
ネットワーク	利用形態		集中一括処理	集中階層オンライン	TSS, 分散処理	総合ネットワーク	大容量ネットワーク
	関連技術	無線通信	大型汎用計算機 制御計算機	構造型データベース リアルタイム処理	TTS(タイムシェアリングシステム) UNIX, LAN	複合PBX, OSI, Ethernet, ISDN, Windows, Netscape	光ファイバ通信 IPv6, 携帯 Linux
CAD		自動化初期 CADプロジェクト(MIT) SKETCHPAD	DAC-1(GM) Coons理論(MIT) CADAM (lookhead)	3DSolidModelingの提案(TLPS, BUILD) GKSの提案(ドイツ)	IGESの提案 CAD/CAMの統合化 Product Model	Databaseの一元化 CAD/CAE/CAM/CATの統合化	Feature認識 PDM統合
CAM		APT1, APT2 (MIT)	APT3(AIA) FAPT(富士通)	APT4(ALRP) EXAPT	Bezier普及 同時5軸制御加工	NURBS補間 128ステップ先読み制御 高速加工	Feature認識 自動工程認識

図14.1に示すように電子技術をプラスアルファしたメカトロニクス（Mechatronics）技術に進展してきた。このメカトロニクスを支える技術には，前章の図13.2に示したように，主に①コントローラ技術（人間でたとえると頭脳），②センサ技術（目，耳，触覚），③インターフェイス技術（神経系），④アクチュエータ技術（手，足），⑤ソフトウェア（脳みそ），⑥通信（インターネット）の6つがある。①から⑤については13.1.3項で述べた。⑥については後述する。これらの技術によって，表14.1に示すように昭和40年代後半に各種汎用工作機械がNC化される。表14.1はCAD/CAMの技術的背景を示す。そして，多くの企業は生産コストの低減，生産量の増大，加工精度の向上，品質の均一性，企業体質の改善，熟練労働者の減少などの問題に対して万全を期したのである。こうしてできたのが各種トランスファマシンをはじめとするメカニカルオートメーションであった。こうしたオートメーション化のなかで，上述のNC化率が50％に普及したのは昭和56年のことであった。NC化によって，X軸，Y軸，Z軸という3次元の輪郭（コンタリング）制御を行うのに，各軸専用のモータが分散され，より高度な加工精度と品質が保たれるようになった。これは，図14.2に示すように，同時2軸，2.5軸，3軸，5軸，6軸の制御加工技術にまで発展した。同時2軸はXY平面上の加工，2.5軸は同時

14.1 3D4CNシステムの必要性   161

Z軸はxy平面に対して常に垂直方向　　Z軸は任意の面に対して常に法線方向

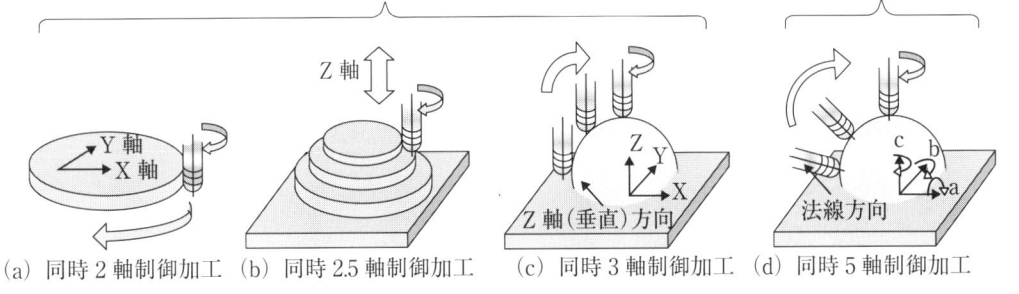

(a) 同時2軸制御加工　(b) 同時2.5軸制御加工　(c) 同時3軸制御加工　(d) 同時5軸制御加工

図14.2　NC加工技術の進展

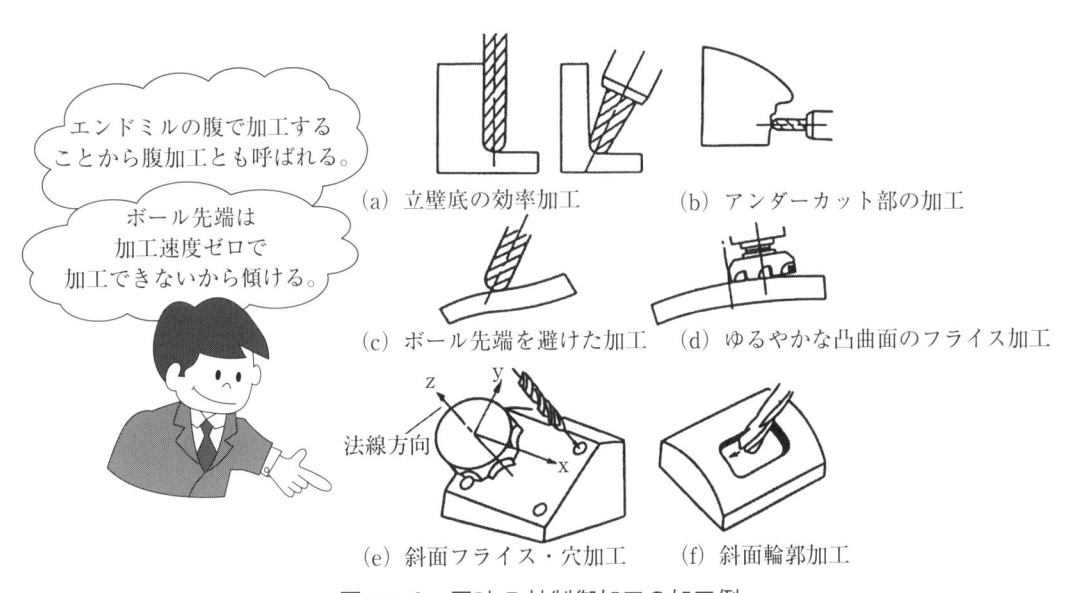

エンドミルの腹で加工することから腹加工とも呼ばれる。

ボール先端は加工速度ゼロで加工できないから傾ける。

(a) 立壁底の効率加工　(b) アンダーカット部の加工
(c) ボール先端を避けた加工　(d) ゆるやかな凸曲面のフライス加工
(e) 斜面フライス・穴加工　(f) 斜面輪郭加工

図14.3　同時5軸制御加工の加工例

2軸に高さ方向のZ軸のみが付加されたもの，同時3軸はXYZ軸が連続に独立して加工できるもの，ただしZ軸の運動はXY平面に対して垂直（たとえば，ボールエンドミルを使用した場合，工具形状補正が必要）方向のみである。同時5軸は，5軸が連続に独立しており，工具は常に工作物の面に対して法線方向に加工できるもので，曲面がこれまでより誤差なく高精度で，そして仕上がりのきれいな加工が可能である。

図14.3に，同時5軸加工の一例を示す。近年の3次元CAD/CAMシステムでは同時5軸加工のソフトが市販されている。角のとれた丸みのある流面形状（3次元自由曲面）が現在，自動車でもスマホでも人気がある。このような形状を高精度に加工するには，今後ますます同時5軸制御加工が必須となる。

さて，NC工作機械が現場に導入されると，夜間の自動運転が可能になり，生産性は飛躍的（3～10倍）に伸び，自動化の契機となる。図14.4に，機械工場の自動化の一例を示す。図のように大型のコンピュータを中核として作業は素材の供給，加工，自動組立，検査，製品の保管といった手順で行われる。素材の供給，製品管理は自動倉庫，加工はマンニングセンタ，各

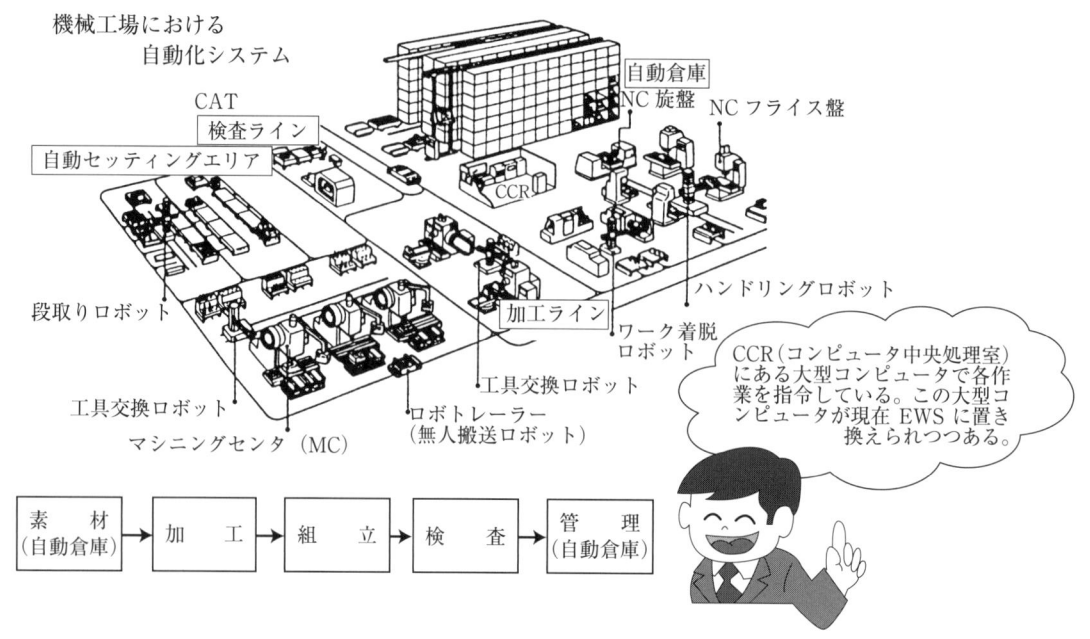

図14.4 FAのためのFMSの一例

種NC工作機械で行われる。そのほか，自動工具交換ロボット，自動パレット交換ロボット，搬送ロボット，そして自動素材供給装置などはLAN[28]によりネットワークされており，1つの工場を自動的に管理運営している。各製造ラインの自動化を目的としたシステムをFMS[29]といい，さらにこれを組み合わせてFA[30]化に進展させることができたのである。

現在，NC工作機械のほとんどの種類はCNC[31]化されている。たとえば，CNC旋盤，CNCならいフライス盤，CNCグラファイト加工機，CNC成形研削盤，CNCジグ研削盤，CNC形彫り放電加工機，CNCワイヤ放電加工機，CNCタレットパンチ，CNCレーザ加工機，マシニングセンタ（MC）などがある。また，CNCに用いられているコンピュータの中枢機能をつかさどるCPU（Central Processing Unit：中央演算処理装置）もようやく 16 → 32 → 64 → 128 ビットへ移行し，高速演算処理化，高機能化してきている。このCNC工作機械をいかに効率よく運用するかが，機械メーカの最大の関心事になるわけである。ここで注意したいのは，これらのCNC工作機械には通信機能があり，この機能はネットワーク機能に発展させることができる。当然，CAD/CAMシステムではこの機能を利用して自動でCAMを行うことができる。

このように，技術的な背景はメカトロニクス技術の進歩によりNC化から始まり，CNC化，

---

28) LANとはLocal Area Networkの略で，同一コンピュータ内でのデータの共通の利用と他のコンピュータとの相互接続を目的とした総合通信ネットワークのこと。

29) FMSとは，Flexible Manufacturing Systemの略で，多品種小量生産を目的とした柔軟な製造ができるシステム。

30) FAとは，Factory Automationの略で，自動化工場のこと。

31) CNCとは，Computerized Nuemerical Controlの略で，NCにコンピュータ（マイコン）が付加され，このコンピュータによって加工条件などの設定をCRT，キーボードにより対話しながら所要の作業をしたり，各種自動加工機能を充実させた制御装置のこと。

そして複数の工作機械を制御する **DNC**[32]化，さらに FMS 化，FA 化，ついに **CIM**[33]化といった単なる無人化だけでなく部品，金型設計・製作部門以外の各部門間のネットワーク化および分散化に進んでいる。これらの技術的なエッセンスになりつつあるものとして，**3D4CN システム**があり，その CAD/CAM システムの性能や機能がアップしているうえに価格は安くなっている。工作機械の NC 化からはじまり，DNC，FMS，FA，そして CIM が実現されつつある今日，CAD/CAM システムはこれらの技術を部品，金型設計・製作に利用し，展開するうえでどうしても必要な道具になっているのである。CAD/CAM を利用できる技術的な環境がいまや準備万端な状態なのである。そしてさらに，社会的な背景としてダウンサイジング化しつつある。したがって，これらの点において，現在 CAD/CAM システムを活用して部品，金型設計・製作を高品質，低コスト，高スピードで行うことができる。

14.1.2　社会的な背景におけるダウンサイジング化

ダウンサイジングとは，主に次のことをいう。①CAD/CAM などのシステムの機能の高度化，②占有スペースの縮少化すなわち小形化，③低コスト化などである。

表 14.1 で見たように，たとえば，CAD/CAM を行うにも FA を行うのにも，どの企業でも比較的大きなコンピュータをシステムの中核として構成し，運用を行ってきた。しかし現在，急激な技術発展によって，モノ造りシステムは，大型コンピュータ→ミニコンピュータ→ EWS → PC というようにダウンサイジグング化され，下記の点が大きく改善されてきている。①設備投資の高額負担やメンテナンス費用などのコスト面，②ネットワーク，分散処理などの機能の面，③大量データと多数の端末によるデータ処理や演算処理の遅延化の面，④各部門間でのデータの変換，⑤グローバル化など。

これらの問題を解決するための 1 つとして，**EWS**[34]が登場したのである。特に EWS の時代に移行してからは，低コスト化，省スペース化，高速化されている。いまや，3D4CN システムが中小企業でも当たり前の道具となってきており，さらに今後金型設計・製作の高度化ニーズに対応するためにも，EWS や PC を中心としたシステムが主流になっている。

14.1.3　社会的な背景におけるネットワークによる分散化

EWS を用いなければならないことが十分ご理解いただけただろうが，さらにネットワークによる分散化ができるものでなければならないことをこれから述べよう。

1）ネットワーク機能

図 14.5 に示すように，ネットワーク機能や社会的な背景における分散化は，特に CIM や関連企業間，あるいは親会社と子会社との間の情報通信を行うときに重要になる。また，上述したように複数の CNC 工作機械を同時に稼動させるには，**DNC**（Direct Numerical Control）が必要である。DNC による CNC 工作機械群の制御によって効率よく，しかも少人数で CAM が行える。

---

[32] DNC とは Direct Nuemerical Control の略で NC テープなしで直接 NC 工作機械を制御する装置のこと。
[33] CIM とは，Computer Integrated Manufacturing の略で，加工・組立などの製造の自動化に加えて，設計，資材管理，品質管理，生産管理などの工場全体の情報システムをネットワーク化し，これらを集約した工場の自動化システムのこと。今後のインテリジェント工場の中核になる。
[34] EWS とは，Engneering WorkStation の略で，設計・製造用のコンピュータで，パソコンよりも演算速度が速いシステム。

さて，**ネットワーク機能**とは，図14.5に示したように，設計（CAD）部門，製造（CAM）部門，検査（CAT）部門，管理部門などの分散処理が可能で，どのコンピュータからでも起動がかけられ，高速演算処理ができる。また，大型コンピュータの端末形だと，各端末からメインコンピュータに計算依頼が集中するから，演算処理速度は落ちる。ところが，PC自体がCPUをもっているから，計算を分散して行え，結果のみを**イーサーネット**[35]で知らせることが可能なため高速化が図れる。また，異機種間のPCの接続用のインターフェイスとして**TCP/IP**[36]上にのせたものが用いられる。

図14.6に示す企業内の情報通信量は，ノイズに強い光ファイバを用いたLANにより，だいたい100 **Mbps**[37]程度必要である。関連企業および子会社とのネットワークにはWAN（広域通信網）やISDN（総合デジタル通信網）が必要である。

2）CIMの中核となるための3D4CNシステムに必要な条件

CIMの基本は，図14.6に示すように，生産にかかわるあらゆる部門間を有機的に結合することである。すなわち，部門間の壁を取り払う必要がある。

この部門間の壁を取り払うのに最適なものが，3D4CNシステムであるといえる。さて，CIMになくてはならない3つの基本的なキーテクノロジーがある。すなわち，①**一元データベース（数値情報データの一元管理，共有化）**[38]，②**ネットワーク機能**，③ **OSI**[39]と**MAP/TOP**[40]である。これら3つのキーテクノロジーによって，上述した生産にかかわるあらゆる部門間を有機的に結合できると考えられる。②は上述したので，①と③について触れておこう。

今後の3D4CNシステムは，単なるCAD/CAMだけではなく，「**数値データの一元管理，共有化**」が可能な**システムが必須**となる。CIMを実現するうえで，これからの製造業は企画立案からデザイン・設計・製造・検査に至るまでを提供するものでなくてはならない。もちろん，経験・感性・地域性による個々人の誤差（**アナログ値**）を低減化する数値（**デジタル値**）基準による設計・評価・製造・検査を具現化することを意味する。

上述の製造業の企画立案から設計・製造・検査に至るまでのCIMを提供する3D4CNシステムを構築するためには，まず第一に，前記の「**数値情報データの一元化**」が必要である。す

---

[35] イーサーネット（Ethernet：IEEE802.3CSMA/CDに準拠したバス形LANのネットワークのこと）やNFS（Network File System）異機種間のファイル伝送のためのネットワーク。

[36] TCP/IP（Transmission Control Protocol/Internet Protocol）とは米国の国防総省の委託により，カリフォルニア大学のバークレー校が開発したもので，高度なサービスをサポートする上位プロトコルをCSMA/CD（Carrier Sense Multiple Access/Collision Detect）とする。

[37] bpsとは，bit per secondの略で，1秒間に伝送できるビット（情報の最小単位）のこと。

[38] 一元データベース（数値情報データの一元管理，共有化）とは，CADで作成した設計数値データはデータ変換しなくても他のCAE（Computer Aided Engineering；コンピュータ支援による解析および評価システム），CAM，CAT（ComputerAided Testing；コンピュータ支援による検査および評価システム）でも使える**データベース**（DB：Database）のことである。

[39] OSIとは，Open System Interconnectionの略で，TCIP/IPはすべてのコンピュータを対象としたものではなく，さらに各工場で稼動しているNC装置などの情報機器まで考慮されていないため，標準ネットワークではないので，異機種相互接続を実現するプロトコル（Protocol：コンピュータのネットワークにおける通信の取り決めのことで，通信規約と訳される）の枠組として確立されつつあるもの。OSIは，プロトコルの機能を①物理層，②データリンク層，③ネットワーク層，④トランスポート層，⑤セッション層，⑥プレゼンテーション層，⑦アプリケーション層の7つに分けた参照モデルを基本としている。

[40] MAPとは，Manufacturing Automation Protocolの略であり，上記のOSIの機能標準の1つである。もともと，米国の自動車メーカのGMが提唱している工場用LANの標準プロトコルである。1980年にタスクフォースを設置して作業を開始した。CIMを実現するうえで，LAN導入による工場内の各種生産情報の急激な増大に対しての合理的な処理システムの構築と通信コストの削減を行うために，MAPが必要となった。
TOPとは，Technical and Office Protocolの略で，米国の航空機メーカのボーイング社が研究開発における情報効率の改善をねらいとして提案したシステムである。

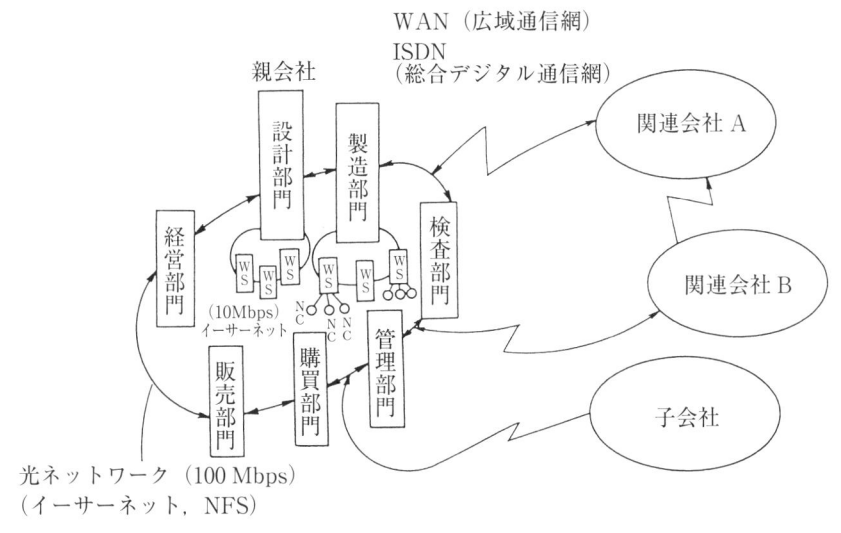

図 14.5　企業内および企業間の情報ネットワークの構成のあれこれ

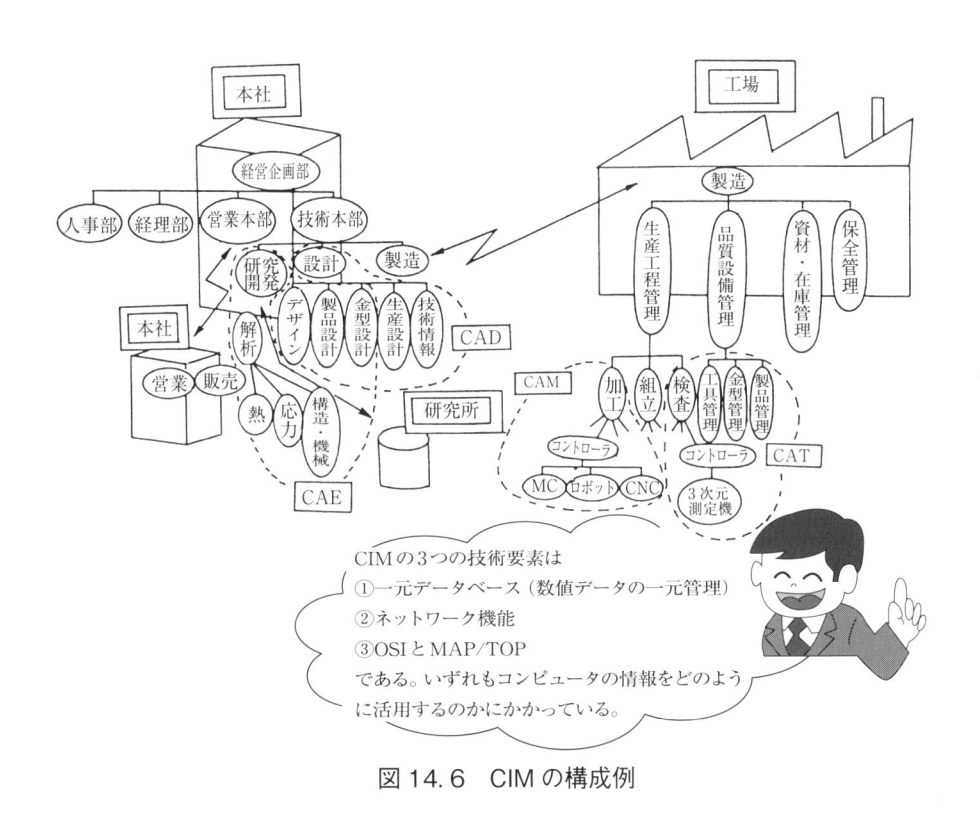

図 14.6　CIM の構成例

なわち，形状モデルを定義した数値データは CAD だけでなく，CAE，CAM，そして CAT でも利用できるものでなければならないのである．

　従来の CAD/CAM システムでは，作成した CAD のデータはそのシステムだけでしか利用できず，また，その CAD データは CAM システムでは利用できないものであった．**図 14.7** に示すように CAD/CAM の「/」の意味は，このようにデータが直接利用できない，すなわち，

- CADシステムとCAMシステムとは全く別システム
- データはデジタルデータだが，別システムのためデータは一通ではなく，壁がある
- CAD/CAMとは一体化システムではない
- CADデータはCAMでは使えない
- データの共有化はできない

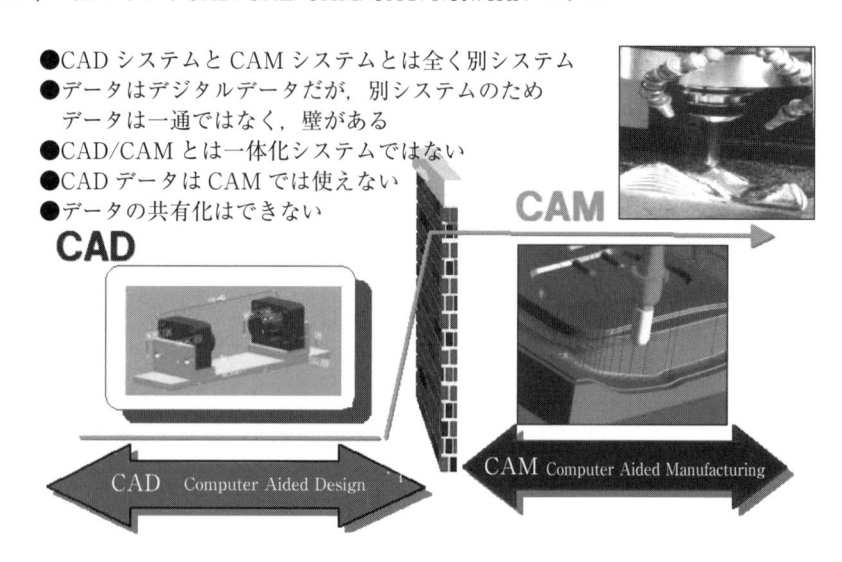

図14.7　CAD/CAMの「/」の意味

CADとCAMは異機種システムなので，システム間のデータを変換しなければならない。これでは，情報をデータ化した意味はなくなる。

たとえば，図14.8に示すように，従来は，製品設計における製図，金型設計の作業，モデル作成，金型加工，組立，検査というように直列的な作業のため製作期間は長期にわたり，時間のムダがなされていた。

しかし，これを3D4CNシステムで行うと，数値データの一元化とネットワーク化により同時にいくつもの各種作業を並行できるようになる。つまり，製品設計したデータは数値データなのでそのまま金型設計に使え，さらに製品設計の情報は直接CAMへ伝達でき，金型の組立図の指示書に従った組立が短時間で行え，検査情報はたちどころにほかの部署に**情報のフィードバック（帰還）**がされ，修正個所と修正量が的確に指示できるため，部品，金型修正も短期間に行われ，リードタイムを短縮でき，モノ造りのスピードと品質が向上するのである。

3）今後の3D4CNシステムに必要なモデルの条件

今後のCIMを3D4CNシステムで展開するとき，各部門間に共通の意思疎通を促すモデルが必要となる。このモデルのことを**プロダクトモデル（product model）**[41]という。図14.9に示すようなプロダクトモデルが会社全体に行き渡ると，非製造分野の企画・営業，保守・メンテナンスを含めて，製造分野の設計・製作・検査における情報が共有化あるいは標準化され，CADからの情報がスムーズにCAM，そしてCATに送られ，設計・製造・検査における各管理のうえで非常に効率がよくなるのである。プロダクトモデルを構築あるいはモデリングすることを**プロダクトモデリング**という。さらに，プロダクトモデルの導入によって設計・製作の開発力を高めることが可能となる。そのためにも，今後すべてのエンジニアリングデータ作成上においてプロダクトモデリングの環境を整える必要がある。

---

[41] プロダクトモデルとは，製品を作るうえで3D4CNシステムなどで必要な情報をすべて含んだモデルのこと。具体的には，3次元形状モデルに，材質，精度（寸法精度，形状精度，表面粗さ），加工方法，加工工程などの情報をすべて網羅したモデルのことである。

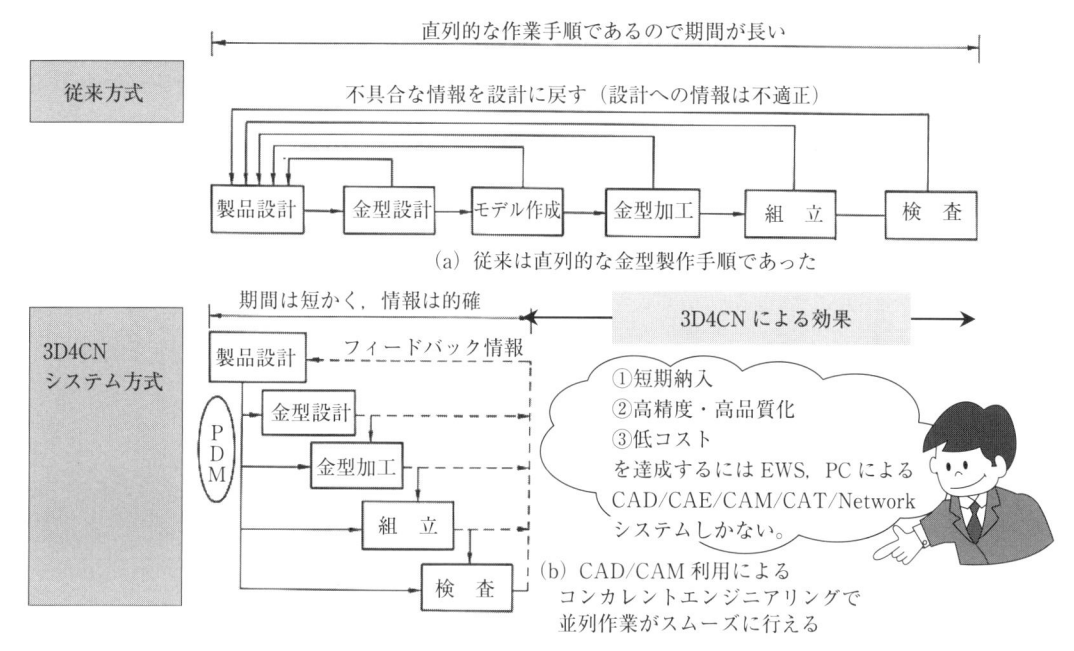

図 14.8　3D4CN システムによる効果

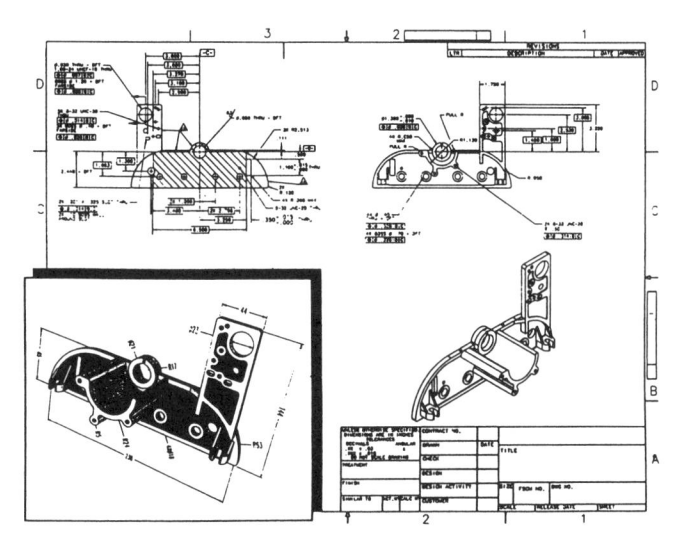

図 14.9　プロダクトモデルに近い一例（YHP 提供）

14.2　従来の部品，金型設計・製作の流れ

　従来の部品，金型設計・製作の流れと 3D4CN システムを用いた場合の流れを比較して，部品，金型設計・製作における 3D4CN システムのポイントは何であるのかをみてみる。また，どうして本書では CAD/CAM ではなくて，3D4CN システムなのかを理解していただこう。ここでは，読者のみなさんがよく承知している自動車を例にとってみてみよう。**図14.10**に従来の金型設計・製作の作業の流れと特徴を示す。その作業手順はおおむねデザイン（**意匠設計**），

	デザイン（意匠設計）	製品設計	金型設計	木型モデル作成	金型加工（荒加工）	仕上げ・組付け	製品検査
作業の流れ	クレイモデル  ボディ外形線図 	製図 	モデル検討 	マスタモデル作成 ならいモデル作成 	ならいモデルを用いてならい加工 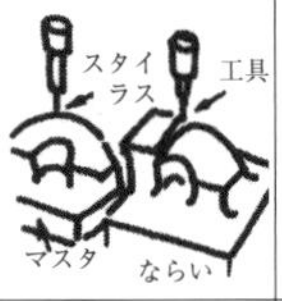	・みがき ・組付け 	・ジグ ・測定機 
特徴	・クレイモデル創成 ・クレイモデル測定 ・ボディ外形線図作成 ・アナログのモデル基準 ・個人差あり ・標準化難	・製図作業 ・手書き（ドラフタ） ・低い作業能率 ・個人情報 ・組織化難 ・ノウハウ共有化難 ・長期間 ・2次元的図面	・モデル検討 ・製品設計手直し ・修正の手間大 ・修正個所多 ・型図面の再作成 ・詳細設計に時間大 ・設計が2次元的 ・干渉チェック難	・マスタモデル作成 ・3次元（立体）作成 ・設計データとのズレ発生 ・モデル作成誤差 ・手直し作業数多 ・手直し期間大 ・個人差が大 ・ノウハウ共有化難	・モデルならい加工 ・スタイラス径によるズレ発生 ・設計データとのズレ発生 ・標準化難 ・工具摩耗などによる加工によるズレ発生 ・設計部門への情報還元難	・みがき加工 ・みがきによる設計値とのズレ発生 ・ノウハウ共有化難 ・個人差大 ・個人情報 ・設計部門への情報還元難	・レイアウトマシンによる測定 ・個人差が大 ・設計データとのズレ ・誤差発生の取扱いの基準をどうする ・標準化難 ・情報還元難

図 14.10 従来の金型設計・製作の流れ

製品設計，金型設計，木型製作，金型加工（ならい加工），仕上げ・組付け，製品検査という順序になる。従来の金型設計・製作における大きな問題点をまとめてみると，このなかで共通していえることは，次のようになろう。

a）各工程ごとに基準が異なる。これが工程間の誤差を生じさせている。
b）誤差が設計から製作までさらに拡大し，高精度な金型設計・製作が望めない。
c）作業がすべて直列形態で，各作業には多くの期間と人手が必要である。したがって，1つの製品の製造期間を長引かせる結果となっている。
d）すべてが個人情報に集約されており，ノウハウの共有化がむずかしい。
e）標準化が推進しにくい。

14.3 3D4CNシステムによる部品，金型設計・製作の流れ

3D4CNシステムを用いた場合の部品，金型設計・製作についてみてみよう。ここでの作業の流れは，図14.11に示すようにCAD，CAE，CAM，CATの生産工程順となる。特に，①PC(EWS)を使用する点と，②CAEがCADとCAMの間にある点と，③CATが各工程に直結している点がポイントである。

14.3.1 CAD（設計）

1）CAD（デザイン）　理想的にはクレイモデルおよび線図が不要である。3次元グラフィックス（3DCG）上で，デザイナが創成したモデル形状が次工程の製品設計でも金型加工でも製品検査でもどこの部門でも使えるようなデータ構造であることが望ましい。

これを**シングルデータベース**という。デザイナのもつアナログ値をCADにデジタル値として蓄積することである。このデジタル化によって後工程の作業能率や精度がずっと向上する。クレイモデルレスは理想であるが，デザイン部門で3D4CNシステムでモデル作成したデータを基に，1/1のクレイモデルをNC加工機で作成しているようすを図14.12に示す。

14.3 3D4CNシステムによる部品, 金型設計・製作の流れ

	CAD (Computer Aided Design)			CAE (Computer Aided Engineering)	CAM (Computer Aided Manufacturing)		CAT (Computer Aided Testing)
	デザイン(意匠設計) Design (styling)	製品設計 Product design	金型設計 Die and Mold design	設計解析 Design analysis	金型加工(準備・荒加工・仕上加工) Die and Mold processing		製品検査 Product inspection
作業の流れ Flow of Operations	3次元グラフィックス  3D graphics	3次元CAD 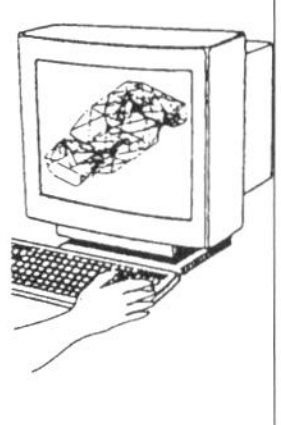 3D CAD	コンカレントの活用  Full use of Concurrent	バンパの流動等の解析  Analysis (Bumper flow)	CLチェック  CL check	マシニングセンタによる加工 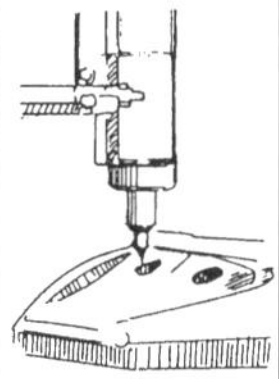 Processing in machining center	3次元測定機 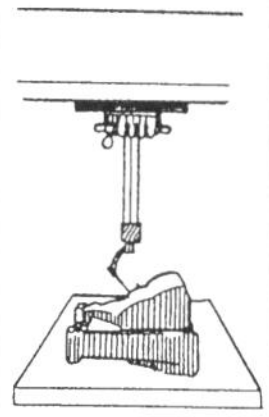 3D measuring equipment
特徴 Feature	* EWS-type CAD/CAE/CAM/CAT system * 3D graphics (free rotation and zoom) 3次元グラフィックス (回転 ズーム自在) * Dial operation ダイアル操作 * Numerical data standards 数値データ基準 * Single database (uniformity of data) データの一元化 * Network * Preparation of wire frame ワイヤーフレーム作成 * No need for clay models クレイモデル不要 * No need for line drawings 線図作成不要 * Time can be reduced 短期間可能 * Fosters new creativity in designers デザイナの新しい創造性を養う * Easy to standardize 標準化しやすい * Little difference in abilities between individuals 個人差が少なくなる	* Product is designed based on data from the design department 製品設計部門からのデータを活用して製品設計する * Product can be designed in 3D, rotating and zooming using the dials ダイアルで回転, ズームしながら, 3次元的に設計できる * Operations can be mastered even by unskilled users 操作は経験者でなくてもマスターできる * Numerical data can be stored and changed easily 数値データが保持でき, 変更が容易 * Design Know-how is accumulated 設計ノウハウが蓄積される * Indiviual information can be used by all 個人情報の共有化 * Easy to standardize 標準化しやすい * Organizational cooperation is possible 組織連携可能 * Reduced design time 短期間設計	* Product shape data can be used as such 製品形状データをそのまま利用可能 * Advantages of 3D graphics can be used for the design of the basic structure of the die 金型基本構造設計 3次元グラフィックスの威力発揮 * Database for parts like plates can be used for the design of the die structure and mechanism 金型構造・機構設計・プレートなどの部品データベースが活用できる * Layout can be made easily and dimensions input simply when preparing die drawings 型図面の作成レイアウトが容易で寸法記入も容易 * Water pipes and ejector pins can be arranged in consideration of interference 水管やエジェクタピンの配置は干渉を考慮して行える * Changes and revisions can be dealt with quickly 変更・修正に対して迅速に対応できる * Highly efficient operations are possible 高い効率的作業が可能	* Design (CAD) data can be used such 設計(CAD)データをそのまま利用可能 * Preparation of mesh data for the form to be analyzed(FEM) 解析形状のメッシュデータ作成 (FEM) * Meshes are provided automatically メッシュは自動分割してくれる * Analytical calculations are made automatically simply by inputting the analysis conditions 解析計算・解析条件を入力するだけで自動計算する * Display of results of analysis 解析結果表示 * 3D graphics makes it possible to check any desired part from any angle and at any size 見たい部分を自由な角度・大きさで確認できる * Color display カラー表示 * Formation evaluations can be made 成形評価が可能 * Design operations can be checked 設計作業の確認が可能 * Easy to standardize 標準化しやすい	* CAD data approved with CAE is used for CAM CAEで承認されたデータをCAMに利用 * Designation of rough processing for die structure sections, base plates, etc. 型構造部およびベースプレートなどの荒取り加工の指示 * Designation of part to be processed 加工部位を指示する * Designation of processing machine. Tooling layout and processing conditions 加工機, 工具, ツーリング・レイアウト, 加工条件を指示する * Checking of tool loci and correction of processing problems 行具軌跡チェックを行い, 加工上の不具合を修正する * Checking that there are no shaving omissions 削り残しのないことを確認する * Checking of machine operation with DNC DNCでマシン稼働チェック	* Dry run ドライランチェック * Checking of tools 工具のチェック * Checking of attachment 取り付けチェック * Execution of actual processing with DNC DNCによる実加工の実施 * Rough processing 荒加工 * Finishing 仕上げ加工 * Checking of tool and cutting conditions 工具・切削条件の確認 * Checking of finished surface 仕上げ面の確認 * Checking for shaving omissions 削り残しの確認 * Standardization of processing 加工の標準化 * Few errors when preparing models モデル作成における誤差発生は少ない * No difference in abilities between individuals 個人差がない	* Automatic measurements using 3D measuring equipment 3次元測定機にて自動測定 * Definition of measurement coordinates 測定座標の定義 * Preparation and execution of measurements 測定準備・実行 * On-line measurements オンライン測定 * Processing in real time リアルタイム処理 * Real time display of measured values and CAD data 測定値とCADデータのリアルタイム表示 * Color display of shape error 形状誤差のカラー表示 * Error information can be fed back to the design and all other processes 設計をはじめとする各工程に誤差のフィードバック情報を送れる * Standardization of inspections 検査の標準化 * No difference in abilities between individuals 個人差がない

図14.11 新しい3D4CNシステムによる金型設計・製作の流れ

図14.12 デザイン部門における3次元CADで創成されたモデルのNC加工のようす　　（トヨタ自動車提供）

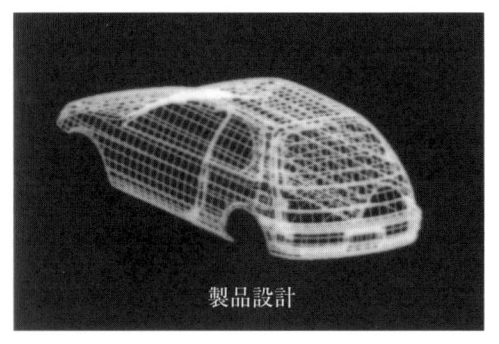

図14.13 3D4CNシステムにおけるCADによる自動車ボディとバンパの製品設計例　　（トヨタ自動車提供）

2) CAD（製品設計）

グラフィックに向かって，対話的にダイアル操作し回転・ズームを用いて3次元的に製品設計を行う。もちろん，デザインデータをそのまま利用する。今や，ソリッドモデルで一貫してデザインから最終の検査まで行われている。

3次元CADを利用した場合の製品設計の主な手順を図14.14に示す。その作業は大きく分けて，①製品形状設計，②製品構造設計，③製品概観チェックの3つである。グラフィック上に，製品形状の座標入力，形状輪郭線の作成，製品曲線の制御，曲率のチェック，曲面創成，曲面のトリム，相貫形状の作成，フィレット面作成を行う。次に，製品構造設計を行い，製品形状を完成させる。図14.13は3D4CNシステムのCADによる製品設計が完了した一例を示す。外形ボディ，リヤ内側ボディ，バンパーを重ね合わせて示してある。製品外観および部品と部品の干渉チェックなどがOKなら，金型設計作業に進む。その特徴を以下に挙げてみる。①作業能率が向上する，②手書きが不要であり，キーボード，ダイアル，そしてペン入力ができる，③設計ノウハウが蓄積できる，④個人情報が共有化できる，⑤組織としての管理ができる，⑥設計期間が短くなる，⑦人件費が押さえられる，⑧既存データやJIS規格のデータなどが利用できる，⑨形状データが次工程に利用できる，⑩変更・修正が迅速で容易，である。

3) CAD（部品，金型設計）

製品設計における数値データを基準にして，これを利用して金型設計を行う。ここでは，図14.13に示したバンパの金型設計についてみてみよう。3次元CADを利用した場合の金型設計の主な手順を図14.15に示す。その作業は大きく分けて，①金型基本構造設計，②金型構造・機構設計，③型図面の作成の3つが考えられる。グラフィック上で，金型プレートに製品形状の配置および取り数を検討する。パーティング面の創成，シューディングチェックを行う。バンパのパーティング面の設計例を図14.16に示す。3次元でデータをもっているから作業者の見やすい角度でパーティング面のチェックが行える。

次に型構造設計を行い，水管・エジュクタピンなどの配置を検討，もちろん型部品データベースを利用する。3次元CADなので水管などの干渉のチェックも容易に行える。エジュクタピンなどを配置したバンパの可動側と固定側の金型構造設計の一例（平面図）を図14.17に示す。キャビティ・コアの形状もよくわかる。

14.3 3D4CNシステムによる部品, 金型設計・製作の流れ

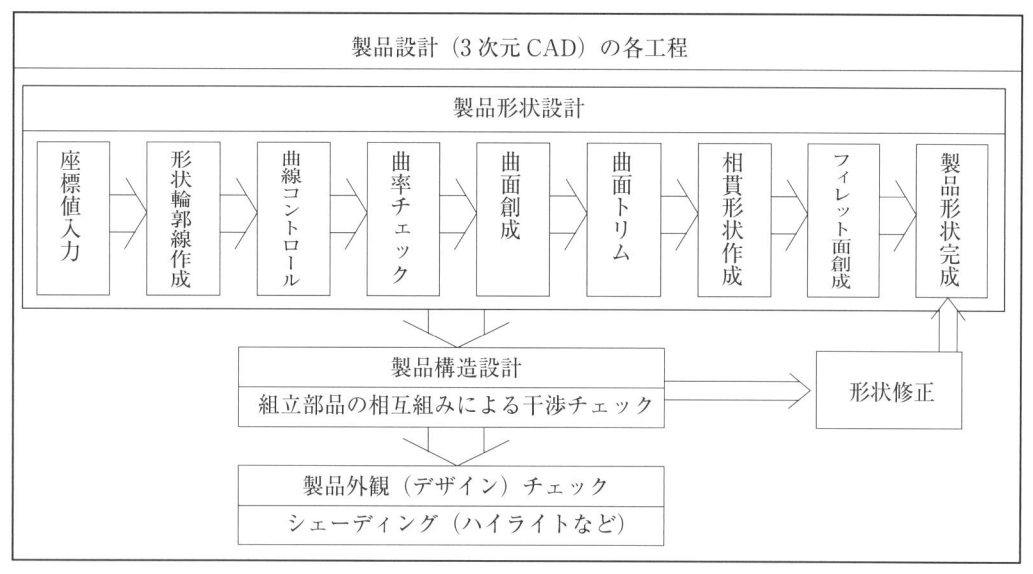

図14.14 3次元CADを利用した場合の製品設計の主な手順

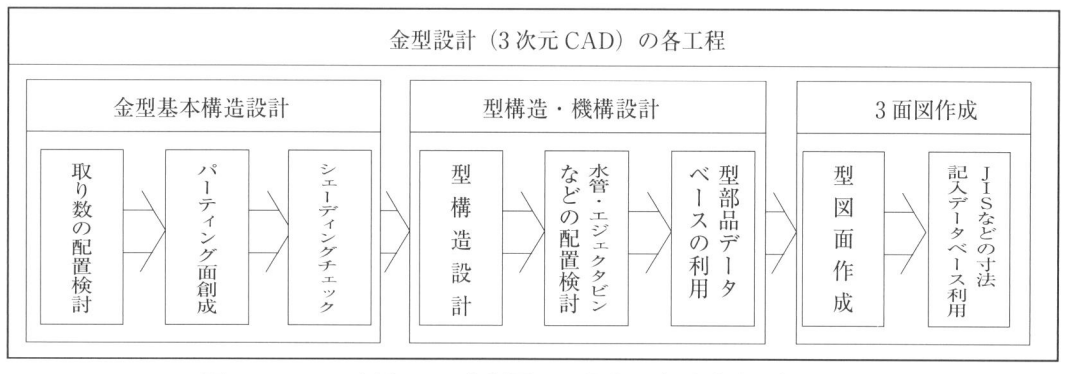

図14.15 3次元CADを利用した場合の金型設計の主な手順

そして, JISなどの規格にあった型図面を作成する。型図面を出力する前に, CAEに進んでもよい。その特徴を以下に挙げてみる。①製品設計の手直し作業が多くても, 即対応が可能である, ②修正の手間はほとんどない, ③部分修正が多くても, 前図面のデータが利用できるので全体の図面の再作成の必要はない, ④変更対応がきわめて容易である。⑤設計概念および図面が3次元的グラフィックスで確認が容易である, ⑥干渉チェックが容易に行える, などである。

14.3.2 CAE (部品, 金型設計の解析)

これまでのCAD/CAMシステムでは, CADが終了すればすぐにNC加工情報の出力, そして実加工という手順であった。しかし, この従来の工程では, 金型設計の良し悪しの判定は金型製作して, 試作製品成形後にしかわからない。よって, 図14.8で示したように作業工程が直列化し, 製作期間が長くなる。すなわち, スムーズな設計変更ができない, また高額な型代費がかさむなどの問題点が考えられる。CAEによって, これらの問題は解消できる。

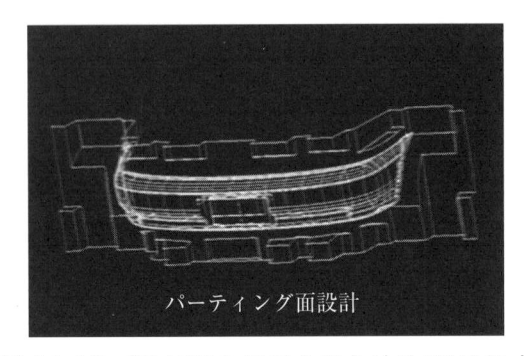

図14.16　3D4CNシステムにおけるCADによる金型設計におけるパーティング面の設計例　（トヨタ自動車提供）

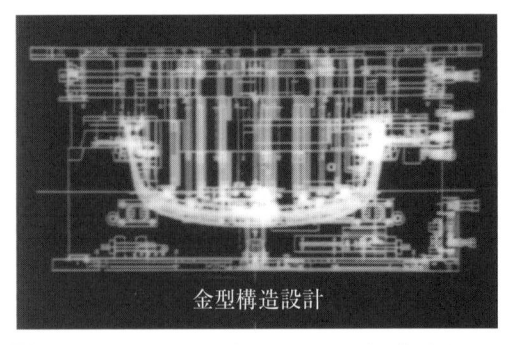

図14.17　3D4CNシステムにおけるCADによるバンパのエジェクタピンなどを配置した金型構造設計の一例
（トヨタ自動車提供）

3D4CNシステムを用いた金型設計解析の主な手順を図14.18に示す。その作業は大きく分けて，①プリプロセッサ[42]（解析形状のメッシュデータ作成），②ソルバ[43]（解析計算），③ポストプロセッサ[44]（解析結果の表示）の3つである。自動車バンパの素材も，以前は金属製のプレスで作られていたが，安全性の強化，軽量化，コストダウンを目的にウレタン樹脂製の射出成形で作られるようになっており，近年はボディ下部と一体に成形されている。CAEによって，プラ型のゲート数，ゲート位置，そしてスプルやランナー径あるいは充てん圧力などの最適解を求めることができ，設計段階で早期に金型構造各部の不具合を発見できる。

図14.19は設計部門で作成されたバンパの形状データをもとに，CAEでメッシュ分割し，スプル，ランナ，ゲートを配置して，樹脂流動解析を行うためのメッシュデータの一例を示す。バンパの場合，均一でしかもすみずみまで同時刻で樹脂が充てんされなければならない。これによって，品質はもちろん成形時のサイクルタイム，すなわち生産量にも影響を与える。図14.20はCAEによるバンパの樹脂流動解析を行った結果の表示の一例である。樹脂の充てんが金型のすみずみまで均一に行われ，良好な成形状態であることがビジュアル確認できる。

14.3.3　CAM（部品，金型加工）

CAEの作業で，CADデータのCAMへの利用の承認がなされたので，CADデータをそのまま利用してCAMを行うための**CL**[45]を作成し，CLのチェックを行う。CAMにおける主な作業の流れを図14.21に示す。その作業は大きく分けて，①型構造部およびベースプレートなどの荒取り加工，②製品部（プラスチック型の場合キャビティ・コア形状，プレス型の場合パ

---

[42] プリプロセッサ（preprocessor）とは，CAEの準備段階を指し，CADデータの授受，解析方法に合ったモデルの調整（有限要素法の場合，モデルのメッシュ作成，解析条件の入力などの作業を指していう。）製品が樹脂であれば，射出成形機，成形材料などの成形条件を検討する。

[43] ソルバ（solver）は，計算機で解析演算することをいう。

[44] ポストプロセッサ（postprocessor）とは，ソルバで解析した演算結果を人間にわかるように表示したり，グラフ化したり，レポートしたりするものである。よって，その結果は誰が見ても理解しやすいものでなければならない。バンパーなどの樹脂の流れ状態の解析を行うことができる。

[45] CLとは，Cutter Location（カッタロケーション）の略で，工作物を削る工具の軌跡を意味する。いわゆるカッタ・パス（Cutter Path）のこと。

14.3 3D4CNシステムによる部品，金型設計・製作の流れ   173

```
┌─────────────────────────────────────────────────────────┐
│              金型設計の解析（CAE）の各工程                │
│  ①プリプロセッサ        ②ソルバ（解析計算）  ③ポストプロセッサ │
│ （解析形状のメッシュ                         （解析結果の表示） │
│   データ作成）                                              │
│                                                         │
│  [CADデータ]→[メッシュ]→[メッシュ]→[形状解析]→[射出・プレス]→[解析結果]→[修正後] │
│  （形状データ）の利用  分割検討  データの完成  条件の検討  などの成形  の検討   の検討 │
│                                              条件の検討                 │
└─────────────────────────────────────────────────────────┘
```

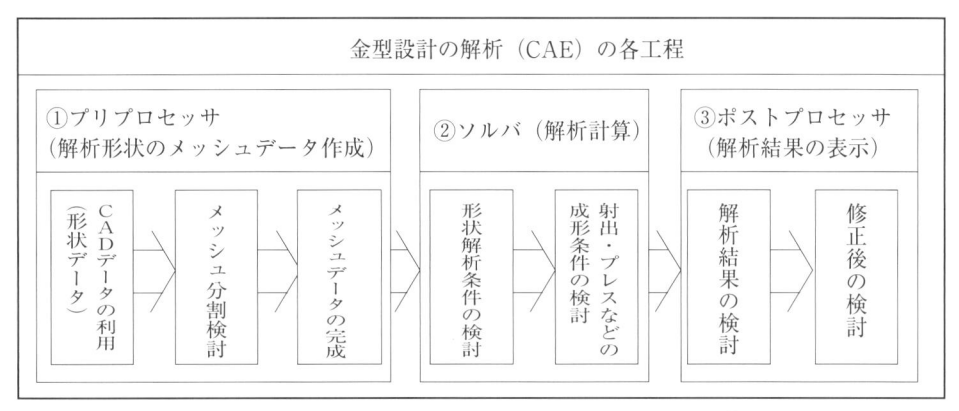

図14.18　3D4CNシステムを用いた金型設計解析の主な手順

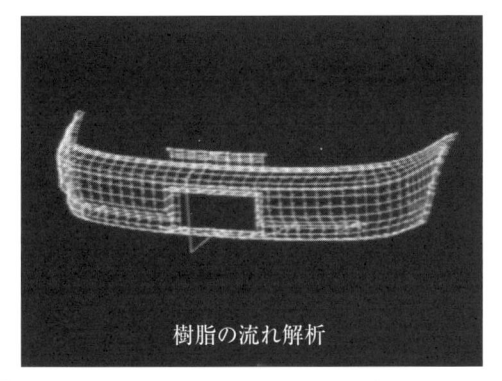

図14.19　3D4CNシステムにおけるCAEによる樹脂流動解析のためのメッシュデータ例　　　（トヨタ自動車提供）

図14.20　3D4CNシステムにおけるCAEによるバンパの樹脂流動解析のカラー表示結果の一例　　（トヨタ自動車提供）

ンチ・ダイ形状）の荒取り加工，③製品部の仕上加工の3つが考えられる。

　ここでもCADのデータをそのままCAMに使用し，加工部位を指示する。加工機，工具，ツーリングセット，加工条件を指示し，CLをEWSで計算させる。EWSの演算速度が速いと待ち時間は少なくなる。グラフィック上で，**工具軌跡のチェック**[46]を行い，削り残しのないことを確かめる。バンパの仕上加工におけるCLの自動計算結果の一例を**図14.22**に示す。もちろん，3次元グラフィックスであるから，見やすい位置でCLチェックができる。また，バンパのような大物になると演算時間が長くなる。

14.3.4　CAT（製品検査）

　基準は，木型モデルから作成した検査ジグではなく，製品設計で作成した数値データが基準

---

46) 工具軌跡のチェック（CL check）とは，ツールホルダと工作物などが干渉しないことなどチェックすること。最近の3D4CNシステムでは実際に削らないで，グラフィックス上で工具の動きをシミュレーションして，検証する。目的形状を短時間で得るうえで荒加工に必要な高能率加工機能を検討する。CADで作成した製品形状の荒加工を行う。そして，製品形状の仕上加工を行う。特に，ピック・フィードを細かくすると，工作物表面の面粗さは良くなるが，時間は掛かる。みがきなどの後工程の時間を考えて，ピック・フィードを考える。もちろん，高速加工機があればこしたことはない。

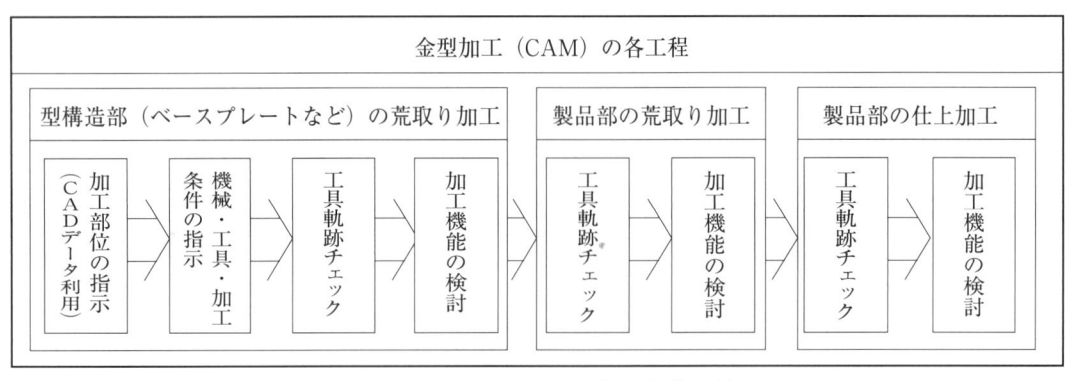

174 第14章 3DソリッドCAD/CAE/CAM/CAT/Networkシステム

```
金型加工（CAM）の各工程
┌─────────────────────┬─────────────────────┬─────────────────────┐
│ 型構造部（ベースプレートなど）の荒取り加工 │ 製品部の荒取り加工 │ 製品部の仕上加工 │
└─────────────────────┴─────────────────────┴─────────────────────┘
 加工部位の指示(CADデータ利用) → 機械・工具・加工条件の指示 → 工具軌跡チェック → 加工機能の検討 → 工具軌跡チェック → 加工機能の検討 → 工具軌跡チェック → 加工機能の検討
```

図14.21　CAMにおける主な作業の流れ

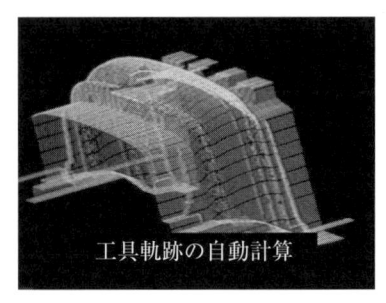

図14.22　3D4CNシステムにおけるCAMによるバンパのCL（カッタロケーション）の自動計算例
（トヨタ自動車提供）

で，3次元測定機などで検査を行う．測定個所がわかっていれば，プログラミングして自動測定もできる．製品成形上の不具合が起きていれば，設計までさかのぼり，設計変更の指示を容易に行うことはできる．

　CATにおける主な作業の流れを**図14.23**に示す．通常のCATは**オフライン測定**，すなわち測定は測定，CADデータとの比較は別途行うということで，リアルタイムによる**オンライン測定**，すなわち測定しながらCADデータと測定データを比較できない．当然，オフライン測定はすこぶる時間が掛かる．その作業は大きく分けて，①測定座標を定義する，②製品の測定準備および測定を実行する，③測定値とCADの製品形状のズレをわかりやすく表示する．また，検査データはこれまでの，各工程に容易にフィードバックできる．①個人差がない，②設計データのズレの検証がリアルタイムでできる，③誤差データの原因の検討が容易である，④検査の標準化が図れる，⑤各部門への誤差情報のフィードバックが容易に行える．

　CATによるオンラインでしかもリアルタイム（実時間）で測定の結果を表示しているようすを**図14.24**に示す．測定形状は製品設計で作成されたデータを利用している．図14.24の×印は測定個所を，□印は測定結果を示す．また，□印はカラー表示され，色で精度判別ができるようになっている．

　以上みてきたように，従来の部品，金型設計・製作上の問題点を明確にクリアするためにはEWS形の3D4CNシステムが必要である．すなわち，その目的は次のようになる．デジタルの数値基準（データベース）による金型設計製作を実現させることである．具体的には，次に示す内容になる．①数値データによる基準の一元化（共有化），②精度の向上，③作業の並列化，

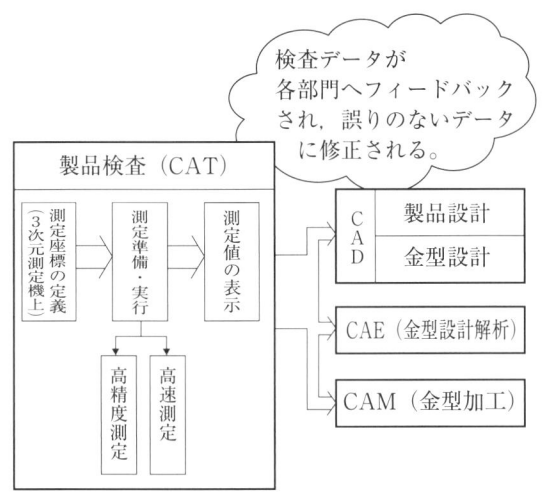

図14.23 3D4CNシステムにおけるCATを使用した金型製品検査の主な作業情報の流れ

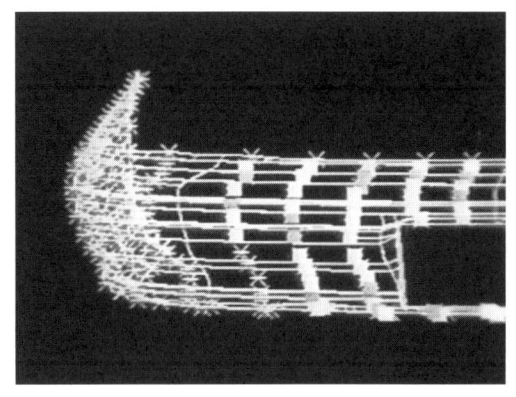

図14.24 3D4CNシステムにおけるCATによるバンパのリアルタイム測定例
（トヨタ自動車提供）

④モデルおよびジグの廃止，⑤期間の短縮。

以上のことから，**数値基準（データベース）による部品，金型設計製作を実現させるための3D4CNシステム**とは，次のようになる。

a) 同一数値データによって稼動する3D4CN一体化システムであること。すなわち数値データの一元化の可能なシステムであること。
b) この一体化システムによってCADの形状データから，熱や応力などのCAE解析を行い，CADの設計値のチェックができること。
c) さらに最適なNCデータを自動生成し，DNCなどによってリアルタイム加工ができること。
d) そして製作した金型および製品を自動検査計測ができる。
e) 結局，金型設計・製作の省力化，迅速化，すなわち短納期対応と低コスト化，さらに精度の向上が実現できること。
f) 導入および拡張が各メーカの規模に合わせやすいシステムであること。
g) 数値モデルが構築できるため，意匠設計，製品設計，金型設計，金型加工，製品検査といった一連の工程が有機的に結びつき，一気通貫であること。
h) 企業全体の標準化が図れる。
i) 個人情報が社全体に共有化でき，ノウハウを誰もが利活用できること。

14.4 3D4CNシステムのハードウェアと情報の流れ

本節は，3D4CNシステムのハードウェア構成についての基礎事項を学習する。機種選定のうえでも重要な事項である。3D4CNシステムの基本構成には，**ハードウェア**[47]とソフトウェ

---
47) ハードウェア（Hardware）とは，金物という意味で，ここではシステムを構成する筐体をさす。以下ハードと略す。

ア[48]とがあり，部品，金型の設計・製作を行う場合，そのハードとソフトのバランスがとれていることが必要である．市販のシステムをみるかぎりでは，ソフトの対応が遅れ気味であると感じるのは筆者ばかりではなかろう．

まずハードからみてみよう．

14.4.1 ハードウェアの基本構成

ハードウェア上の基本的構成をみてみよう．今後のグローバル戦略における製造業，すなわちモノ造りのすべての工程において不可欠なツール，いや生き残りのための戦略的な武器の1つとして，**図14.25**に示すようなパソコンを中核とした**3D4CNシステム**がある．これは，従来の単なるCAD/CAMではなく，①コンピュータ支援によって設計（CAD），②解析・シミュレーション（CAE），③生産・製造（CAM），および④製品検査・測定（CAT）を⑤ネットワーク化（Network）して効率よく行い，さらに企画，営業，購買を含めた自社全体の各部門間および自社と国内および海外の関連企業をネットワーク化し，これを介して数値データ（電子情報：デジタルデータ）を各工程および部門間の壁をなくすことによって効率よく管理統合しようとするシステムである．したがって，3D4CNシステムは，後述する**PDM**，**CALS**[49]を推進する製造現場の必須のプラットフォームとなる．

図14.25に示す3D4CNシステムの基本的なハードシステムの中枢となるのは高性能PC（Personal Computer：パソコン）あるいはEWS（Engineering Work Station）である．これを上位のコンピュータに据えて，ネットワークにより下位のコンピュータ（パソコンなど）とネットワークする．この下位のコンピュータはCAMやCATを行ううえで必要なもので，工程管理や生産管理，特に**DNC**[50]を介してNC工作機械の制御装置をコントロールする．PCからのデジタル情報はインターネットを介してCNC工作機械あるいはモデルならい機（3次元デジタイザ）や3次元測定機などに送られ，モノ造りがデジタルで実施できる．さらに，PDMによって効率よく管理・運営されることが期待できる．パソコンの台数はネットワークにより，導入企業の規模に応じて増設できる．**図14.25**では2台のパソコンによる**クライアントアンドサーバシステム**[51]を示す．一般的には，パソコンの1台はシステム全体を管理するためのサーバとして兼用する．今後益々重要になることは，1台の高性能パソコンで3D4CNシステムのすべての工程がこなせるソフトを選定するのがポイントとなる．

一方，自由曲面形状加工を3次元CAMで行う場合，製品形状の大きさによるが，最低でも加工データは1G（ギガ）バイト程度は必要である．特に，大物のプレス型の仕上げ加工の場合，**トレランス**[52]や**ピックフィード**[53]が細かくなるとCLのデータ量は膨大になる．しかし，デー

---

48) ソフトウェア（Software）とは，柔らかいものという意味で，ここではコンピュータを動かす命令語の集合であるプログラムをさす．以下，ソフトと略す．

49) Commerce At Light Speed：その情報を企業内で共有・利用化して，製品の開発期間の短縮，コスト・ダウンを図り，企業間の競争力を高める全体的なシステムのこと．

50) Direct Numerical Control：群数値制御のことで，上位の1台のコンピュータで複数台のNC工作機械を統合し工場内の生産システムを省力化，高稼働率化するためのシステムのこと．

51) 共有データベース，ディレクトリなどの情報資源を集中的に管理するサーバと，そのサーバを利用するクライアントで構成するコンピュータシステムのこと（Client and Server System）．

52) 目的形状と実際の工具軌跡との距離のこと（Tolerance）．

53) 切削方向に垂直な送り量のこと（Pick Feed）．

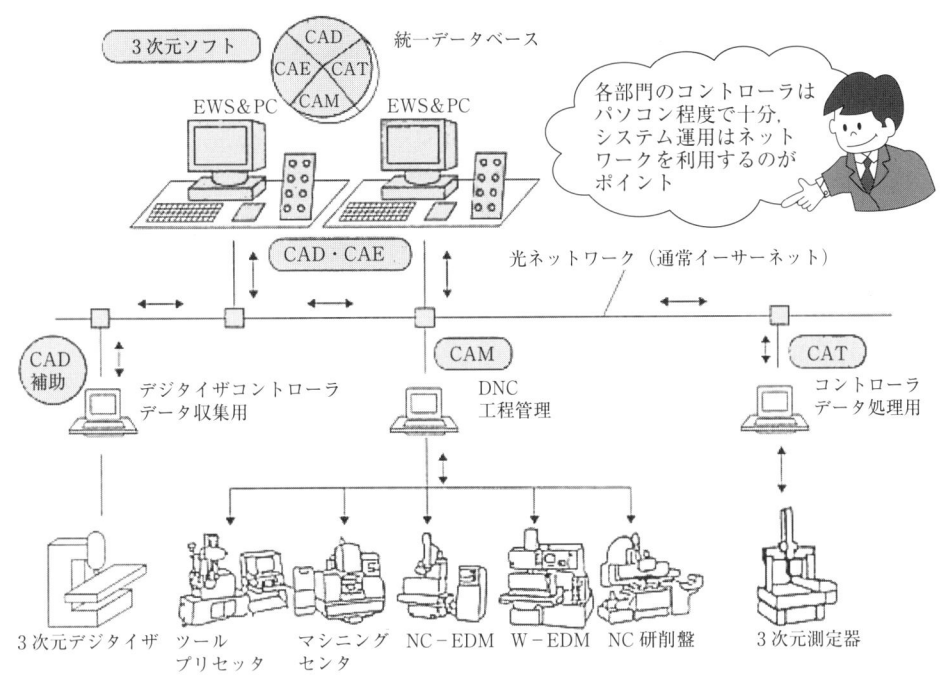

図 14.25　3D4CN システムの基本構成

タ量は多くなる．データ量が多くなると上位 PC 本体側から DNC でデータを CNC 機械側に転送する場合，そのデータが多すぎて転送できないなどのエラーが発生する．これを回避するために機械側にパソコンを横付けし，**リモートバッファ**[54] として利用すると効果が上げられる．CAT を行う場合も同様なことがいえる．

14.4.2　ハードウェア上の情報の流れ

ハードウェア上の情報の基本的な流れをみてみよう．図14.26 に 3D4CN システムの情報の流れを示す．ここでの情報は PC(EWS) 上で CAD を行い，CAD 情報を利用して CAE を行い，CAM で各種 NC 工作機械に合った加工情報を作成し，それらの機械で加工を行い，CAT にて CAM で成形した製品を検査する．すなわち，モデルの意匠設計・製品設計・金型設計の3面図の作図を CAD で行ったり，デジタイザでモデルの情報（データ）を取り込む．次に，CAD からのデータに加工機別の加工条件などを付加して **CL** を生成し，合わせて工具干渉などをチェックする．こうして，CAM 用として NC データ化し，NC 工作機械や MC（マシニングセンタ）などに送り，金型加工を行う．ツールプリセッタは工具の径や刃長および摩耗や欠損などを半自動的に計測し，測定データを CAM の工具管理へ格納し，CAM の工具管理に役立てる．また，3次元測定機によってモデルあるいは製品を実測し，得られた情報（データ）を検査し，上流工程にデータをフィードバックする．設計モデルの情報と検査情報が食い違っていれば CAD 部門までさかのぼり，その誤差要因の原因追求を行う．場合によっては，設計の考え方あるいは製品設計，金型設計の変更の検討を行ったり，データの修正・編集を行い，再

---

54) 遠隔緩衝器という意味で，ここでは加工用データの CL を一時保持しておくためのメモリ装置と考えればよい（remote buffer）．

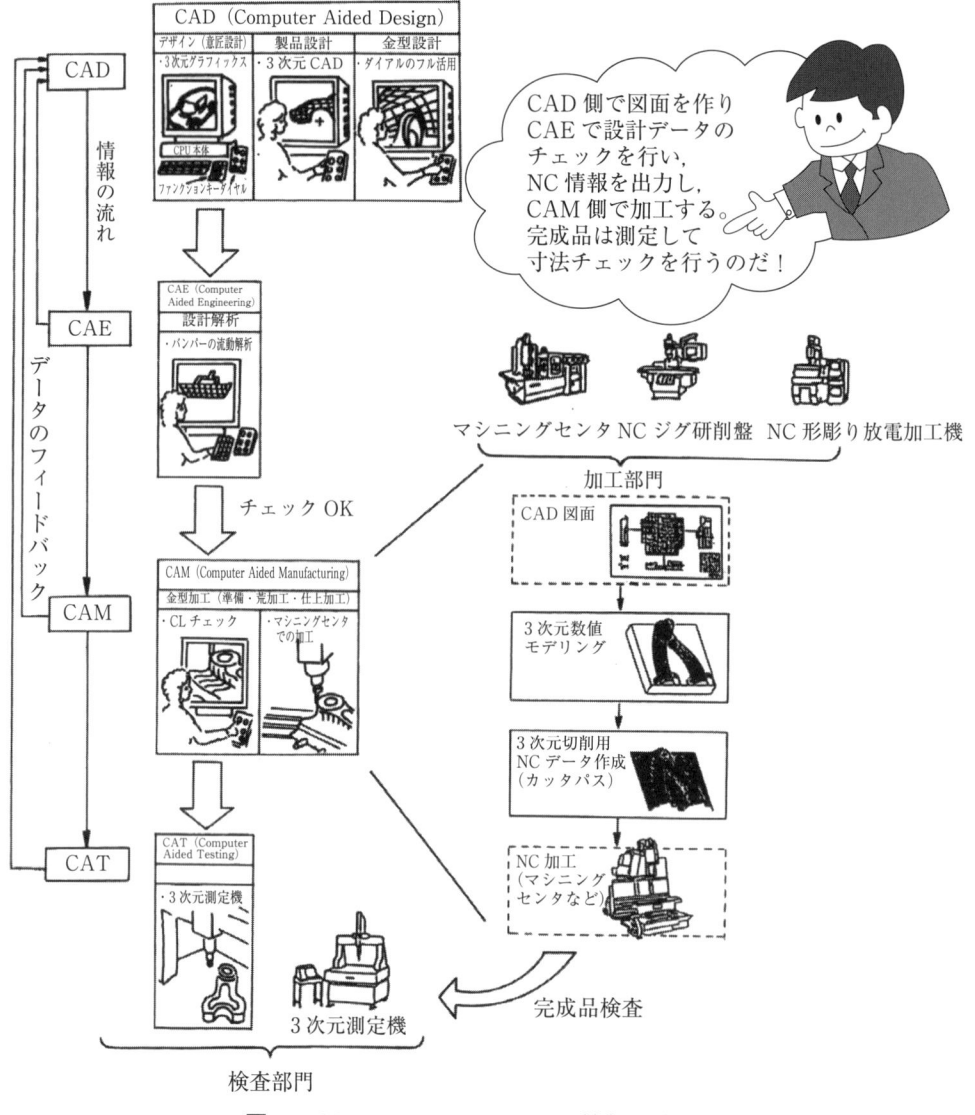

図 14.26　3D4CN システムの情報の流れ

びCAM用データにして加工にそなえる。また，製造後の製品の実測データと設計データと比較検討することでCAMにおける加工方法，加工条件との適正化の評価も可能となる。

14.5　現状と今後の展望課題

図14.10で見た意匠・設計におけるプロダクトモデルの製品定義では，ITやシステム間の不統合による制約によって，データの一元性や共有化が保てないだけではなく，デジタル信号であるのに異システム間ではデータフォーマットが異なることで製品定義情報の分断化によって**「情報化の島」**，これにともなって既存情報の累積が生じている。組織形態では，機能別職制の専門化により仕事が細分化されすぎ，したがって部門増加が生じて拡散し，品質追求の限界が見えてきている状況である。サプライヤでは，モジュール化，グローバル化が進み，論理的・物理的な分散化が進んでいる。開発工程では，マーケティング・開発・製造・販売・サー

ビス・リサイクルと各工程ごとに仕事が増加している。このような現場状況の中で，生き残り戦略やビジネスチャンスを獲得するために，開発期間の短縮，納期の短縮化が要求されている。

各社，これらの状況に対応するために，競争優位の戦略を実践しているが，特に，自社の**価値連鎖**[55]をITにより強化しビジネスプロセスを革新に実践しなくてはならない状況になっている。価値連鎖の中で特に技術・開発に着目すると，製品開発では，プラットフォーム化，モジュール化，シングルオプションの展開により，製品の複雑さの縮減を進めている。組織改革では，マーケティング・技術開発の強化，設計・評価・生産準備のコンカレント化，組織横断チームによる開発，ERP，SCM[56]などを展開している。情報戦略では，3D化，VPM，デジタルファクトリの採用，STEP，CALSへの対応，e-Business，SCMなどの展開が挙げられる。

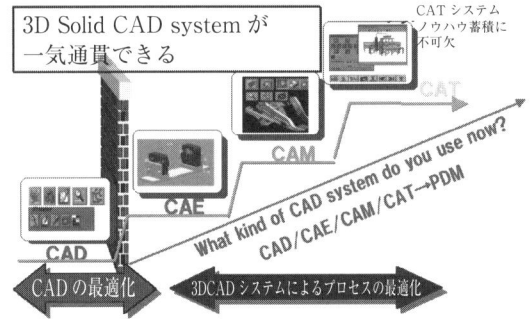

図14.27　開発プロセスの潮流 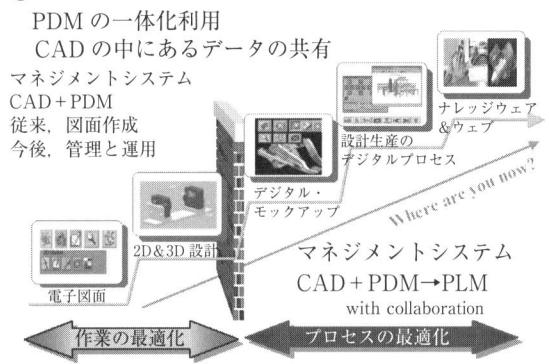　　　図14.28　今後の開発プロセスのトレンド

---

[55] 価値連鎖（ヴァリューチェーン，Value chain）とは，製品やサービスを顧客に提供するという企業活動を，調達・開発・製造・販売・サービスといったそれぞれの業務が，一連の流れの中で順次，価値とコストを付加・蓄積していくものととらえ，この連鎖的活動によって顧客に向けた最終的な"価値"が生み出されるとする考え方。

[56] SCM（サプライチェーンマネージメント，supply chain management）とは，主に製造業や流通業において，原材料や部品の調達から製造，流通，販売という，生産から最終需要（消費）にいたる商品供給の流れを「供給の鎖」（サプライチェーン）ととらえ，それに参加する部門・企業の間で情報を相互に共有・管理することで，ビジネスプロセスの全体最適を目指す戦略的な経営手法，もしくはそのための情報システムをいう。

参考文献

1) 武藤一夫, 高松英次：これだけは知っておきたい金型設計・加工技術, 日刊工業新聞社, 1995
2) 雇用・能力開発機構 職業能力開発総合大学校能力開発研究センター編：機械工作法, 2003
3) 三菱マテリアル㈱資料
4) 住友電工ハードメタル㈱資料
5) 岡本工作機械製作所㈱資料
6) 日本キスラー㈱資料
7) 伊藤忠テクノサイエンス㈱資料
8) 風間 豊, 放電加工の熱解析に関する研究, 平成14年度職業能力開発総合大学校修士論文, 2002
9) 武藤一夫：進化し続けるトヨタのデジタル生産システムのすべて, 技術評論社, 2007
10) 篠崎襄監修：金属切削の基本, 機械加工シリーズビデオ, 日刊工業新聞社, 1985
11) 武藤一夫監修：CNC形彫り放電加工, 高速・高精度シリーズビデオ, 日刊工業新聞社, 2008

索　引

【英，数字】

3D4CN システム, 159, 163, 176
3D ソリッド CAD/CAE/CAM/CAT/Network システム, 159
AE, 146
AE センサ, 45
APC, 152
ATC, 152
CAD, 160, 168
CAD/CAM, 146, 156, 159, 165
CAD データ, 174
CAE, 69
CAM, 160
CAT, 173
cBN, 120
CHM, 5
CHP, 5
CIM, 163
CNC, 162
CNC 制御装置, 146
CPU, 162
DF, 140
DNC, 163, 176
ECM, 5
EDM, 129
EIA コード, 145
ELP, 5
FA, 162
FMS, 158, 162
FSW, 5
ISO コード, 145
LAN, 162
lp, 138, 140
machine tool, 7
MAP/TOP, 164
MIM, 6
NC, 145
NC 工作機械, 150
NC コード, 148
NC 装置, 146, 151

OSI, 164
PCM, 5
PLC, 147
RC 充放電回路, 129, 138
RS232C, 147
Tr 回路, 138
τ off, 140
τ on, 140
V-T 曲線, 81
WEDM, 129

【ア】

アーク柱, 131
アーク柱の膨張領域モデル, 132
アーク柱膨張パターン, 132
アーク放電, 130
アクチュエータ, 146, 147, 160
アコースティックエミッションセンサ, 45
圧延, 6
圧縮成形, 6
圧接, 5
アップカット, 102
圧力スイッチ, 146
穴あけ, 82, 98
アナログ値, 164
アブソリュート方式, 158
暗電, 129, 130
イーサーネット, 164
イオンビーム加工, 5
位置決め運動, 11
位置決め制御, 148
一元データベース, 164
インクリメンタル方式, 158
インサートの呼び方, 90
インターネット, 147
インターフェイス, 146
インボリュート曲線, 124
運動形態, 11
エマルション型, 21
円弧補間, 148

エンドミル, 105
オープンループ制御, 149
送り運動, 11
送り分力, 40
送り量, 27, 53
押出し, 6
押ボタンスイッチ, 146
おねじ切り, 82
オフタイム, 140
オフライン測定, 174
温間鍛造, 6
オンタイム, 140
オンライン測定, 174

【カ】
外径削り, 82
快削鋼, 18
回転数, 54
化学的・電気化学的除去法, 5
加工液, 131
加工屑, 132
加工硬化, 51
加工精度, 57, 142
加工速度, 142
加工電圧, 131, 140
加工電流ピーク値, 138, 140
加工変質層, 61, 143
加工面形状, 11
硬さ, 143
型図面, 171
形彫り放電加工, 5
価値連鎖, 179
カッタロケーション, 174
過渡アーク放電, 129, 130, 131
稼働率, 140
金型加工, 169
金型設計, 169
乾式切削, 57
完成バイト, 89
ガンドリル, 109
ガンリーマ, 109
機械加工法, 1
機械作業, 5
機械システム, 160
機械制御方式, 8
機械的除去, 2
気孔, 116
ギヤシェーパ, 125

急激摩耗, 79
休止幅, 140
境界摩耗, 74, 77
極圧添加剤, 20
極間, 131
極性, 140
曲面削り, 82
切屑, 2, 136
切屑形態, 35
切屑処理, 87
切屑の生成, 29
切屑の排除, 116
切込量, 23, 53, 54
切れ味, 23
き裂型切屑, 36
切れ刃, 116
切れ刃角, 86
切れ刃の保持, 116
近接スイッチ, 146
クライアントアンドサーバシステム, 176
クリアランス, 143
クリープフィード研削, 120
クレータ, 132
クレータ摩耗, 74, 75
クローズドループ制御, 149
グロー放電, 130
結合剤, 116, 117
結合度, 116
欠損, 74
ケミカルミーリング, 5
研削, 112
研削加工, 112
研削工具, 16
研削砥石, 116
検査データ, 174
高圧エアブロー, 57
高エネルギー密度加工, 5, 136
光学式ならい研削加工, 120
工業製品, 1
合金鋼, 18
工具軌跡のチェック, 173
工具寿命, 78
工具寿命の判定基準, 78
工具の寿命曲線, 79, 81
工具刃先, 25
工具補正機能, 152
工作機械, 1, 7
工作物, 2

構成刃先, 51
高速度工具鋼, 13
コーティング工具, 15
コーティングハイス, 14
コード, 145
コーナ半径, 58
高速度鋼付刃バイト, 89
固定砥粒加工, 5
コロナ放電, 129, 130
コンタリング研削, 154
コントローラ, 146

【サ】
サーボ機構, 146, 147
サーボ電圧, 140
サーメット, 14
最大高さ粗さ, 59
作業用器具, 16
座ぐり, 98
3次元切削, 25
算術平均粗さ, 59
残留応力, 143
仕上面粗さ, 57, 142
ジグ・取付け具, 16
湿式切削, 57
実切削時間, 56
自動旋盤, 83, 84
自動素材供給装置, 162
自動プログラミング装置, 156
自動方式, 8
射出成形, 6
ジャンプ, 140
主（切削）運動, 11
自由鍛造, 6
集中放電, 141
シューディング, 170
充電, 138
重量加工速度, 142
重力鋳造法, 6
主軸モータ, 146
十点平均粗さ, 59
手動方式, 8
主分力, 40
潤滑作用, 19
情報化の島, 178
正面削り, 82
正面フライス, 105
初期摩耗, 79

除去加工法, 2
人造ダイアモンド, 15
心出し作業, 99
心立て盤, 127
シンニング, 110
シンニング加工, 109
水晶圧電式力センサ, 45
垂直横すくい角, 86
水溶性切削油剤, 20
数値基準, 175
数値情報データの一元化, 164
数値制御, 9, 145
すくい角, 25, 87
すくい面, 25
すくい面摩耗, 75
スクエアエンドミル, 107
すぐばかさ歯車歯切り盤, 123
図面, 57
寸法効果, 48
制御方式, 8
成形法, 123
静電気, 129
精度, 1
製品概観チェック, 170
製品形状設計, 170
製品検査, 169
製品構造設計, 170
製品設計, 169
絶縁回復, 132
絶縁破壊, 130
設計解析, 169
接合, 5
切削温度, 66
切削加工, 22
切削機構, 23
切削工具, 12
切削工具材料, 12
切削工具の損傷・摩耗, 72
切削シミュレーション, 69
切削速度, 27, 53
切削抵抗, 23, 40, 68
切削動力, 49
切削熱, 23, 63
切削熱の発生, 63
切削幅, 27
切削比, 23, 35
切削油剤, 19, 57
切削力, 23

折損, 74
絶対値方式, 158
セミクローズドループ制御, 149
セラミックス, 15
センサ, 146
センサ技術, 160
旋削, 82
洗浄作用, 20
センタ作業用, 83
せん断応力, 27
せん断角, 31
せん断型切屑, 36
せん断ひずみ, 32
せん断変形, 27
せん断面, 26
専用工作機械, 7
総形削り, 82
走査型電子顕微鏡, 134
創成法, 123
増分値方式, 158
測定・検査工具, 16
測定データ, 174
側面削り, 82
塑性加工, 6
塑性変形, 74
塑性領域, 26
ソフトウェア, 147, 148, 160
ソリューション型, 21
ソリュブル型, 21
ソルバ, 69, 172
ソレノイド装置, 147
損傷摩耗, 74

【タ】
ダイアモンド, 15, 120
ダイアモンド砥石, 120
ダイカスト法, 6
体積加工速度, 142
タウオフ, 140
タウオン, 140
ダウンカット, 102
ダウンサイジング, 163
多じん（刃）旋盤, 84
タップ立て, 98
立て形マシニングセンタ, 153
立て旋盤, 84
ターニングセンタ, 151
鍛造, 6

断続切削, 57
断続切削加工, 2
炭素工具鋼, 13
単発放電, 136
端面削り, 82
チゼル, 109
チゼル幅, 110
チッピング, 36, 74, 76
チップブレーカ, 87
チャック作業用, 83
鋳鋼, 18
鋳造法, 6
鋳鉄, 18
超硬合金, 14
超硬バイト, 89
彫刻機, 126
超砥粒砥石, 120
直線制御, 148
直線補間, 148
直立ボール盤, 99
突切り, 82
ツールプリセッタ, 177
定常摩耗, 79
テーパエンドミル, 107
テーパ削り, 82
テーパボールエンドミル, 107
テーラーの寿命方程式, 81
デザイン設計, 169
手作業, 5
デジタイザ, 177
デジタル値, 164
デューティファクタ, 140
電解加工, 5
電解研磨, 5
電気条件, 144
電極消耗, 132, 142
電極消耗比, 143
電子なだれ, 130
電子ビーム加工, 5
電子放出, 130
転造, 6, 127
転造ダイス, 127
転造の特徴, 127
電着ボンド, 121
特殊加工, 2, 5, 136
特注工作機械, 8
トラバースカット, 114
トランジスタ充放電回路, 129, 138

索　引　187

砥粒, 116
砥粒の種類, 116
砥粒率, 119
ドリル, 98, 109
トレランス, 176

【ナ】
中ぐり, 82, 98
流れ型切屑, 35
ニア・ネット・シェイプ技術, 6
肉盛り, 5
逃げ角, 26, 87
逃げ面, 25
逃げ面摩耗, 75
2 次元切削, 25
ねじ切り, 82
熱解析シミュレーション, 132
熱間鍛造, 6
熱き裂, 77
熱的除去, 2
熱的除去法, 5
熱電対, 67
ネット・シェイプ技術, 6
ネットワーク, 147, 160
ネットワークインターフェイス, 148
熱放射計, 67
ノーズ R, 58
ノーズ半径, 58, 86, 87

【ハ】
バイト, 83, 145
バイトの呼び方, 90
背分力, 40
歯切り, 123
歯切り法, 123
白灯油, 141
剥離, 74
刃こぼれ, 36
刃先角, 86
破損, 74
バックテーパ, 110
パーティング面, 170
パートプログラム, 146
パーライト, 17
パルス幅, 140
半自動方式, 8
半導体, 160
ピーク電流, 131

引抜き, 6
被削性, 17
非切削時間, 56
左勝手, 89
ピックフィード, 176
ビット, 145
非鉄金属, 19
ビトリファイド結合剤, 117
ビトリファイドボンド, 121
ピニオンカッタ, 123
ピニオンカッタ形歯切り盤, 125
ピニオンカッタ形歯車形削り盤, 125
火花放電, 129, 130, 131
びびり, 36, 87
被覆, 5
ヒューマンインターフェイス, 148
表面性状の JIS 記号, 58
表面性状の図示記号, 57
フィードバック, 147, 174
フェライト, 17
フォトエッチング, 5
付加加工法, 5
複合研削, 154
複合工作機械, 7
不水溶性切削油剤, 20
付着, 77
付着加工, 5
フライス加工, 102
プラスチック成形加工, 6
プラズマ加工, 5
フラッシュオーバ, 130
フランク摩耗, 74, 75
プランジカット, 114
プランジ研削, 154
プリプロセッサ, 69, 172
フレーキング, 74
プログラム, 146, 148
プログラム制御, 8
プロダクトモデリング, 166
プロファイル研削加工, 120
粉末ハイス, 14
平行上すくい角, 86
平面研削盤, 112, 113
棒材作業用, 83
放電, 138
放電回路, 129
放電加工, 5, 129
放電間隙, 131

放電痕, 132
放電柱, 131
放電の種類, 129
ボーリングヘッド, 104
ボールエンドミル, 107
ボール盤, 98
補間, 148
ポストプロセッサ, 69, 172
母性の原理, 7
ホブカッタ, 123
ホブ工具, 124
ホブ盤, 123, 124
ボラゾン砥粒, 120

【マ】
前切れ刃角, 86, 87
前逃げ角, 86
マザー・マシン, 7
摩擦溶接法, 5
マシニングセンタ, 152
マニュアルプログラミング, 156
摩耗経過曲線, 79
右勝手, 89
右手直交座標系, 157
ミスト切削, 57
溝削り, 82
むしり型切屑, 37
メカトロニクス, 146
メタル射出成形, 6
メタルボンド, 121
めっき, 5
目つぶれ, 118
目づまり, 118
めねじ切り, 82
面取り, 82
モーションインターフェイス, 148
モータ駆動方式, 137

【ヤ】
油圧駆動方式, 137

油圧制御方式, 8
遊離砥粒加工, 5
ユニバーサルヘッド, 104
溶射, 5
溶接, 5, 129
溶着, 74, 77
横形マシニングセンタ, 153
横切れ刃角, 86, 87
横すくい角, 86
横逃げ角, 86

【ラ】
ラジアスエンドミル, 107
ラックカッタ, 123
リーマ, 109
リーマ加工, 109
リーマ仕上げ, 98
リミットスイッチ, 146
リモートバッファ, 177
粒度, 116
リレー・ソレノイド, 146
理論的な仕上面粗さ, 59
輪郭制御, 148
冷間鍛造, 6
冷却作用, 19
冷風切削, 57
レーザ加工, 5
レジノイド結合剤, 117
レジンボンド, 121
連続切削, 56
連続切削加工, 2
連続放電, 136
ろう付け, 5
ロータリエンコーダ, 148
ローレットかけ, 82
ロボット化, 160

【ワ】
ワイヤ放電加工, 5, 129

著者紹介

武藤　一夫　（むとう　かずお）

［略歴］1998 年東京農工大学大学院工学研究科博士後期課程修了
［専攻］精密機械，CAD/CAM
　　　　国立大学法人　豊橋技術科学大学機械工学系客員准教授・工学博士
　　　　武藤技術研究所（MIT）所長

図解　よくわかる機械加工
Illustrated Machining for beginners

2012 年 4 月 30 日　初版第 1 刷発行
2023 年 2 月 10 日　初版第 9 刷発行

検印廃止
NDC 532
ISBN 978-4-320-08188-8

著　者　武藤一夫　Ⓒ 2012
発行者　南條光章
発行所　共立出版株式会社
　　　　東京都文京区小日向 4-6-19（〒112-0006）
　　　　電話　03-3947-2511（代表）
　　　　振替口座　00110-2-57035
　　　　www.kyoritsu-pub.co.jp

印　刷　新日本印刷
製　本　協栄製本

一般社団法人
自然科学書協会
会員

Printed in Japan

JCOPY ＜出版者著作権管理機構委託出版物＞
本書の無断複製は著作権法上での例外を除き禁じられています．複製される場合は，そのつど事前に，出版者著作権管理機構（TEL：03-5244-5088，FAX：03-5244-5089，e-mail：info@jcopy.or.jp）の許諾を得てください．

■機械工学関連書

www.kyoritsu-pub.co.jp 共立出版

生産技術と知能化(S知能機械工学1)	山本秀彦著
現代制御(S知能機械工学3)	山田宏尚他著
持続可能システムデザイン学	小林英樹著
入門編 生産システム工学 総合生産学への途 第6版	人見勝人著
衝撃工学の基礎と応用	横山 隆編著
機能性材料科学入門	石井知彦他編
Mathematicaによるテンソル解析	野村靖一著
工業力学	上月陽一監修
機械系の基礎力学	山川 宏他著
機械系の材料力学	山川 宏他著
わかりやすい材料力学の基礎 第2版	中田政之他著
工学基礎 材料力学 新訂版	清家政一郎著
詳解 材料力学演習 上・下	斉藤 渥他共著
固体力学の基礎(機械工学テキスト選書1)	田中英一著
工学基礎 固体力学	園田佳巨著
破壊事故 失敗知識の活用	小林英男編著
超音波工学	荻 博次著
超音波による欠陥寸法測定	小林英男他編集委員会代表
構造振動学	千葉正克他著
基礎 振動工学 第2版	横山 隆他著
機械系の振動学	山川 宏著
わかりやすい振動工学	砂子田勝昭他著
弾性力学	荻 博次著
繊維強化プラスチックの耐久性	宮野 靖他著
複合材料の力学	岡部朋永他訳
工学系のための最適設計法 機械学習を活用した理論と実践	北山哲士著
図解 よくわかる機械加工	武藤一夫著
材料加工プロセス ものづくりの基礎	山口克彦他編著
ナノ加工学の基礎	井原 透著
機械・材料系のためのマイクロ・ナノ加工の原理	近藤英一著
機械技術者のための材料加工学入門	吉田総仁他著
基礎 精密測定 第3版	津村喜代治著
X線CT 産業・理工学でのトモグラフィー実践活用	戸田裕之著
図解 よくわかる機械計測	武藤一夫著
基礎 制御工学 増補版 (情報・電子入門S2)	小林伸明他著
詳解 制御工学演習	明石 一他共著
工科系のためのシステム工学 力学・制御工学	山本郁夫他著
基礎から実践まで理解できるロボット・メカトロニクス	山本郁夫他著
Raspberry Piでロボットをつくろう！ 動いて、感じて、考えるロボットの製作とPythonプログラミング	齊藤哲哉訳
ロボティクス モデリングと制御 (S知能機械工学4)	川﨑晴久著
熱エネルギーシステム 第2版(機械システム入門S10)	加藤征三編著
工業熱力学の基礎と要点	中山 顕他著
熱流体力学 基礎から数値シミュレーションまで	中山 顕他著
伝熱学 基礎と要点	菊地義弘他著
流体工学の基礎	大坂英雄著
データ同化流体科学 流動現象のデジタルツイン(クロスセクショナルS10)	大林 茂他著
流体の力学	太田 有他著
流体力学の基礎と流体機械	福島千晴他著
空力音響学 渦音の理論	淺井雅人他訳
例題でわかる基礎・演習流体力学	前川 博他著
対話とシミュレーションムービーでまなぶ流体力学	前川 博著
流体機械 基礎理論から応用まで	山本 誠他著
流体システム工学(機械システム入門S12)	菊山功嗣他著
わかりやすい機構学	伊藤智博他著
気体軸受技術 設計・製作と運転のテクニック	十合晋一他著
アイデア・ドローイング コミュニケーションツールとして 第2版	中村純生著
JIS機械製図の基礎と演習 第5版	武田信之改訂
JIS対応 機械設計ハンドブック	武田信之著
技術者必携 機械設計便覧 改訂版	狩野三郎著
標準 機械設計図表便覧 改新増補5版	小栗冨士雄他共著
配管設計ガイドブック 第2版	小栗冨士雄他共著
CADの基礎と演習 AutoCAD 2011を用いた2次元基本製図	赤木徹也他共著
はじめての3次元CAD SolidWorksの基礎	木村 昇著
SolidWorksで始める3次元CADによる機械設計と製図	宋 相載他著
無人航空機入門 ドローンと安全な空社会	滝本 隆著